中国创新创业发展报告

主　编◎李东红　徐金宝
副主编◎葛　菲　施鹏丽

中国财富出版社

图书在版编目（CIP）数据

中国创新创业发展报告／李东红，徐金宝主编．—北京：中国财富出版社，2017.11
ISBN 978－7－5047－3735－9

Ⅰ.①中…　Ⅱ.①李…②徐…　Ⅲ.①国家创新系统—研究报告—中国　Ⅳ.①F204②G322.0

中国版本图书馆 CIP 数据核字（2017）第 278651 号

策划编辑　宋　宇　　**责任编辑**　齐惠民　李晓奇
责任印制　方朋远　梁　凡　　**责任校对**　杨小静　　**责任发行**　张红燕

出版发行　中国财富出版社
社　　址　北京市丰台区南四环西路 188 号 5 区 20 楼　　**邮政编码**　100070
电　　话　010－52227588 转 2048/2028（发行部）　　010－52227588 转 307（总编室）
　　　　　　010－68589540（读者服务部）　　010－52227588 转 305（质检部）
网　　址　http://www.cfpress.com.cn
经　　销　新华书店
印　　刷　北京柏力行彩印有限公司
书　　号　ISBN 978－7－5047－3735－9/F·2839
开　　本　889mm×1194mm　1/16　　**版　　次**　2017 年 12 月第 1 版
印　　张　19.75　　**印　　次**　2017 年 12 月第 1 次印刷
字　　数　384 千字　　**定　　价**　268.00 元

编委会

主　编：李东红　徐金宝
副主编：葛　菲　施鹏丽
成　员：战玉华　李　津　袁　辉
高惺惟　张　洋　杨雅珺

前言

2014年9月10日，在天津举行的夏季达沃斯论坛上，国务院总理李克强首次提出“大众创业、万众创新”的概念。2015年两会政府工作报告中，李克强总理再次提到“把亿万人民的聪明才智调动起来，就一定能够迎来万众创新的浪潮”。由此，“大众创业、万众创新”的新战略引发了社会公众的关注。

当前世界经济形势错综复杂，中国经济正处于“增长速度换挡期、结构调整阵痛期、前期刺激政策消化期”的三期叠加阶段。要实现中国经济的转型升级，顺利过渡到经济新常态，我们需要推动经济结构调整和转变经济增长方式，而创新是开启我国经济持续健康发展，进入经济新常态大门的“金钥匙”。中国要在世界新技术革命和产业变革的新格局中占据主动，也需要依靠创新。加大创新力度，激发人才创新潜能，实现我国从依靠要素驱动、投资驱动向创新驱动的顺利转变。鼓励大众创业，成就创业梦想，从宏观意义上来说，可以为中国经济增长增添新动力，有助于调整社会收入分配结构，形成良性的社会互动，增加就业机会，促进技术市场交易，优化制度改革；而从微观意义上来说，是为个人延展了实现自我价值之路。

在上述大背景下，本研究报告尝试从多个角度分析2016年我国创新创业的发展情况。第一章整理了2009年年初至2016年年底，国务院及各部委颁布的关于创新创业的一系列政策措施，文件涉及创业就业机制、财政金融环境、中小企业管理、科教创新机制、政策统筹协调五大方面。第二章借助清科数据库，从投资总量、投资行业、投资地域、投资轮次、投资币种、投资规模、投资阶段七个方面详细解读分析了2016年创业投资市场发展情况，并挑选了2016年度单笔投资额排名前10位的创业投资典型案例进行分析。第三章和第四章选取了能够体现我国创新成果的两个方面：一是对2016年度我国重要科技大奖获奖结果进行了统计分析，反映出获奖者的区域分布、专业领域、机构背景等信息；二是参考《战略性新兴产业重点产品和服务指导目录》（2016版）及当前热门行业，挑选出了四大行业中的13个子领域，对这13个子领域的近10年专利发展情况进行了详细描述及分析，包括专利数量年度变化、专利权人排名、发展趋势、法律状态、区域分析等。第五章通过高校官方网站、媒体公开报道等途径，从人才培养、实践服务和资金保障三个角度研究分析了全国100余所高等院校的创新创业教育发展情况，并对近两届“创青春”全国大学生创业大赛和中国“互联网+”大学生创新创业大赛获奖结果及高校“双创”领域荣誉评选情况进行了详细的统计分析。第六章和第七章则是以案例的形式，分别讲述了五家企业和五家众创空间在创新创业方面采取的做法、获得的成效以及经验总结。

本报告是集体合作的成果，参加报告结构设计、初稿编写的有清华大学经济管理学院全球产业4.5研究院李东红、葛菲，中国工业经济联合会工业经济研究中心徐金宝、施鹏丽，清华大学图书馆战玉华、李津，中央党校经济学部袁辉、高悝惟，北京大学新媒体研究院张洋，中国人民大学哲学院杨雅珺。初稿完成后，李东红、徐金宝、葛菲和施鹏丽对报告进行了修改和统稿。

在项目研究过程中，科睿唯安在专利数据方面，国家行政学院发展战略与公共政策研究中心吕洪业，中国工业报副主编严曼青，中国工业报、大连冰山集团、海尔集团、云南白药、太库、中芬设计园等在创新创业案例供稿方面给予了大力支持，在此一并表示谢意。

本报告是我们选取新的角度阐述中国创新创业发展情况的一项尝试，其中，创新成果分析中涉及的科技大奖分析的研究样本选择以及专利统计分析中行业的筛选标准、数据分析等方面，都处于不断探索和尝试之中，还存在一些不足之处，真诚地欢迎学者专家提出宝贵的意见和建议。

编　者

2017年9月21日

目 录

第一章 我国“双创”政策梳理

一、 创业就业机制 …… 3

1. 公共服务 …… 4

2. 教育培训和人才流动 …… 6

3. 平台建设 …… 7

二、 财政金融环境 …… 8

1. 财政支持 …… 8

2. 税收优惠 …… 10

3. 金融支持 …… 11

三、 中小企业管理（民间资本） …… 13

1. 优化政策环境 …… 14

2. 科技型中小企业 …… 15

3. 强化协同创新，实现集聚发展 …… 16

4. 鼓励吸纳就业 …… 17

5. 金融层面 …… 18

四、 科教创新机制 …… 19
1. 科技评价 …… 20
2. 加速科技成果转化 …… 20
五、 政策统筹协调 …… 25

第二章　我国创业投资市场发展现状

一、 创业投资界定 …… 27
二、 创业投资市场发展现状 …… 28
1. 投资总量 …… 28
2. 投资行业 …… 29
3. 投资地域 …… 34
4. 投资轮次 …… 36
5. 投资币种 …… 38
6. 投资规模 …… 40
7. 投资阶段 …… 41
三、 创业投资市场典型案例 …… 43

第三章　我国科技类大奖获奖结果分析

一、 支持青年创业 …… 45
二、 社会力量加强对于科技发展的支持 …… 46
1. 社会力量设奖含义 …… 47
2. 社会力量设奖奖励 …… 47
3. 社会力量设奖申请 …… 48
4. 社会力量设奖意义 …… 48

三、获奖者统计分析 …… 48
1. 高校获奖者 …… 48
2. 获奖省份/城市排名 …… 49
3. 获奖单位性质及合作情况 …… 51
4. 获奖专业分布 …… 52
5. 国家科技奖获奖者数据分析 …… 52

第四章　我国典型行业专利成果分析

一、概述 …… 55
1. 研究内容 …… 55
2. 数据来源和检索策略 …… 56
3. 图示说明 …… 57
4. 研究的局限性 …… 60
二、新能源汽车领域专利态势分析 …… 60
1. 混合动力汽车 …… 60
2. 纯电动汽车 …… 66
3. 燃料电池汽车 …… 72
三、航空航天领域专利态势分析 …… 78
1. 飞行器 …… 78
2. 推进装置 …… 84
3. 卫星通信 …… 90
4. 无人机 …… 96
四、机器人领域专利态势分析 …… 102
1. 家务机器人 …… 102
2. 医用机器人 …… 108

五、 新能源领域专利态势分析 …… 114
1. 风力发电 …… 114
2. 核电 …… 121
3. 太阳能 …… 127
4. 智能电网 …… 133

第五章 我国高校创新创业教育发展情况

一、 创新创业人才培养 …… 142
二、 创新创业实践服务 …… 152
三、 创新创业资金保障 …… 165
四、 创新创业获奖情况 …… 177
1. “创青春”全国大学生创业大赛 …… 177
2. 中国“互联网+”大学生创新创业大赛 …… 195
3. 高校“双创”领域荣誉评选结果 …… 199

第六章 企业“双创”成果案例分享

一、 海尔集团：打造共创共赢的“双创”实践 …… 205
1. 海尔集团开展“双创”的相关实践 …… 205
2. 海尔集团开展“双创”的相关成效 …… 208
3. 海尔集团开展“双创”的经验总结 …… 209
4. 海尔集团开展“双创”的启示 …… 211
二、 中信重工：搭建“四群共舞”创客体系 …… 212
1. 中信重工开展“双创”的相关实践 …… 212
2. 中信重工开展“双创”的相关成效 …… 219

3. 中信重工开展“双创”的经验总结与启示 …… 219
三、荣事达：以“双创”谋转型促发展 …… 220
1. 荣事达开展“双创”的相关实践 …… 220
2. 荣事达开展“双创”的相关成效 …… 222
3. 荣事达开展“双创”的经验总结 …… 223
4. 荣事达开展“双创”的启示 …… 224
四、云南白药：创新实现品牌重塑 …… 225
1. 企业经营概况 …… 225
2. 公司创新引领产业升级的主要做法 …… 228
3. 云南白药开展“双创”的启示 …… 230
五、冰山集团：引领创新打造冷热价值链 …… 230
1. 冰山集团开展“双创”的相关实践 …… 231
2. 冰山集团开展“双创”的相关成效 …… 236

第七章 众创空间案例分享

一、启迪控股：搭建创新创业生态体系的立体三螺旋模式 …… 239
1. 启迪控股立体三螺旋创新创业生态体系的形成 …… 239
2. 经典案例分析——浙江机器人产业集团 …… 244
二、中关村国家自主创新示范区：敢破敢立，提升创新能力，优化创新环境 …… 246
1. 主要经验和做法 …… 247
2. 未来发展规划 …… 255
三、太库：产业孵化器赋能产业升级 …… 256
1. 太库的主要做法 …… 256
2. 太库的经验启示 …… 258

3. 太库的经验总结 …… 261
四、腾讯众创空间：打造全要素孵化加速众创平台 …… 261
1. 主要经验和做法 …… 262
2. 未来发展规划 …… 264
五、中芬设计园：设计驱动加速“双创”服务 …… 265
1. 中芬设计园开展“双创”转型发展的做法 …… 265
2. 中芬设计园开展“双创”转型发展效果显著 …… 267
3. 中芬设计园开展“双创”的主要经验 …… 268
4. 中芬设计园开展“双创”的启示及建议 …… 269
附录一 “双创”政策汇总 …… 271
附录二 科技类奖项介绍 …… 287
图表索引 …… 295

第一章　我国“双创”政策梳理[①]

当前，一方面国民经济正在由投资出口拉动增长阶段，走向创新驱动发展阶段，创新正在成为发展的第一动力，位于国家发展全局的核心；另一方面随着人口红利逐渐消失，资源环境压力日益增大，高成本高能耗的增长方式，传统的体制政策已经越来越不能适应新时期生产力的发展要求，成为创新驱动发展、创业促进就业的障碍。“大众创业、万众创新”迫切要求加快改革生产关系，并相应调整上层建筑，从而进一步优化资源配置，以人才建设为根本，以科研体制创新为重点，以商事制度改革为突破，以财税金融运行机制的调整为保障，建立起适应创新创业要求的商事制度、财税机制、科教体制、产业政策体系等，把科技创新与创业就业紧密结合，提高科技成果转化率，提升科技创新对国民经济增长的贡献率，从而让创新创业成为经济发展的不竭动力。本章以马克思主义政治经济学基本理论为指导，并借鉴西方经济学研究成果，梳理近年来国家层面制定和实施的“双创”政策，从创业就业机制、财政金融环境、中小企业管理、科教创新机制、政策统筹协调等维度出发，归纳演变路径，剖析内在结构。

自2014年李克强总理首次提出“大众创业、万众创新”（简称“双创”）以来，各级政府出台了一系列政策措施。就中央政府这一层面而言，虽然国务院、国务院办公厅直接颁发的“双创”政策文件的数量远远小于国务院各部委颁发的“双创”政策文件

① 本章执笔人：高悍惟。

数量（如图 1－1 所示），但近年来二者变化趋势大体一致（如图 1－2 所示），都呈现明显上升的态势，体现了当前各方面对“双创”的高度重视。

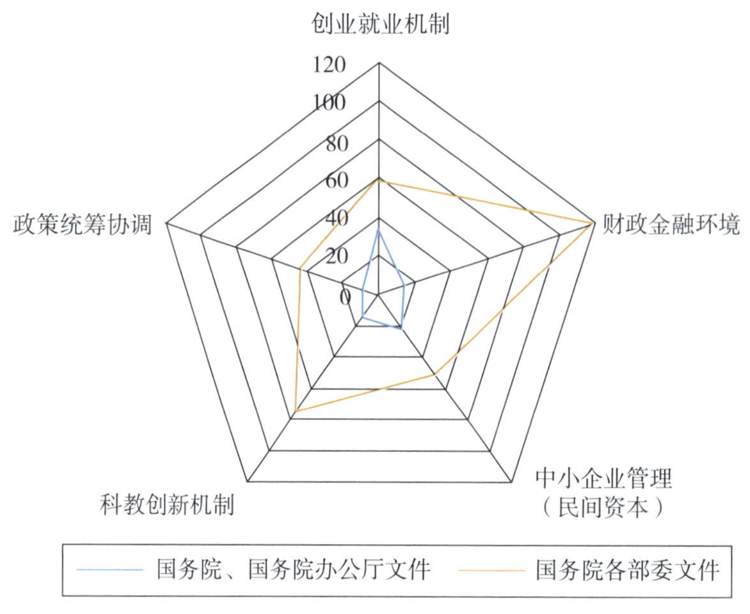

图 1－1　“双创”政策类型分布统计

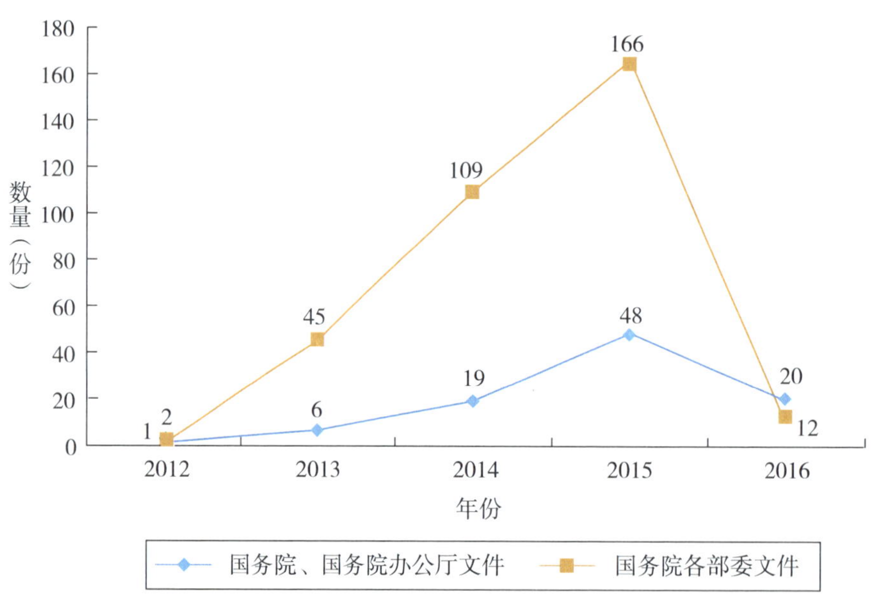

图 1－2　“双创”政策文件数量年度变化

本章从创业就业机制、财政金融环境、中小企业管理（民间资本）、科教创新机制、政策统筹协调这五大板块来解读 2016 年年底前的“双创”相关政策（如图 1－3 所示）。

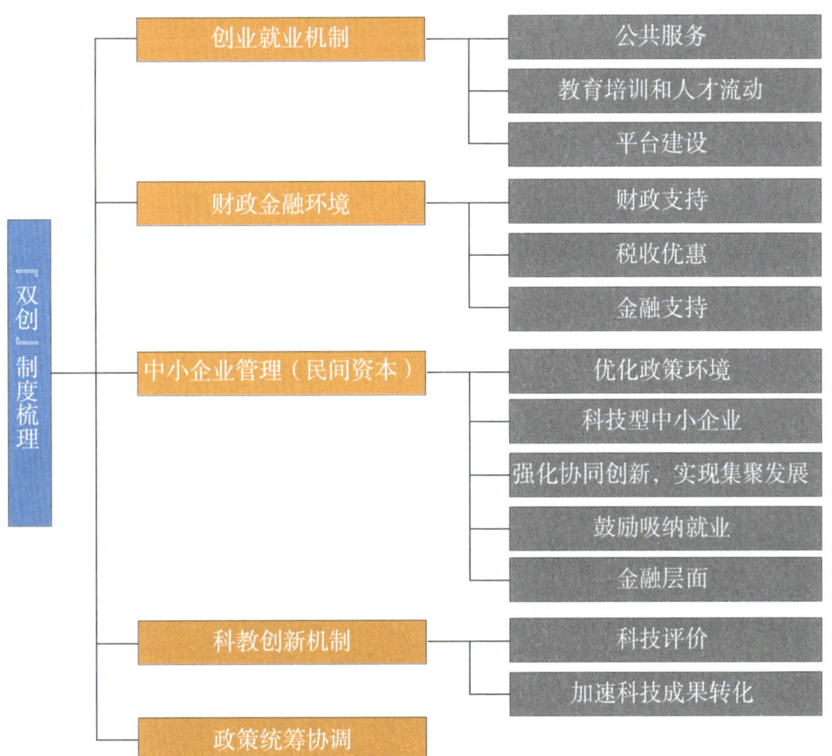

图 1－3　本章分析架构

一、创业就业机制

通过对近年“双创”政策文件的梳理可见：商事制度改革、“双创”智力资源的开发是决策者最关注的两大领域（如图 1－4 所示），这两大领域占据了超过一半的权重。

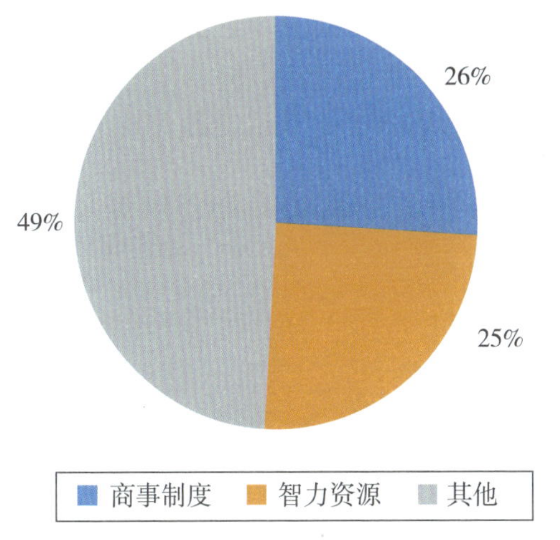

图 1－4　创业就业机制下的政策文件数量占比

1. 公共服务

进一步转变政府职能，加强优化公共服务的累积效应，大力推进服务型政府建设，深化审批制度改革和商事制度改革，简政放权、放管结合，最大限度地降低政府对创业活动的干预程度，促进创业投资便利化，降低创业成本与门槛，构建宽松便捷的市场准入环境，拓宽创业主体的市场发展空间。

（1）商事制度改革

①大力推进工商登记制度改革

落实登记注册制度便利化政策措施，放宽住所登记条件。支持并指导各地结合实际放宽电子商务等新注册企业（市场主体）场所登记条件限制，落实注册资本登记制度改革，优化登记方式，简化创业住所（经营场所）登记手续，推进一照多址、一址多照、集群注册等住所登记制度改革，为连锁、网络零售和快递等领域的创业活动提供便利的登记注册服务，分行业、分业态释放住所资源。

（《工商总局关于加强网络市场监管的意见》《工商总局关于认真学习贯彻李克强总理重要讲话精神　进一步做好深化商事制度改革各项工作的通知》《国务院关于进一步做好新形势下就业创业工作的意见》《国务院办公厅关于支持农民工等人员返乡创业的意见》）

②放松经营范围登记管制

放宽经营范围，鼓励返乡农民工等人员投资农村基础设施和在农村兴办各类事业。对政府主导、财政支持的农村公益性工程和项目，可采取购买服务、政府与社会资本合作等方式，引导农民工等人员创设的企业和社会组织参与建设、管护和运营。对能够商业化运营的农村服务业，向社会资本全面开放。制定鼓励社会资本参与农村建设目录，探索建立乡镇政府职能转移目录，鼓励返乡创业人员参与建设或承担公共服务项目，支持返乡人员创设的企业参加政府采购。将农民工等人员返乡创业纳入社会信用体系，建立健全返乡创业市场交易规则和服务监管机制，促进公共管理水平提升和交易成本下降。

进一步落实注册资本登记制度改革，加快实施工商营业执照、组织机构代码证、税务登记证“三证合一”“一照一码”。规范申请登记审批流程。按照“三证合一”登记制度改革的新要求，整合优化申请、受理、审查、核准、公示、发照等程序，缩短登记审批时限。2015 年年底前在全国全面实行“一照一号”登记模式，推动社会统一信用代码在工商登记制度改革中的有效运用。

（《国务院关于进一步做好新形势下就业创业工作的意见》《国务院办公厅关于支持农民工等人员返乡创业的意见》《国务院关于“先照后证”改革后加强事中事后监管的意见》《国务院办公厅关于加快推进“三证合一”登记制度改革的意见》《2015 年小微企业创业创新基地城市示范实施方案编制指南》《国务院关于大力推进大众创业万众创新若干政策措施的意见》《工商总局关于认真学习贯彻李克强总理重要讲话精神进一步做好深化商事制度改革各项工作的通知》）

（2）审批制度改革

①审批后置化

严格执行法律、行政法规和国务院决定规定的工商登记前置审批调整或明确为后置审批的事项。除法律另有规定和国务院决定保留的工商登记前置审批事项外，其他事项一律不得作为工商登记前置审批。企业设立后进行变更登记、注销登记，依法需要前置审批的，继续按有关规定执行。对于法律、行政法规和国务院决定规定的改为登记后置审批的事项，要按照要求严格规范登记程序，一律不再作为登记前置，在办理工商登记时，不再要求申请人提交相关审批部门的许可文件、证件。实行行政审批事项目录管理。强化“先照后证”改革后的事中事后监管。

（《国务院关于取消和调整一批行政审批项目等事项的决定》《国务院关于大力发展电子商务加快培育经济新动力的意见》《工商总局关于严格落实先照后证改革严格执行工商登记前置审批事项的通知》《国务院关于大力推进大众创业万众创新若干政策措施的意见》）

②审批的简化与下放

简化审批手续，严格规范收费行为，取消和下放一批行政审批事项。全面清理并切实取消非行政许可审批事项，全面清理中央设定、地方实施的行政审批事项。简化行政审批程序，为企业发展提供便利。进一步下放审批权限，再取消下放一批制约经济发展、束缚企业活力等含金量高的行政许可事项，取消和下放涉及返乡创业的行政许可审批事项，进一步清理和取消职业资格许可认定，研究建立国家职业资格目录清单管理制度，加强对新设职业资格的管理。

（《国务院关于批转促进就业规划（2011—2015 年）的通知》《国务院关于大力发展电子商务加快培育经济新动力的意见》《国务院关于取消一批职业资格许可和认定事项的决定》《国务院关于加快构建大众创业万众创新支撑平台的指导意见》《国务院关于进一步做好新形势下就业创业工作的意见》《国务院办公厅关于创新投资管理方式建

立协同监管机制的若干意见》)

2. 教育培训和人才流动

(1) 加强指导服务

完善公共就业服务体系的创业服务功能，充分发挥公共就业服务、中小企业服务、高校毕业生就业指导等机构的作用，为创业者提供项目开发、创业指导、融资服务、跟踪扶持等服务，实现数据、信息、资源联通共享，创新服务内容和方式。开展创新创业大赛，调动高校毕业生、农民工和农村青年、退伍军人、科技专业技术人员等重点群体投身“双创”的积极性。实施大学生创业引领计划。扎实抓好“三支一扶”大学生选拔招募、培养使用和管理服务工作，切实将其纳入高校毕业生自主创业政策支持范围。

(《国务院关于大力推进大众创业万众创新若干政策措施的意见》《国务院关于进一步做好新形势下就业创业工作的意见》《国务院关于批转促进就业规划(2011—2015年)的通知》《国务院办公厅关于促进农村电子商务加快发展的指导意见》)

(2) 优化培训服务

加强创业培训师资队伍建设，规范创业培训机构发展，明确创业培训对象和内容，将企业家精神和素质培养、创办企业和经营管理能力训练作为创业培训的主要内容，以高校毕业生、科技人员、留学回国人员、返乡农民工、退役军人、失业人员和转岗职工等群体为重点，开发针对不同创业群体、不同阶段创业活动的创业培训项目。把创业培训制度纳入终身职业技能培训制度范畴。研究探索通过“创业券”“创新券”等方式对创业者提供创业培训服务。加强创业培训课程开发，创新创业培训模式，积极探索创业培训与技能培训、创业培训与区域产业相结合的培训模式。试点推广“慕课”等“互联网+”创业培训新模式，大规模开展开放式在线培训。

(《国务院关于进一步做好新形势下就业创业工作的意见》《国务院办公厅关于支持农民工等人员返乡创业的意见》《人力资源社会保障部办公厅关于进一步推进创业培训工作的指导意见》《国务院办公厅关于深化高等学校创新创业教育改革的实施意见》)

(3) 促进创业创新人才流动

鼓励示范基地实行更具竞争力的人才吸引制度。加快社会保障制度改革，完善社保关系转移接续办法，建立健全科研人员双向流动机制，落实事业单位专业技术人员离岗创业有关政策，促进科研人员在事业单位和企业间合理流动。开展外国人才永久居留及出入境便利服务试点，建设海外人才离岸创业基地。

（《国务院办公厅关于建设大众创业万众创新示范基地的实施意见》《国务院办公厅关于支持农民工等人员返乡创业的意见》）

（4）利用全球智力资源

充分利用现有人才引进计划和鼓励企业设立海外研发中心等多种方式，引进和培养一批“互联网+”领域高端人才。完善移民、签证等制度，形成有利于吸引人才的分配、激励和保障机制，为引进海外人才提供有利条件。支持通过任务外包、产业合作、学术交流等方式，充分利用全球互联网人才资源。吸引互联网领域领军人才、特殊人才、紧缺人才在我国创新创业和从事教学科研等活动。

（《国务院办公厅关于强化企业技术创新主体地位全面提升企业创新能力的意见》《国务院关于积极推进“互联网+”行动的指导意见》）

3. 平台建设

（1）示范基地与孵化模式

依托“双创”资源集聚的区域、高校和科研院所、创新型企业等不同载体，支持多种形式的“双创”示范基地建设。引导“双创”要素投入，有效集成高校、科研院所、企业和金融、知识产权服务以及社会组织等力量，实施一批“双创”政策措施，支持建设一批“双创”支撑平台，探索形成不同类型的示范模式，总结推广创客空间、创业咖啡、创新工场等新型孵化模式。可在符合土地利用总体规划和城乡规划前提下，或利用原有经批准的各类园区，建设创业基地，为创业者提供服务，打造一批创业示范基地。鼓励企业由传统的管控型组织转型为新型创业平台，让员工成为平台上的创业者，形成市场主导、风投参与、企业孵化的创业生态系统。

（《国务院办公厅关于建设大众创业万众创新示范基地的实施意见》《国务院关于进一步做好新形势下就业创业工作的意见》《国务院办公厅关于支持农民工等人员返乡创业的意见》《鼓励农民工等人员返乡创业三年行动计划纲要（2015—2017年）》《国务院关于加快科技服务业发展的若干意见》）

（2）众创空间

加快发展市场化、专业化、集成化、网络化的众创空间，充分利用国家自主创新示范区、国家高新技术产业开发区、科技企业孵化器、小企业创业基地、大学科技园和高校、科研院所的有利条件，发挥行业领军企业、创业投资机构、社会组织等社会力量的主力军作用，构建一批低成本、便利化、全要素、开放式的众创空间。发挥政策集成和协同效应，实现创新与创业相结合、线上与线下相结合、孵化与投资相结合，为创业者提供低成本、便利化、全要素、开放式的综合服务平台和发展空间。落实科技企业孵化器、大学科技园的税收优惠政策，对符合条件的众创空间等新型孵化机构适用科技企业孵化器税收优惠政策。有条件的地方可对众创空间的房租、宽带网络、公共软件等给予适当补贴，或通过盘活商业用房、闲置厂房等资源提供成本较低的场所。

（《国务院关于加快科技服务业发展的若干意见》《国务院办公厅关于发展众创空间推进大众创新创业的指导意见》）

（3）信息平台

加强创新创业信息资源整合，面向创业者和小微企业需求，建立创业政策及相关信息集中发布平台。完善专业化、网络化服务体系，增强创新创业信息透明度。加强行业监管、企业登记等相关部门与“众创、众包、众扶、众筹”（简称“四众”）平台企业的信息互联共享，推进公共数据资源开放，加快推行电子签名、电子认证，推动电子签名国际互认，为“四众”发展提供支撑。

（《国务院办公厅关于建设大众创业万众创新示范基地的实施意见》《国务院关于新形势下加快知识产权强国建设的若干意见》《国务院关于加快构建大众创业万众创新支撑平台的指导意见》）

二、财政金融环境

这部分值得注意的是两大政策亮点：创业金融（包括支持小微企业的金融服务）、科技与金融相结合（如图1－5所示）。之所以是政策亮点，一是因为这两点在“双创”政策体系的财政金融方面涉及最多；二是因为出现了一些与以往不同的新提法、新要求、新思路。

1. 财政支持

加大财政资金支持和统筹力度，做好财政资金引导工作。立足公共财政职能，充分发挥财政资金面向“双创”的杠杆引导作用。探索完善财政资金投入方式，提高资金使用效率，通过市场机制引导社会资金和金融资本支持创业活动。

（1）鼓励各地方政府建立和完善创业投资引导基金

支持有条件的地方政府设立创业基金，扶持创业创新发展。创新财政科技专项资金

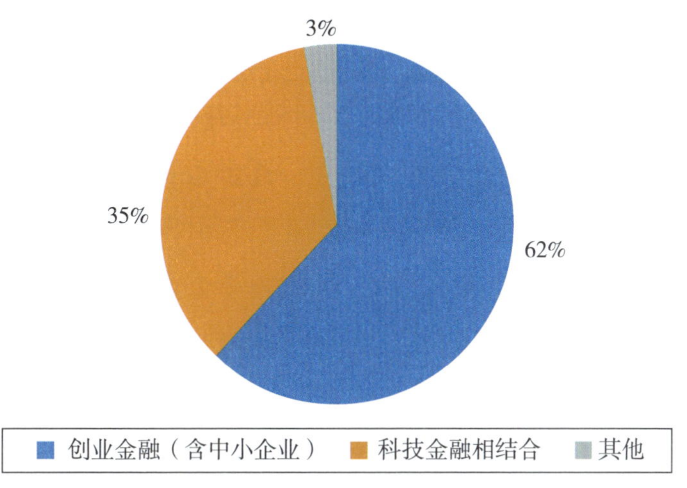

图 1－5　财政金融环境下的政策文件数量占比

支持方式，支持符合条件的企业通过众创、众包等方式开展相关科技活动。加大对返乡创业的财政支持力度。对返乡农民工等人员创办的新型农业经营主体，符合农业补贴政策支持条件的，可按规定同等享受相应的政策支持。统筹利用现有财政专项资金，支持“互联网＋”相关平台建设和应用示范等，对具备各项支农惠农资金、小微企业发展资金等其他扶持政策规定条件的，要及时纳入扶持范围，便捷申请程序，简化审批流程，建立健全政策受益人信息联网查验机制。

（《国务院关于大力推进大众创业万众创新若干政策措施的意见》《国务院关于加快构建大众创业万众创新支撑平台的指导意见》《国务院办公厅关于支持农民工等人员返乡创业的意见》《国务院关于积极推进“互联网＋”行动的指导意见》）

（2）健全公共就业创业服务经费保障机制

切实将县级以上公共就业创业服务机构和县级以下（不含县级）基层公共就业创业服务平台经费纳入同级财政预算。将职业介绍补贴和扶持公共就业服务补助合并调整为就业创业服务补贴，支持各地按照精准发力、绩效管理的原则，加强公共就业创业服务能力建设，向社会力量购买基本就业创业服务成果。创新就业创业服务供给模式，形成多元参与、公平竞争格局，提高服务质量和效率。

（《国务院关于进一步做好新形势下就业创业工作的意见》）

（3）面向战略性新兴产业

充分发挥国家新兴产业创业投资引导基金、国家中小企业发展基金等政策性基金对社会资本的带动作用，引导社会资源支持“四众”加快发展，重点支持战略性新兴产业和高技术产业早中期、初创期创新型企业发展。引导和鼓励中央企业和其他国有企业参与新兴产业创业投资基金、设立国有资本创业投资基金等，充分发挥国有资本在创业创新中的作用。研究完善国有创业投资机构国有股转持豁免政策。加快设立国家新兴产业创业投资引导基金和国家中小企业发展基金，逐步建立支持创业创新和新兴产业发展的市场化长效运行机制。促进国家新兴产业创业投资引导基金、科技型中小企业创业投资引导基金、国家科技成果转化引导基金、国家中小企业发展基金等协同联动。发挥国家科技成果转化引导基金作用，综合运用设立创业投资子基金、贷款风险补偿、绩效奖励等方式，促进科技成果转移转化。

（《国务院关于加快构建大众创业万众创新支撑平台的指导意见》《工业和信息化部关于做好推动大众创业万众创新工作的通知》《工业和信息化部办公厅关于做好小微企业创业创新基地城市示范有关工作的通知》《国务院办公厅关于发展众创空间推进大众创新创业的指导意见》）

（4）发挥政府采购支持作用

完善政府采购办法，逐步加大政府向社会力量购买服务的力度，凡适合社会力量承担的，都可以通过委托、承包、采购等方式交给社会力量承担。研究制定政府向社会力量购买服务的指导性目录，明确政府购买的服务种类、性质和内容。加强对采购单位的政策指导和监督检查，加大创新产品和服务的采购力度，把政府采购与支持创业发展紧密结合起来。加大政府部门采购云计算服务的力度，探索基于云计算的政务信息化建设运营新机制。

（《国务院办公厅关于支持农民工等人员返乡创业的意见》《国务院关于积极推进“互联网＋”行动的指导意见》《国务院关于加快发展生产性服务业促进产业结构调整升级的指导意见》）

2. 税收优惠

加大减税降费力度，实行支持和促进创业就业和创新驱动发展的税收优惠政策。

（1）鼓励企业吸纳重点群体就业

完善普惠性税收措施，落实促进高校毕业生、农民工、就业困难人员等重点群体就业的税收政策，将企业吸纳就业税收优惠的人员范围由失业一年以上人员调整为失业半年以上人员。高校毕业生、登记失业人员等重点群体创办个体工商户、个人独资企业的，可依法享受税收减免政策。农民工等人员返乡创业，符合政策规定条件的，可享受减征企业所得税、免征增值税、营业税、教育费附加、地方教育附加、水利建设基金、文化事业建设费、残疾人就业保障金等税费减免和降低失业保险费率政策。

（《国务院关于大力推进大众创业万众创新若干政策措施的意见》《国务院办公厅关于支持农民工等人员返乡创业的意见》《国务院关于进一步做好新形势下就业创业工作的意见》）

（2）面向科教创新的政策供给

按照税制改革方向和要求，对包括天使投资在内的投向种子期、初创期等创新活动的投资，统筹研究相关税收支持政策。抓紧推广中关村国家自主创新示范区税收试点政策，将职工教育经费税前扣除试点政策、企业转增股本分期缴纳个人所得税试点政策、股权奖励分期缴纳个人所得税试点政策推广至全国范围。依据相关规定给予进口科技开发用品或科教用品的税收优惠政策。按照深化中央财政科技计划（专项、基金等）管理改革的要求，充分发挥国家科技计划、科技重大专项的作用，采取无偿资助、后补助等多种方式加大政府资金支持力度，引导社会投资，支持云计算关键技术研发及产业化。支持实施云计算工程，继续推进云计算服务创新试点示范工作，及时总结推广试点经验。营造线上线下企业公平竞争的税收环境。线上线下互动发展企业符合高新技术企业或技术先进型服务企业认定条件的，可按现行税收政策规定享受有关税收优惠。积极推广网上办税服务和电子发票应用。全面清理涉企行政事业性收费、政府性基金、具有强制垄断性的经营服务性收费、行业协会商会涉企收费，落实涉企收费清单管理制度和创业负担举报反馈机制。

（《国务院关于大力推进大众创业万众创新若干政策措施的意见》《第二批促进科技和金融结合试点方案》《国务院关于促进云计算创新发展培育信息产业新业态的意见》《国务院办公厅关于推进线上线下互动加快商贸流通创新发展转型升级的意见》《国务院关于进一步做好新形势下就业创业工作的意见》）

3. 金融支持

（1）优化资本市场

支持符合条件的创业企业上市或发行票据融资，并鼓励创业企业通过债券市场筹集资金。积极研究尚未盈利的互联网和高新技术企业到创业板发行上市制度，推动在上海证券交易所建立战略新兴产业板。加快推进全国中小企业股份转让系统向创业板转板试点。研究解决特殊股权结构类创业企业在境内上市的制度性障碍，完善资本市场规则。规范发展服务于中小微企业的区域性股权市场，推动建立工商登记部门与区域性股权市场的股权登记对接机制，支持股权质押融资。支持符合条件的发行主体发行小微企业增信集合债等企业债券创新品种。

（《国务院关于大力推进大众创业万众创新若干政策措施的意见》）

（2）完善融资服务，丰富创业融资新模式

创新银行支持方式，不断创新组织架构、管理方式和金融产品。推动银行与其他金融机构加强合作，对创业创新活动给予有针对性的股权和债权融资支持。鼓励银行业金融机构向创业企业提供结算、融资、理财、咨询等一站式系统化的金融服务。

支持互联网金融发展，积极发挥天使投资、风险投资基金等对“互联网+”的投资引领作用。引导和鼓励众筹融资平台规范发展，开展股权众筹等互联网金融创新试点，支持小微企业发展。加强风险控制和规范管理。支持国家出资设立的有关基金投向“互联网+”，鼓励社会资本加大对相关创新型企业的投资。积极发展知识产权质押融资、信用保险保单融资增信等服务，鼓励通过债券融资方式支持“互联网+”发展，支持符合条件的“互联网+”企业发行公司债券。开展产融结合创新试点，探索股权和债权相结合的融资服务。降低创新型、成长型互联网企业的上市准入门槛，结合证券法修订和股票发行注册制改革，支持处于特定成长阶段、发展前景好但尚未盈利的互联网企业在创业板上市。推动银行业金融机构创新信贷产品与金融服务，加大贷款投放力度。鼓励开发性金融机构为“互联网+”重点项目建设提供有效融资支持。

丰富完善创业担保贷款政策。支持保险资金参与创业创新，发展相互保险等新业务。完善知识产权估值、质押和流转体系，依法合规推动知识产权质押融资、专利许可费收益权证券化、专利保险等服务常态化、规模化发展，支持知识产权金融发展。引导和推动创业投资基金。

（《国务院关于大力推进大众创业万众创新若干政策措施的意见》《国务院办公厅关于推进线上线下互动加快商贸流通创新发展转型升级的意见》《国务院关于积极推进“互联网+”行动的指导意见》）

（3）推动创业投资“引进来”与“走出去”

抓紧修订外商投资创业投资企业相关管理规定，按照内外资一致的管理原则，放宽外商投资准入，完善外资创业投资机构管理制度，简化管理流程，鼓励外资开展创业投资业务。放宽对外资创业投资基金投资限制，鼓励中外合资创业投资机构发展。引导和鼓励创业投资机构加大对境外高端研发项目的投资，积极分享境外高端技术成果。按投资领域、用途、募集资金规模，完善创业投资境外投资管理。

（《商务部关于外商投资创业投资企业、创业投资管理企业审批事项的通知》《国务院关于大力推进大众创业万众创新若干政策措施的意见》）

（4）加大金融支持力度

建立健全适应电子商务发展的多元化、多渠道投融资机制。支持线上线下互动企业引入天使投资、创业投资、私募股权投资，发行企业债券、公司债券、资产支持证券，支持不同发展阶段和特点的线上线下互动企业上市融资。研究鼓励符合条件的互联网企业在境内上市等相关政策。支持金融机构和互联网企业依法合规创新金融产品和服务，加快发展互联网支付、移动支付、跨境支付、股权众筹融资、供应链金融等互联网金融业务。完善支付服务市场法律制度，建立非银行支付机构常态化退出机制，促进优胜劣汰和资源整合。健全互联网金融征信体系。支持商业银行、担保存货管理机构及电子商务企业开展无形资产、动产质押等多种形式的融资服务。鼓励商业银行、商业保理机构、电子商务企业开展供应链金融、商业保理服务，进一步拓展电子商务企业融资渠道。

（《国务院关于加快发展生产性服务业促进产业结构调整升级的指导意见》，《国务院办公厅关于推进线上线下互动加快商贸流通创新发展转型升级的意见》，《农业部、国家发展和改革委员会、商务部关于印发《推进农业电子商务发展行动计划》的通知）

三、中小企业管理（民间资本）

近年来，党和政府对中小企业的发展高度重视（如图1－6所示），相关政策文件在短时间内迅速增加，尤其是部委层面的文件，体现了各部委确实把中央精神落到工作实处，认认真真地研究并制定了相应的政策措施，毕竟中小企业的迅速发展本身也是“大众创业、万众创新”的题中之义，释放民间活力，搞活社会资源。

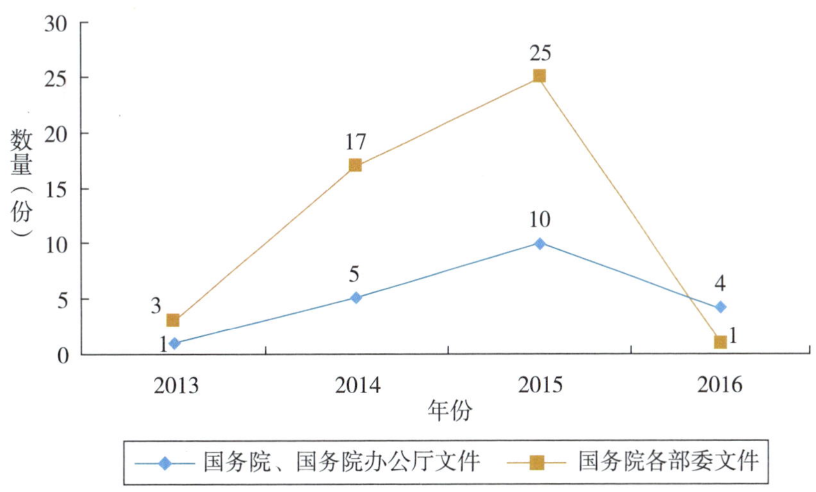

图1－6 “双创”政策中小企业管理文件数量年度比较

1. 优化政策环境

（1）完善公共服务平台

要加强扶持小微企业的制度建设，大力推进小型微型企业公共服务平台建设。加大政府购买服务力度，综合运用政府购买服务、无偿资助、业务奖励等方式，支持中小企业公共服务平台和服务机构建设，为中小企业提供全方位专业化优质服务，支持服务机构为初创小微企业提供法律、管理指导、技能培训、市场开拓、知识产权、财务、咨询、检验检测认证和技术转移等服务；完善专利审查快速通道，对小微企业亟须获得授权的核心专利申请予以优先审查。建立支持小型微型企业发展的信息互联互通机制。依托工商行政管理部门的企业信用信息公示系统，在企业自愿申报的基础上建立小型微型企业名录，集中公开各类扶持政策及企业享受扶持政策的信息。通过统一的信用信息平台，汇集工商注册登记、行政许可、税收缴纳、社保缴费等信息，推进小型微型企业信用信息共享，促进小型微型企业信用体系建设。通过信息公开和共享，利用大数据、云计算等现代信息技术，推动政府部门和银行、证券、保险等专业机构提供更有效的服务。加快推进小微企业名录建设工作。要开展新设立小微企业跟踪分析。从小型微型企业中抽取一定比例的样本企业，进行跟踪调查，加强监测分析，以便抓紧制定相应措施。各有关部门应积极配合，针对新设立小微企业面临的突出风险和薄弱环节，加大扶持力度，有针对性地解决经营中遇到的困难和问题，帮扶小微企业渡过初创期风险，延长企业的生命周期。

（《国务院关于扶持小型微型企业健康发展的意见》《工商总局关于认真学习贯彻李克强总理重要讲话精神　进一步做好深化商事制度改革各项工作的通知》）

（2）加强财政资金引导

逐步提高中小企业发展专项资金和国家科技成果转化引导基金支持科技创新的力度。通过中小企业发展专项资金，运用阶段参股、风险补助和投资保障等方式，引导创业投资机构投资于初创期科技型中小企业。加大中小企业专项资金对小企业创业基地（微型企业孵化园、科技孵化器、商贸企业集聚区等）建设的支持力度。充分发挥现有中小企业专项资金的引导作用，鼓励地方中小企业扶持资金将小型微型企业纳入支持范围。鼓励各级政府设立的创业投资引导基金积极支持小型微型企业。积极引导创业投资基金、天使基金、种子基金投资小型微型企业。符合条件的小型微型企业可按规定享受小额担保贷款扶持政策。综合运用资本投入、代偿补偿等方式，加大对主要服务小微企业的融资担保机构的财政支持力度。中央财政支持设立服务贸易创新发展引导基金，为试点地区有出口潜力、符合产业导向的中小服务企业提供融资支持服务。在政府采购方面，督促采购单位改进采购计划编制和项目预留管理，增强政策对小微企业发展的支持效果。推动落实支持小微企业发展的各项税收优惠政策，根据形势发展的需要研究出台继续支持的政策。加快推动营业税改征增值税试点。小型微型企业从事国家鼓励发展的投资项目，进口项目自用且国内不能生产的先进设备，按照有关规定免征关税；落实促进小型微型企业贷款的财税支持措施，以及扩大小型微利企业减半征收企业所得税范围等政策。对高新技术企业和科技型中小企业转化科技成果给予个人的股权奖励，递延至取得股权分红或转让股权时纳税。有限合伙制创业投资企业采取股权投资方式投资于未上市中小高新技术企业满 2 年的，该有限合伙制创业投资企业的法人合伙人可享受企业所得税优惠。居民企业转让 5 年以上非独占许可使用权取得的技术转让所得，可享受企业所得税优惠。

（《国务院办公厅关于发展众创空间推进大众创新创业的指导意见》，《国务院关于扶持小型微型企业健康发展的意见》，《国务院办公厅关于建设大众创业万众创新示范基地的实施意见》，《国务院关于大力推进大众创业万众创新若干政策措施的意见》，财政部、工业和信息化部、科技部、商务部、工商总局《关于支持开展小微企业创业创新基地城市示范工作的通知》，《国家税务总局关于扩大小型微利企业减半征收企业所得税范围有关问题的公告》）

2. 科技型中小企业

（1）加强对科技型中小企业的统计监测与信用评价体系建设

制定科技型中小企业认定办法，加大对市场中侵害科技型中小企业合法利益行为的打击力度。研究发布科技型中小企业标准，建立科技型中小企业资源库，健全科技型中小企业统计调查、监测分析和定期发布制度。加快科技型中小企业信用体系建设，开展对科技型中小企业的信用评价。

（《国务院办公厅关于建设大众创业万众创新示范基地的实施意见》《科技部关于进一步推动科技型中小企业创新发展的若干意见》）

（2）进一步加大对科技型中小企业的财政支持力度

加大各类科技计划对科技型中小企业技术创新活动的支持力度。鼓励地方财政加大对科技型中小企业技术创新的支持，对于研发投入占企业总收入达到一定比例的科技型中小企业给予补贴。鼓励地方政府在科技型中小企业中筛选一批创新能力强、发展潜力大的企业进行重点扶持。支持创办科技型中小企业。鼓励科研院所、高等学校科研人员和企业科技人员创办科技型中小企业，建立健全股权、期权、分红权等有利于激励技术创业的收益分配机制。支持高校毕业生以创业的方式实现就业，对入驻科技企业孵化器或大学生创业基地的创业者给予房租优惠、创业辅导等支持。通过政府采购支持科技型中小企业技术创新。在同等条件下，鼓励优先采购科技型中小企业的产品和服务。鼓励科技型中小企业组成联合体共同参加政府采购与首台（套）示范项目。

（《科技部关于进一步推动科技型中小企业创新发展的若干意见》）

（3）实施有利于科技型中小企业吸引人才的政策

支持科技型中小企业引进和培养创新创业人才，鼓励在财政补助、落户、社保、税收等方面给予政策扶持。鼓励科技型中小企业与高等学校、职业院校建立定向、订单式的人才培养机制，支持高校毕业生到科技型中小企业就业，并给予档案免费保管等扶持政策。鼓励科技型中小企业加大对员工的培训力度。

（《科技部关于进一步推动科技型中小企业创新发展的若干意见》）

（4）支持技术创新

支持科技型中小企业建立研发机构。支持科技型中小企业建立企业实验室、企业技术中心、工程技术研究中心等研发机构。对拥有自主知识产权并形成良好经济社会效益的科技型中小企业研发机构给予重点扶持。支持科技型中小企业开展技术改造。支持其采用新技术、新工艺、新设备调整优化产业和产品结构，将技术改造项目纳入贷款贴息等优惠政策的支持范围。

（《科技部关于进一步推动科技型中小企业创新发展的若干意见》）

（5）加强创新创业孵化生态体系建设

推动建立支持科技创业企业成长的持续推进机制和全程孵化体系，促进大学科技园、科技企业孵化器等创业载体功能提升和创新发展。

（《科技部关于进一步推动科技型中小企业创新发展的若干意见》）

3. 强化协同创新，实现集聚发展

（1）促进科技基础条件平台开放共享

加强信息基础设施建设，为创新创业搭建高效便利的服务平台，提高小微企业市场竞争力。加快公共科技资源和信息资源开放共享，提高各类公益事业机构、创新平台和基地的服务能力，推动高校和科研院所向小微企业和创业者开放科研设施，降低“大众创业、万众创新”的成本。鼓励高校院所和大型企业开放科技资源。引导和鼓励有条件的高等学校、科研院所、大型企业的重点实验室、国家工程（技术）研究中心、大型科学仪器中心、分析测试中心等科研基础设施和设备进一步向科技型中小企业开放，提供检验检测、标准制定、研发设计等科技服务。

（《国务院关于积极推进“互联网+”行动的指导意见》《国务院关于加快科技服务业发展的若干意见》）

（2）推动科技型中小企业在产业集聚中开展协同创新

吸纳科技型中小企业参与构建产业技术创新战略联盟。推动科技型中小企业与大型企业、高等学校、科研院所开展战略合作，探索产学研深度结合的有效模式和长效机制。鼓励高等学校、科研院所等形成的科技成果向科技型中小企业转移转化。深入开展科技人员服务企业行动，通过科技特派员等方式组织科技人员帮助科技型中小企业解决技术难题。

鼓励大中型企业通过生产协作、开放平台、共享资源、开放标准等方式，带动上下游产业链上的小微企业实现产业集聚和抱团发展。鼓励有条件的企业依法合规发起或参与设立公益性创业基金，开展创业培训和指导，履行企业社会责任。鼓励技术领先企业向标准化组织、产业联盟等贡献基础性专利或技术资源，推动产业链协同创新。充分发挥国家高新区、产业化基地的集聚作用。以国家高新区、高新技术产业化基地、现代服务业产业化基地、火炬计划特色产业基地、创新型产业集群等为载体，引导科技型中小企业走布局集中、产业集聚、土地集约的发展模式和专业化发展道路，提升产品质量、塑造品牌，推进精益制造。

（《科技部关于进一步推动科技型中小企业创新发展的若干意见》《国务院关于加快构建大众创业万众创新支撑平台的指导意见》）

（3）完善科技型中小企业协同创新社会服务体系

充分发挥专业中介机构和科技服务机构作用。开放并扩大中小企业中介服务机构的服务领域、规范中介服务市场。推动各类科技服务机构面向科技型中小企业开展服务。鼓励行业协会、产业联盟等行业组织和第三方服务机构加强对小微企业和创业者的支持。

（《科技部关于进一步推动科技型中小企业创新发展的若干意见》《国务院关于加快构建大众创业万众创新支撑平台的指导意见》）

4. 鼓励吸纳就业

鼓励小型微型企业吸纳高校毕业生就业，认真落实《国务院关于进一步支持小型微型企业健康发展的意见》（国发〔2012〕14号），为小型微型企业发展创造良好环境，推动小型微型企业在转型升级过程中创造更多岗位，吸纳高校毕业生就业。高校毕业生到小型微型企业就业的，其档案可由当地市、县一级的公共就业人才服务机构免费保管。对小型微型企业新招用毕业年度高校毕业生，签订1年以上劳动合同并按时足额缴纳社会保险费的，给予1年的社会保险补贴，政策执行期限截至2014年年底。科技型小型微型企业招收毕业年度高校毕业生达到一定比例的，可申请最高不超过200万元的小额担保贷款，并享受财政贴息。对小型微型企业新招用高校毕业生按规定开展岗前培训的，各地要根据当地物价水平，适当提高培训费补贴标准。

对小型微型企业吸纳就业困难人员就业的，按照规定给予社会保险补贴。自工商登记注册之日起3年内，对安排残疾人就业未达到规定比例、在职职工总数20人以下（含20人）的小型微型企业，免征残疾人就业保障金。

（《国务院关于进一步支持小型微型企业健康发展的意见》《国务院关于扶持小型微型企业健康发展的意见》《国务院办公厅关于做好2014年全国普通高等学校毕业生就业创业工作的通知》《国务院关于进一步做好新形势下就业创业工作的意见》）

5. 金融层面

（1）完善多层次资本市场

支持中小企业通过多层次资本市场体系实现改制、挂牌、上市融资。支持利用各类产权交易市场开展中小企业股权流转和融资服务，完善非上市科技公司股份转让途径。鼓励中小企业利用债券市场融资，探索对发行企业债券、信托计划、中期票据、短期融资券等直接融资产品的中小企业给予社会筹资利息补贴。

（《科技部关于进一步推动科技型中小企业创新发展的若干意见》）

（2）引导金融机构面向中小企业开展服务创新，拓宽融资渠道

引导商业银行积极向中小企业提供系统化金融服务。支持发展多种形式的抵质押类信贷业务及产品。鼓励开展融资租赁与创业投资相结合、租赁债权与投资股权相结合的创投租赁业务。支持网络小额贷款、第三方支付、网络金融超市、大数据金融等新兴业态发展。酌情发展民营银行。

进一步完善小型微型企业融资担保政策，完善中小企业融资担保和科技保险体系。大力发展政府支持的担保机构，进一步加大对小型微型企业融资担保的财政支持力度，综合运用业务补助、增量业务奖励、资本投入、代偿补偿、创新奖励等方式，引导担保、金融机构和外贸综合服务企业等为小型微型企业提供融资服务，引导设立多层次、专业化的科技担保公司和再担保机构，鼓励为中小企业提供贷款担保的担保机构实行快

捷担保审批程序，简化反担保措施，引导其提高小型微型企业担保业务规模，合理确定担保费用。鼓励保险机构大力发展知识产权保险、首台（套）产品保险、产品研发责任险、关键研发设备险、成果转化险等科技保险产品。

鼓励大型银行充分利用机构和网点优势，加大小型微型企业金融服务专营机构建设力度。引导中小型银行将改进小型微型企业金融服务和战略转型相结合，科学调整信贷结构，重点支持小型微型企业和区域经济发展。引导银行业金融机构针对小型微型企业的经营特点和融资需求特征，创新产品和服务。各银行业金融机构在商业可持续和有效控制风险的前提下，单列小型微型企业信贷计划。在加强监管前提下，大力推进具备条件的民间资本依法发起设立中小型银行等金融机构。

（《科技部关于进一步推动科技型中小企业创新发展的若干意见》《地方促进科技和金融结合试点方案提纲》）

四、科教创新机制

“万众创新”是科教兴国与创新驱动战略的逻辑延续，然而值得注意的是：如图1－7所示，与以往创新方面的政策不同，“万众创新”政策中提的最多的不再是“战略型新兴产业”或相关项目园区之类，而是非常强调智力资源，尤其是把智力资源（内部重组或与资本结合）协同创新放在突出重要的位置上来；此外，科技型中小企业也受到高度重视。这体现了在当前创新驱动发展过程中，国家真正把“万众创新”落到实处，即落到科技型中小企业的身上，而非简单地依赖大企业去引领创新。

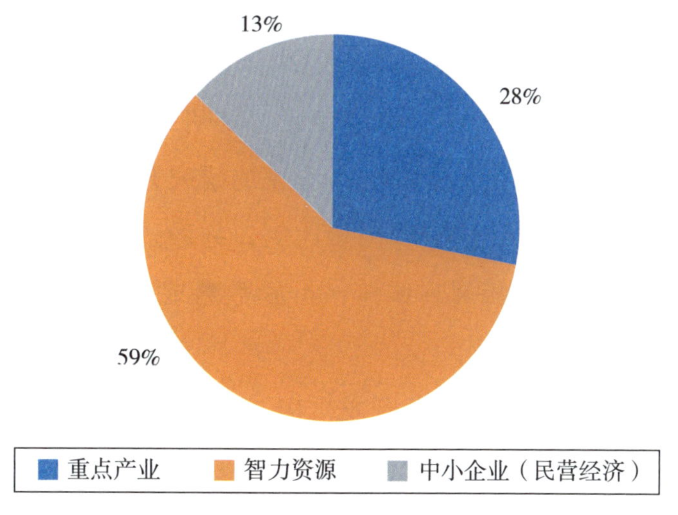

图1－7　科教创新机制下的政策文件数量占比

1. 科技评价

深化科技评价改革，鼓励创新，服务需求，科教结合，特色发展。注重科技创新质量和实际贡献，重点突出围绕科学前沿和现实需求催生重大成果产出的导向，建立产学研协同创新机制加快创新驱动发展的导向，推进科教结合提升人才培养质量的导向，鼓励科技人员在不同领域、不同岗位做出特色。根据不同类型科技活动特点，建立导向明确、激励约束并重的分类评价标准和开放评价方法，营造潜心治学、追求真理的创新文化氛围。着力提升基础研究和前沿技术研究的原始创新能力，关键共性技术的有效供给能力。

（《教育部关于深化高等学校科技评价改革的意见》《国家发展改革委办公厅关于组织实施2013年国家认定企业技术中心创新能力建设专项的通知》《关于支持新产业新业态发展促进大众创业万众创新用地的意见》）

2. 加速科技成果转化

（1）促进研究开发机构、高等院校技术转移

全面落实《中华人民共和国促进科技成果转化法》，落实完善科研项目资金管理等改革措施，赋予高校和科研院所更大自主权，并督促指导高校和科研院所切实用好。国家鼓励研究开发机构、高等院校通过转让、许可或者作价投资等方式，向企业或者其他组织转移科技成果。科技成果转化过程中，通过技术交易市场挂牌交易、拍卖等方式确定价格的，或者通过协议定价并在本单位及技术交易市场公示拟交易价格的，单位领导在履行勤勉尽责义务、没有牟取非法利益的前提下，免除其在科技成果定价中因科技成果转化后续价值变化产生的决策责任。

国家设立的研究开发机构和高等院校应当采取措施，优先向中小微企业转移科技成果，为“大众创业、万众创新”提供技术供给。国家设立的研究开发机构、高等院校对其持有的科技成果，可以自主决定转让、许可或者作价投资，除涉及国家秘密、国家安全外，不需审批或者备案。国家设立的研究开发机构、高等院校有权依法以持有的科技成果作价入股确认股权和出资比例，并通过发起人协议、投资协议或者公司章程等形式对科技成果的权属、作价、折股数量或者出资比例等事项明确约定，明晰产权。

积极推动逐步取消国家设立的研究开发机构、高等院校及其内设院系所等业务管理岗位的行政级别，建立符合科技创新规律的人事管理制度，促进科技成果转移转化。对科技人员在科技成果转化工作中开展技术开发、技术咨询、技术服务等活动给予的奖

励，可按照促进科技成果转化法等法规执行。研究开发机构、高等院校的主管部门以及财政、科技等相关部门，在对单位进行绩效考评时应当将科技成果转化的情况作为评价指标之一。

加大对科技成果转化绩效突出的研究开发机构、高等院校及人员的支持力度。研究开发机构、高等院校的主管部门以及财政、科技等相关部门根据单位科技成果转化年度报告情况等，对单位科技成果转化绩效予以评价，并将评价结果作为对单位予以支持的参考依据之一。国家设立的研究开发机构、高等院校应当制定激励制度，对业绩突出的专业化技术转移机构给予奖励。

（《中华人民共和国促进科技成果转化法》《国务院关于印发实施〈中华人民共和国促进科技成果转化法〉若干规定的通知》《国务院办公厅关于建设大众创业万众创新示范基地的实施意见》）

（2）加强协同创新和开放共享

加强顶层设计，做好统筹部署，围绕国家、行业以及区域的重大需求，结合自身优势与特色，积极组织开展多种形式的协同创新。

针对当前高校改革整体性和系统性推进的要求，发挥高校改革的主动性和创造性，切实落实各方面的政策支持措施，真抓实干，务求实效；积极联合国内外优势力量，广泛汇聚创新要素与资源，深入推动机制体制改革，努力营造协同创新的环境和氛围。要因地制宜，做好顶层设计，抓住主要问题和突出矛盾，整体、协调、系统推进各项改革，努力突破制约高校协同创新的内部制度性瓶颈。打破高校与其他创新主体间的体制壁垒，充分发挥高校、科研院所、企业等各类创新主体在基础研究、前沿技术研究、社会公益研究等方面的不同优势，营造制度先进、充满活力的协同创新环境。

鼓励引导高校和地方实质性地开展协同创新中心培育组建，科学定位，因地制宜。高校和地方协同创新中心的培育组建，不能简单地以申请教育部、财政部认定为目标，而应以转变高校发展方式、形成优势特色、提升服务国家和区域战略需求的能力为目标，扎实推进，真抓实干，力求实效。协调推进各类型协同创新中心建设和发展，重点推进科学前沿、文化传承和行业产业类型中心建设，适度发展区域发展类型中心，促进教育、科技、经济、文化互动。协同创新中心应建立高效的内部管理机制，科学、合理地配置创新资源，处理好与校内院系之间、与现有基地和平台之间，以及与外部机构之间的关系，扩大人员的互聘、合作与交流，加强成果和仪器设备的共享，建立切实的开放机制，形成相对独立、一定规模的科研实体，支撑高校的学科发展和人才培养。

加大示范基地内的科研基础设施、大型科研仪器向社会开放力度。鼓励大型互联网企业、行业领军企业通过网络平台向各类创业创新主体开放技术、开发、营销、推广等资源，加强创业创新资源共享与合作，构建开放式创业创新体系。支持示范基地完善新兴产业和现代服务业发展政策，打通科技和经济结合的通道。落实新修订的高新技术企业认定管理办法，充分考虑互联网企业特点，支持互联网企业申请高新技术企业认定并享受相关政策。

（《国务院办公厅关于建设大众创业万众创新示范基地的实施意见》《2011 协同创新中心建设发展规划》《教育部、财政部关于印发〈2011 协同创新中心建设发展规划〉等三个文件的通知》）

（3）科技服务

①研究开发及其服务

支持高校、科研院所整合科研资源，面向市场提供专业化的研发服务。鼓励研发类企业专业化发展，积极培育市场化新型研发组织、研发中介和研发服务外包新业态。支持产业联盟开展协同创新，推动产业技术研发机构面向产业集群开展共性技术研发。支持发展产品研发设计服务，促进研发设计服务企业积极应用新技术提高设计服务能力。加强科技资源开放服务，建立健全高校、科研院所的科研设施和仪器设备开放运行机制，引导国家重点实验室、国家工程实验室、国家工程（技术）研究中心、大型科学仪器中心、分析测试中心等向社会开放服务。

（《国务院关于加快科技服务业发展的若干意见》）

②技术转移服务

发展多层次的技术（产权）交易市场体系，支持技术交易机构探索基于互联网的在线技术交易模式，推动技术交易市场做大做强。鼓励技术转移机构创新服务模式，为企业提供跨领域、跨区域、全过程的技术转移集成服务，促进科技成果加速转移转化。依法保障为科技成果转移转化做出重要贡献的人员、技术转移机构等相关方的收入或股权比例。充分发挥技术进出口交易会、高新技术成果交易会等展会在推动技术转移中的作用。推动高校、科研院所、产业联盟、工程中心等面向市场开展中试和技术熟化等集成服务。建立企业、科研院所、高校良性互动机制，促进技术转移转化。

（《国务院关于加快科技服务业发展的若干意见》）

③检验检测认证服务

加快发展第三方检验检测认证服务，鼓励不同所有制检验检测认证机构平等参与市场竞争。加强计量、检测技术、检测装备研发等基础能力建设，发展面向设计开发、生产制造、售后服务全过程的观测、分析、测试、检验、标准、认证等服务。支持具备条件的检验检测认证机构与行政部门脱钩、转企改制，加快推进跨部门、跨行业、跨层级整合与并购重组，培育一批技术能力强、服务水平高、规模效益好的检验检测认证集团。完善检验检测认证机构规划布局，加强国家质检中心和检测实验室建设。构建产业计量测试服务体系，加强国家产业计量测试中心建设，建立计量科技创新联盟。构建统一的检验检测认证监管制度，完善检验检测认证机构资质认定办法，开展检验检测认证结果和技术能力国际互认。加强技术标准研制与应用，支持标准研发、信息咨询等服务发展，构建技术标准全程服务体系。

（《国务院关于加快科技服务业发展的若干意见》《国务院关于加快发展生产性服务业促进产业结构调整升级的指导意见》）

④创业孵化服务

构建以专业孵化器和创新型孵化器为重点、综合孵化器为支撑的创业孵化生态体系。加强创业教育，营造创业文化，办好创新创业大赛，充分发挥大学科技园在大学生创业就业和高校科技成果转化中的载体作用。引导企业、社会资本参与投资建设孵化器，促进天使投资与创业孵化紧密结合，推广“孵化 + 创投”等孵化模式，积极探索基于互联网的新型孵化方式，提升孵化器专业服务能力。整合创新创业服务资源，支持建设“创业苗圃 + 孵化器 + 加速器”的创业孵化服务链条。

（《国务院关于加快科技服务业发展的若干意见》《国务院关于加快发展生产性服务业促进产业结构调整升级的指导意见》《国务院关于加快构建大众创业万众创新支撑平台的指导意见》）

⑤知识产权服务

以科技创新需求为导向，大力发展知识产权代理、法律、信息、咨询、培训等服务，提升知识产权分析评议、运营实施、评估交易、保护维权、投融资等服务水平，构建全链条的知识产权服务体系。支持成立知识产权服务联盟，开发高端检索分析工具。推动知识产权基础信息资源免费或低成本向社会开放，基本检索工具免费供社会公众使用。支持相关科技服务机构面向重点产业领域，建立知识产权信息服务平台。

（《国务院关于加快科技服务业发展的若干意见》《国务院关于加快发展生产性服务

业促进产业结构调整升级的指导意见》《国务院关于加快构建大众创业万众创新支撑平台的指导意见》）

⑥科技咨询服务

鼓励发展科技战略研究、科技评估、科技招投标、管理咨询等科技咨询服务业，积极培育管理服务外包、项目管理外包等新业态。支持科技咨询机构、知识服务机构、生产力促进中心等积极应用大数据、云计算、移动互联网等现代信息技术，创新服务模式，开展网络化、集成化的科技咨询和知识服务。加强科技信息资源的市场化开发利用，支持发展竞争情报分析、科技查新和文献检索等科技信息服务。发展工程技术咨询服务，为企业提供集成化的工程技术解决方案。

（《国务院关于加快科技服务业发展的若干意见》《国务院关于加快发展生产性服务业促进产业结构调整升级的指导意见》《国务院关于加快构建大众创业万众创新支撑平台的指导意见》）

⑦科技金融服务

深化促进科技和金融结合试点，探索发展新型科技金融服务组织和服务模式，建立适应创新链需求的科技金融服务体系。鼓励金融机构在科技金融服务的组织体系、金融产品和服务机制方面进行创新，建立融资风险与收益相匹配的激励机制，开展科技保险、科技担保、知识产权质押等科技金融服务。支持天使投资、创业投资等股权投资对科技企业进行投资和增值服务，探索投贷结合的融资模式。利用互联网金融平台服务科技创新，完善投融资担保机制，破解科技型中小微企业融资难问题。

（《国务院关于加快科技服务业发展的若干意见》《国务院关于加快发展生产性服务业促进产业结构调整升级的执导意见》《国务院关于加快构建大众创业万众创新支撑平台的指导意见》）

⑧科学技术普及服务

加强科普能力建设，支持有条件的科技馆、博物馆、图书馆等公共场所免费开放，开展公益性科普服务。引导科普服务机构采取市场运作方式，加强产品研发，拓展传播渠道，开展增值服务，带动模型、教具、展品等相关衍生产业发展。推动科研机构、高校向社会开放科研设施，鼓励企业、社会组织和个人捐助或投资建设科普设施。整合科普资源，建立区域合作机制，逐步形成全国范围内科普资源互通共享的格局。支持各类出版机构、新闻媒体开展科普服务，积极开展青少年科普阅读活动，加大科技传播力度，提供科普服务新平台。

（《国务院关于加快科技服务业发展的若干意见》《国务院关于加快发展生产性服务业促进产业结构调整升级的指导意见》《国务院关于加快构建大众创业万众创新支撑平台的指导意见》）

⑨综合科技服务

鼓励科技服务机构的跨领域融合、跨区域合作，以市场化方式整合现有科技服务资源，创新服务模式和商业模式，发展全链条的科技服务，形成集成化总包、专业化分包的综合科技服务模式。鼓励科技服务机构面向产业集群和区域发展需求，开展专业化的综合科技服务，培育发展壮大若干科技集成服务商。支持科技服务机构面向军民科技融合开展综合服务，推进军民融合深度发展。

（《国务院关于加快科技服务业发展的若干意见》《国务院关于加快发展生产性服务业促进产业结构调整升级的指导意见》《国务院关于加快构建大众创业万众创新支撑平台的指导意见》）

五、政策统筹协调

建立地方政府、部门政策协调联动机制，高校、科研院所、各类企业等提供政策支持、科技支撑、人才引进、公共服务等保障条件，形成强大政策合力。然而如图 1 –8、图 1 –9 所示：无论是国务院还是国务院各部委，在“双创”政策体系中，政策统筹协调比重并不算大，而且颁布时间比较集中，并没有像其他很多政策那样出现逐渐增加的态势。这体现了当前国内在“双创”政策协调方面尚有做的不到位之处，同时也是“双创”政策体系不够系统完善的深层次原因。

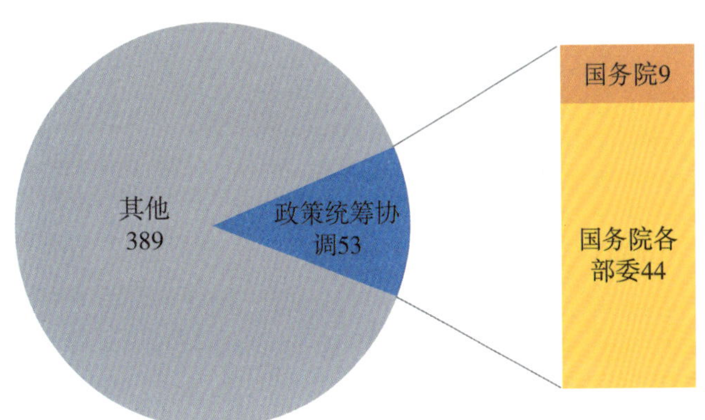

图 1 –8 政策统筹协调文件数量结构

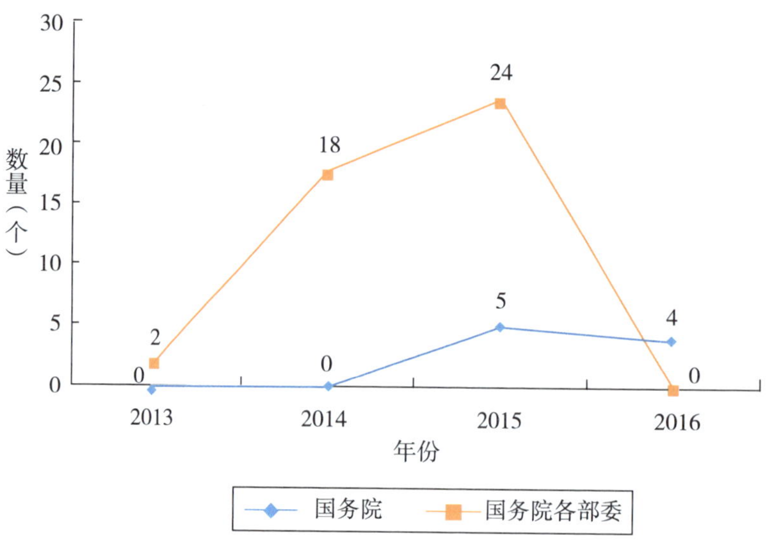

图 1 -9 “双创”政策统筹协调文件数量年度比较

整体来看，“双创”政策发展水平不断提高，涉及层面不断深入，政策工具多样性不断增强；然而，“双创”政策的设计与实施是庞大的系统工程，不可避免地存在某些问题，创新政策与创业政策的融合度仍显薄弱，往往表现为“花开两朵各表一枝”，弱化支撑作用，难以形成政策合力，尤其在平台建设和科技金融相结合等领域，仍需要在政策整合与落地等方面下功夫。

基于前文的分析，今后应该科学规划，做好“元政策”，具体包括以下几方面：一是做好政策评估，完善“双创”信息平台和统计调查体系，构建科学权威的“双创”指数，以便动态反馈政策落实情况；二是做好政策衔接，既要让创新创业政策实现有机结合，又要让中央政策落到实处，避免与地方或基层相脱节；三是做好政策宣传，以便最大化实现政策的引导与激励作用。

第二章　我国创业投资市场发展现状[①]

一、创业投资界定

目前，还没有统一的关于创业投资的概念界定。发改委 2005 年 9 月发布的《创业投资企业管理暂行办法》对创业投资有初步的界定。创业投资指向创业企业进行股权投资，以期所投资创业企业发育成熟或相对成熟后主要通过股权转让获得资本增值收益的投资方式，其中，创业企业指在中华人民共和国境内注册设立的处于创建或重建过程中的成长性企业，但不含已经在公开市场上市的企业。国务院 2016 年发布的《关于促进创业投资持续健康发展的若干意见》认为，创业投资是指向处于创建或重建过程中的未上市成长性创业企业进行股权投资，以期所投资创业企业发育成熟或相对成熟后，主要通过股权转让获取资本增值收益的投资方式，并鼓励发展包括天使投资在内的各类创业投资。据此，创业投资主要是对未上市创业企业进行股权投资，因此，广义的创业投资可以包括天使投资、风险投资（Venture Capital，VC）、私募股权投资（Private Equity，PE）、成长资本、战略投资等。

天使投资是自由投资者或非正式风险投资机构对原创项目构思或小型初创企业进行的一次性的前期投资。天使投资一般发生在公司初创阶段。

---

① 本章执笔人：袁辉。

风险投资指由职业金融家投入到新兴的、迅速发展的、具有巨大竞争力的企业中的一种权益资本。VC 最初被翻译成风险投资，后来也被翻译成创业投资。

私募股权投资，狭义的 PE 指通过私募形式对私有企业，即非上市企业进行的权益性投资；广义的 PE 涵盖企业首次公开发行前各个阶段的权益投资，即对种子期、初创期、扩张期、成熟期、上市前（Pre－IPO）企业进行的投资。

部分研究者将 VC 当作创业投资，也有研究者将天使投资和 VC 统称为创业投资，因此，狭义的创业投资指天使投资和 VC。

在“大众创业、万众创新”的背景下，我们界定创业投资是指对新兴的、迅速发展的、有竞争潜力的未上市创业企业进行的股权投资，并为创业企业提供特有的资本经营等增值业务，以期分享其高成长带来的长期资本增值。此处的创业投资采用广义概念，创业企业特指处于种子期、初创期阶段的企业，不包括处于扩张期、成熟期阶段的企业。

二、创业投资市场发展现状①

根据前面的创业投资定义，本节对处于种子期、初创期阶段的企业获得的投资情况进行分析。

2016 年，全球政治经济形势复杂多变，英国脱欧、土耳其威胁退出北约、德法移民带来的民族矛盾升级、特朗普当选美国总统、意大利公投失败等都对全球经济发展产生了深远影响，全球经济总体呈现缓慢复苏态势；国内经济进入新常态，受益于积极的财政政策和稳健的货币政策，中央和地方政府的减税降费、创新财政支持方式以及流动性相对宽松的货币市场等，呈现缓中趋稳、稳中向好的发展态势。在此背景下，我国创业投资市场增速有所放缓，逐步趋于理性。

1. 投资总量

2016 年我国创业投资市场共发生创业投资 2604 起，同比减少 38.2%。其中披露金额的 2232 起投资交易涉及金额② 487.24 亿元人民币，同比减少 34.8%；在披露金额的

---

① 由于本报告关注“双创”发展情况，所以本节侧重于分析创业投资市场投资情况，募资、退出情况不做分析。

② 金额换算方面，统一采用季度末中国银行的外汇中间价：

2016 年 12 月 31 日美元/人民币 = 6.94；2016 年 9 月 30 日美元/人民币 = 6.68；2016 年 6 月 30 日美元/人民币 = 6.63；2016 年 3 月 31 日美元/人民币 = 6.46。

2015 年 12 月 31 日美元/人民币 = 6.49；2015 年 9 月 30 日美元/人民币 = 6.36；2015 年 6 月 30 日美元/人民币 = 6.11；2015 年 3 月 31 日美元/人民币 = 6.14。

全部投资交易中，平均投资规模达到2183万元人民币，同比略微上涨1%。和2015年创业投资市场的快速上涨相比，2016年创业投资市场逐步趋于理性，这一方面受到全球经济复苏缓慢、国内经济进入新常态，特别是实体经济增速放缓影响，资本市场活跃度有所降低，导致创业投资增速放缓；另一方面，创投政策的出台在一定程度上激发了创业投资的积极性，2016年9月国务院出台的《关于促进创业投资持续健康发展的若干意见》进一步明确了创业投资的地位，并针对创业投资给予相应的税收、金融支持政策，鼓励创业投资为创业企业的发展提供资金。

分季度来看，创业投资总量呈现逐季度减少态势，投资案例从第一季度的850起减少到第四季度的341起，投资金额相应地从128.63亿元减少到83.58亿元。与创业投资总量总体减少的态势不同，平均投资规模呈现逐季度增加的态势，从第一季度的1513.29万元增加到第四季度的2451.03万元。如果潜在投资项目总数在这段时间未发生显著变化，那么我们可以推断，尽管实际创业投资数量减少导致总金额减少，但是单笔投资的平均规模却不断扩大，表明创业投资者不再盲目追求投资数量的增长，更关注初创企业的成长性和营利性，投资逐步回归理性，如图2－1、图2－2所示。

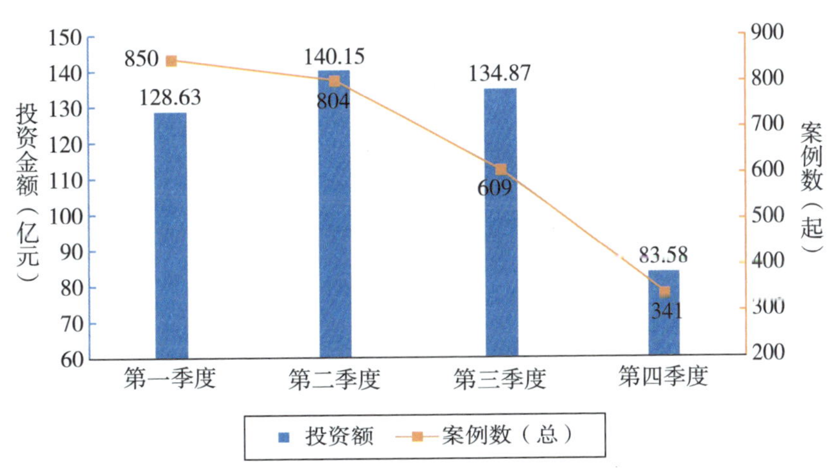

图2－1 2016年各季度创业投资金额及数量

数据来源：清科数据库。

2. 投资行业

2016年中国创业投资市场发生的2604起创业投资分布于23个大行业中。从投资案例数量来看，互联网行业发生1008起投资，位居第一位；IT（即信息技术）行业发生446起投资，位居第二位；金融行业发生251起投资，位居第三位；娱乐传媒领域发生229起投资，位居第四位；生物技术/医疗健康发生171起投资，位居第五位。接下来

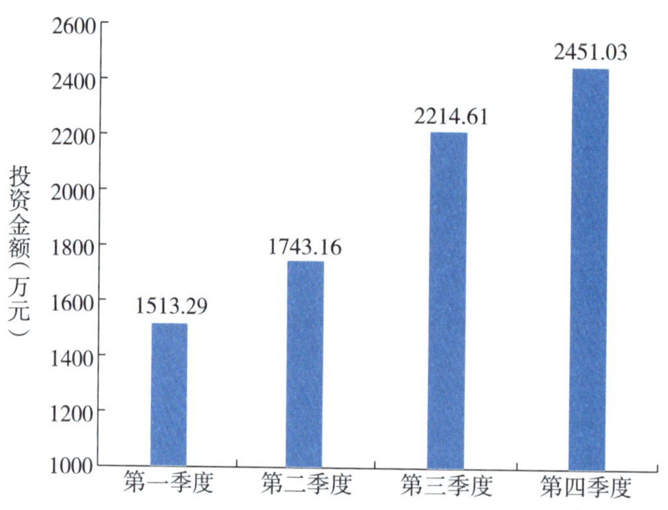

图 2-2　2016 年各季度创业投资平均规模

数据来源：清科数据库。

依次是汽车领域发生 54 起投资，教育与培训领域发生 50 起投资，电子及光电设备领域发生 43 起投资，餐饮及零售行业发生 40 起投资，房地产行业发生 36 起投资，物流行业发生 36 起投资，现代服务业发生 28 起投资，机械制造领域发生 22 起投资，清洁技术发生 21 起投资，建筑/工程领域发生 7 起投资，食品饮料行业发生 6 起投资，电信及增值业务领域发生 5 起投资，农林牧渔领域发生 5 起投资，纺织及服装领域发生 2 起投资，化工原料及加工领域发生 1 起投资，广播电视及数字电视领域发生 1 起投资，能源及矿产领域发生 1 起投资，其他领域发生 141 起投资，如图 2-3 所示。

从投资金额来看，互联网行业投资涉及金额 216.21 亿元人民币，位居第一位；IT 行业投资涉及金额 64.3 亿元人民币，位居第二位；金融行业投资涉及金额 51.31 亿元人民币，位居第三位；生物技术/医疗健康领域投资涉及金额 49.51 亿元人民币，位居第四位；娱乐传媒领域投资涉及金额 20.17 亿元人民币，位居第五位；接下来依次是房地产行业投资涉及金额 19.28 亿元人民币，汽车领域投资涉及金额 15.19 亿元人民币，电子及光电设备领域投资涉及金额 5.97 亿元人民币，现代服务行业投资涉及金额 5.61 亿元人民币，物流行业投资涉及金额 4.89 亿元人民币，机械制造领域投资涉及金额 4.31 亿元人民币，清洁技术领域投资涉及金额 3.75 亿元人民币，餐饮及零售行业投资涉及金额 3.44 亿元人民币，教育与培训领域投资涉及金额 2.3 亿元人民币，食品饮料行业投资涉及金额 1.44 亿元人民币，电信及增值业务领域投资涉及金额 1.2 亿元人民币，建筑/工程领域投资涉及金额 9607 万元人民币，农林牧渔领域投资涉及金额 8410 万元人民币，化工原料及加工领域投资涉及金额 1000 万元人民币，广播电视及数字电

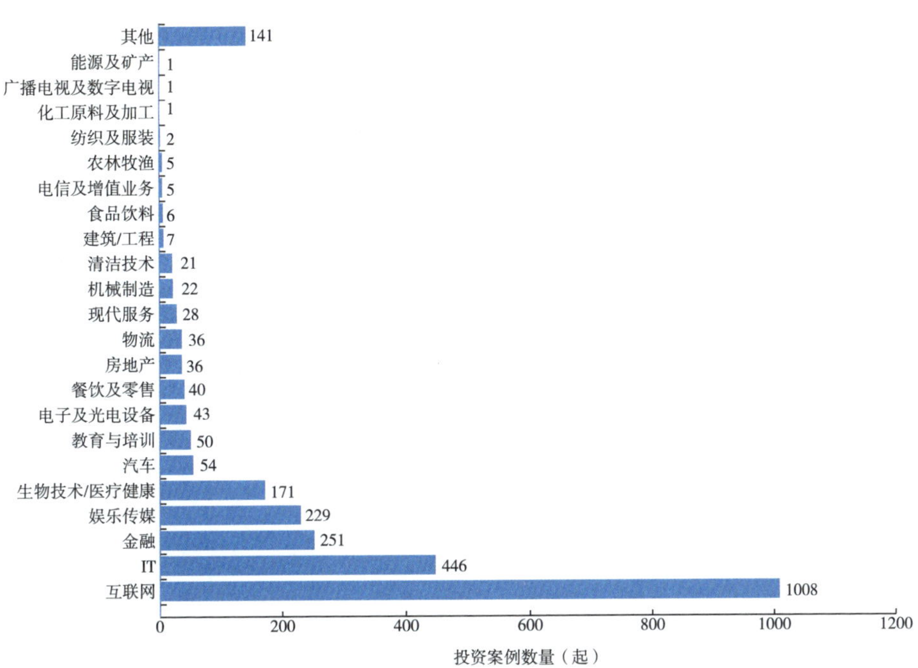

图 2－3　2016 年中国创业投资市场行业投资案例分布

数据来源：清科数据库。

视领域投资涉及金额 600 万元人民币，纺织及服装领域投资涉及金额 500 万元人民币，能源及矿产领域投资涉及金额 500 万元人民币，其他领域投资涉及金额 16.29 亿元人民币，如图 2－4 所示。

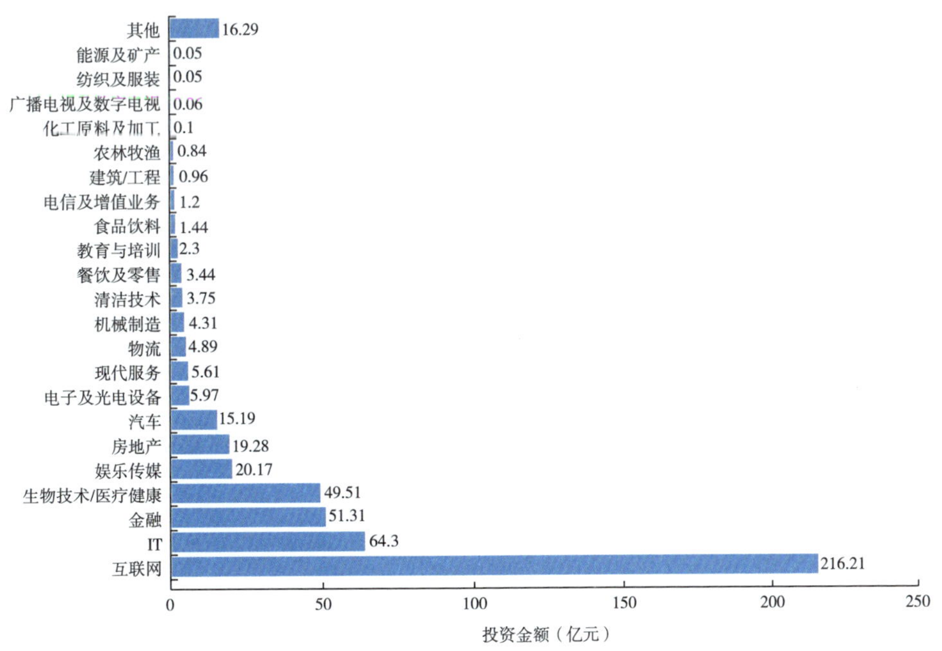

图 2－4　2016 年中国创业投资市场行业投资金额分布

数据来源：清科数据库。

从投资案例数量、投资金额排名前三位的行业来看，创新性强、成长性好、回报率高的行业最受创业投资青睐。近年来，互联网行业快速发展，通过新一代信息技术和互联网平台，迅速渗透到传统行业中，一方面与传统行业深度融合，带动传统行业转型升级，提高传统行业生产力和创新力；另一方面，互联网行业颠覆了传统行业的发展模式，催生了一批新业态、新模式，形成经济发展新动能。2015 年 7 月出台了《国务院关于积极推进“互联网 +”行动的指导意见》，明确提出推动互联网与经济社会各领域的深度融合，发挥互联网支撑“大众创业、万众创新”的作用，培育互联网成为提供公共服务的重要手段，形成网络经济与实体经济协同互动的发展格局。在“互联网 +”战略的带动下，互联网行业保持了良好的发展势头，成为近年来发展潜力最大的行业之一。互联网企业迅速成长，涌现了一批创业型互联网企业，因此吸引了众多创业投资。IT 行业属于知识和技术密集型产业，对技术、人才的创新性要求较高，不断创新是 IT 行业发展的核心动力。经过几十年发展，IT 行业已经成为国民经济的主导产业，对国民经济增长的拉动作用不断增强，对国民经济增长的贡献率不断提高。当前 IT 行业还处于成长期，市场潜力还有待进一步挖掘，一大批从事 IT 创新的人才有创业的积极性和可能性，因此，IT 行业自然而然成为创业投资较为集中的领域。金融行业属于传统行业中回报率较高的行业之一。作为支撑实体经济发展的重要行业，我国高度重视金融行业发展，出台了一系列政策健全完善的金融市场体系，促进金融市场健康平稳运行。随着经济体制和金融体制朝市场化方向不断完善，我国金融市场建设取得了突破性进展，规模不断扩大，市场参与主体日趋广泛，市场功能逐步完善，较好地支撑了实体经济的发展。近几年，大数据、云计算、移动互联网等逐步渗透到金融行业，催生出的互联网金融蓬勃发展，极大地推动了传统金融服务的提质增效。2016 年 10 月国务院出台的《互联网金融风险专项整治工作实施方案》充分肯定了互联网金融的作用，认可互联网金融在提升金融服务普惠性和覆盖面等方面起到的积极作用，同时也提出要规范互联网金融行业的发展，引导互联网金融行业步入正确发展轨道。在行业市场前景良好和国家利好政策的刺激下，处于创业阶段的优质互联网金融企业成为创业投资热捧的对象。

从创业投资平均金额来看，房地产行业以 5356 万元人民币位居第一位，生物技术/医疗健康领域以 2895 万元人民币位居第二位，汽车行业以 2813 万元人民币位居第三位，食品饮料行业和电信及增值业务以 2400 万元人民币并列第四位，接下来依次是互联网行业的单笔投资平均金额为 2145 万元人民币，金融行业的单笔投资平均金额为

2044 万元人民币，现代服务业的单笔投资平均金额为 2004 万元人民币，机械制造行业的单笔投资平均金额为 1959 万元人民币，清洁技术领域的单笔投资平均金额为 1786 万元人民币，农林牧渔行业的单笔投资平均金额为 1680 万元人民币，IT 行业的单笔投资平均金额为 1442 万元人民币，电子及光电设备领域的单笔投资平均金额为 1388 万元人民币，建筑/工程领域的单笔投资平均金额为 1371 万元人民币，物流行业的单笔投资平均金额为 1358 万元人民币，化工原料及加工行业的单笔投资平均金额为 1000 万元人民币，娱乐传媒领域的单笔投资平均金额为 881 万元人民币，餐饮及零售领域的单笔投资平均金额为 860 万元人民币，广播电视及数字电视领域的单笔投资平均金额为 600 万元人民币，能源及矿产行业的单笔投资平均金额为 500 万元人民币，教育及培训领域的单笔投资平均金额为 460 万元人民币，纺织及服装行业的单笔投资平均金额为 250 万元人民币，其他领域的单笔投资平均金额为 1155 万元人民币，如图 2－5 所示。

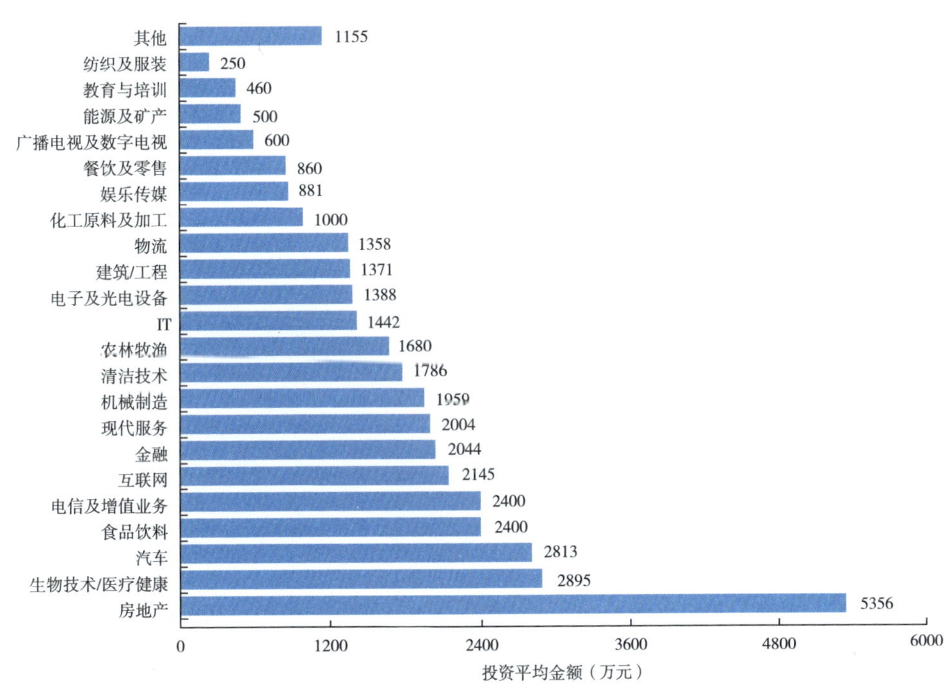

图 2－5　2016 年中国创业投资市场行业投资平均金额分布

数据来源：清科数据库。

与创业投资案例数量、总规模行业排名不同，平均投资规模排名前三位的是房地产、生物技术/医疗健康、汽车行业。这可能与行业性质有关，房地产、汽车领域的创业企业新建项目投资规模大，土地、设备、人员投入密集，投资周期长，对资金的需求量较大；生物技术/医疗健康领域的技术门槛高，创业企业需要大量资金投入新产品研发和临床试验中，且研发和验证周期长，单个项目的资金需求较大。

3. 投资地域

从投资案例数量来看，2016 年北京市发生 1144 起创业投资，位居全国第一位；上海市发生 494 起创业投资，位居第二位；深圳市发生 281 起创业投资，位居第三位；浙江省发生 221 起创业投资，位居第四位；广东省（除深圳）发生 127 起创业投资，位居第五位；接下来依次是江苏省发生 73 起创业投资，福建省发生 49 起创业投资，四川省发生 44 起创业投资，湖北省发生 42 起创业投资，湖南省、天津市分别发生 20 起创业投资，陕西省发生 14 起创业投资，山东省、重庆市分别发生 12 起创业投资，河南省发生 11 起创业投资，台湾地区发生 10 起创业投资，黑龙江省发生 6 起创业投资，香港地区发生 5 起创业投资，安徽省、贵州省分别发生 4 起创业投资，辽宁省发生 3 起创业投资，河北省、云南省分别发生 2 起创业投资，广西壮族自治区、海南省、江西省、宁夏回族自治区分别发生 1 起创业投资，如图 2－6 所示。

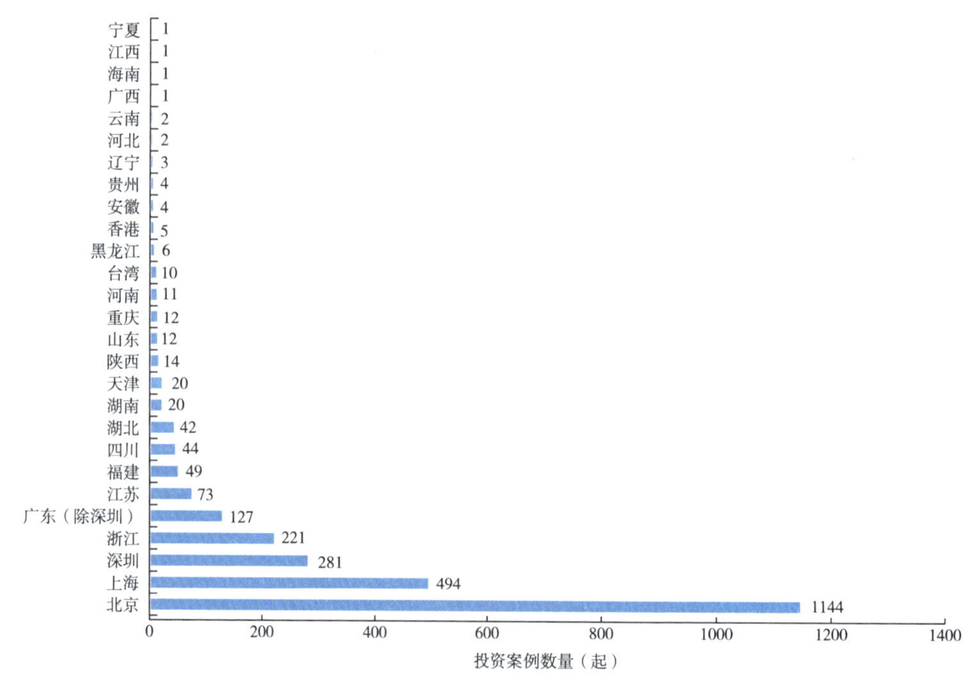

图 2－6　2016 年创业投资市场地区投资案例分布

数据来源：清科数据库。

从投资金额来看，北京市获得的创业投资额最高，达到 200.3 亿元人民币；位居第二位的是上海市，获得创业投资 101.3 亿元人民币；位居第三位的是深圳市，获得创业投资 59 亿元人民币；位居第四位的是浙江省，获得创业投资 51.8 亿元；位居第五位的是广东省（除深圳市），获得创业投资21.95亿元；接下来依次是江苏省获得创业投资11.89亿元，湖北省获得创业投资10.18亿元，天津市获得创业投资6.09亿元，四川省获得创业投资3.97亿元，福建省获得创业投资3.82亿元，重庆市获得创业投资3.06亿元，河南省获得创业投资2.38亿元，山东省获得创业投资1.81亿元，陕西省获得创业投资1.67亿元，湖南省获得创业投资1.65亿元，台湾地区获得创业投资1.57亿元，香港地区获得创业投资1.48亿元，河北省获得创业投资1.01亿元，贵州省、黑龙江省、广西壮族自治区、辽宁省、云南省、海南省、安徽省、宁夏回族自治区、江西省获得的创业投资均低于1亿元，如图2－7所示。

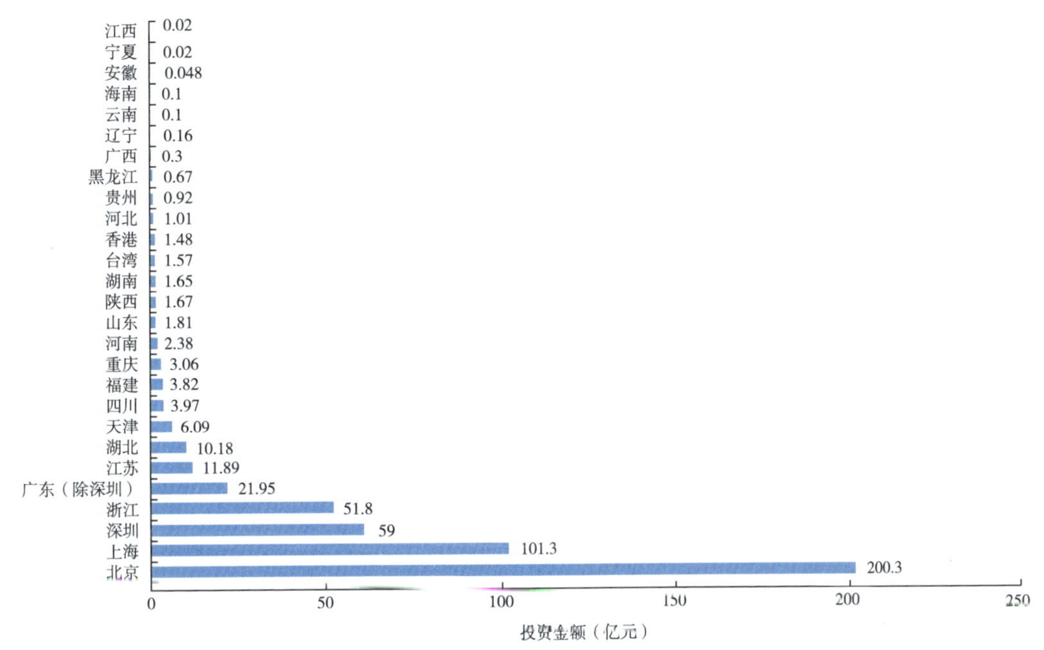

图2－7　2016年中国创业投资市场地区投资金额分布

数据来源：清科数据库。

从投资案例数量和投资金额来看，排名前三位的北京、上海、深圳三地创业投资案例数量占全国创业投资案例数量的比重达到73.7%，创业投资金额占全国比重达到74%，全国几乎3/4的创业投资发生在北上深地区。北京是全国的科技创新中心，汇聚了众多国内知名高校、科研机构和大型龙头企业，人才、技术、孵化器科技创新资源最丰富，科技服务体系较为完善，“双创”政策体系比较健全，良好的发展环境为发展创新创业奠定了基础，使得北京成为创业投资最为活跃的地区，成为全国创新创业发展的领头羊。上海是国际经济、金融、贸易、航运和科技创新中心，拥有众多金融机构和高端创新人才，金融市场发达，市场体系健全。随着上海经济实力、资源集聚能力和全球影响力逐步提高，上海的创新创业活力也不断增强，成为吸引创业投资的热门地区之一。深圳是我国最早实行改革开放的地区，毗邻香港的区位优势使得深圳经济迅速发展，国际化程度显著提升，逐渐发展成为特色鲜明的现代化国际化城市，吸引了大批国内外创新创业者。未来深圳的定位是进一步发展成为国际创客中心和创业之都，并成为"创投之都"，可以预计未来深圳仍会是创业投资者青睐的地区之一。除了北上深地区，浙江地区的创业投资活跃度也很高，一是因为浙江地区民营经济较为发达，民间资本较为活跃，为创业投资提供了雄厚的基金基础；二是因为浙江地区政府服务意识高，服务能力强，为创新创业提供"一站式保姆服务"，降低了创新创业成本，提高了创新创业效率；三是浙江地区拥有丰富的高素质人才，部分互联网企业总部坐落于此，这些推动浙江地区成为创新创业的主要地区。

从创业投资平均金额来看，河北省创业投资平均金额为 5050 万元人民币，位居第一位；天津市创业投资平均金额为 3045 万元人民币，位居第二位；广西壮族自治区创业投资平均金额为 3000 万元人民币，位居第三位；香港地区创业投资平均金额为 2960 万元人民币，位居第四位；重庆市创业投资平均金额为 2550 万元人民币，位居第五位；接下来依次是湖北省创业投资平均金额为 2424 万元人民币，浙江省创业投资平均金额为 2344 万元人民币，贵州省创业投资平均金额为 2300 万元人民币，河南省创业投资平均金额为 2164 万元人民币，深圳市创业投资平均金额为 2100 万元人民币，上海市创业投资平均金额为 2051 万元人民币，北京市创业投资平均金额为 1751 万元人民币，广东省（除深圳）创业投资平均金额为 1728 万元人民币，江苏省创业投资平均金额为 1629 万元人民币，台湾地区创业投资平均金额为 1570 万元人民币，山东省创业投资平均金额为 1508 万元人民币，陕西省创业投资平均金额为 1193 万元人民币，黑龙江省创业投资平均金额为 1117 万元人民币，海南省创业投资平均金额为 1000 万元人民币，四川省、湖南省、福建省、辽宁省、云南省、宁夏回族自治区、安徽省等地创业投资平均金额均低于 1000 万元人民币，如图 2－8 所示。

4. 投资轮次

从投资案例数量来看，创业投资仍然以天使轮投资为主，2016 年发生天使轮投资 971 起，占全部投资案例的比重达 37.3%；第二位是 A 轮投资，发生 797 起；第三位是 Pre－A 轮投资，发生 345 起；接下来依次是 B 轮投资发生 216 起，C 轮投资发生 54 起，D 轮投资发生 10 起，战略投资发生 7 起，新三板定增发生 2 起，F 轮投资发生 1 起，其他投资发生 201 起，如图 2－9 所示。

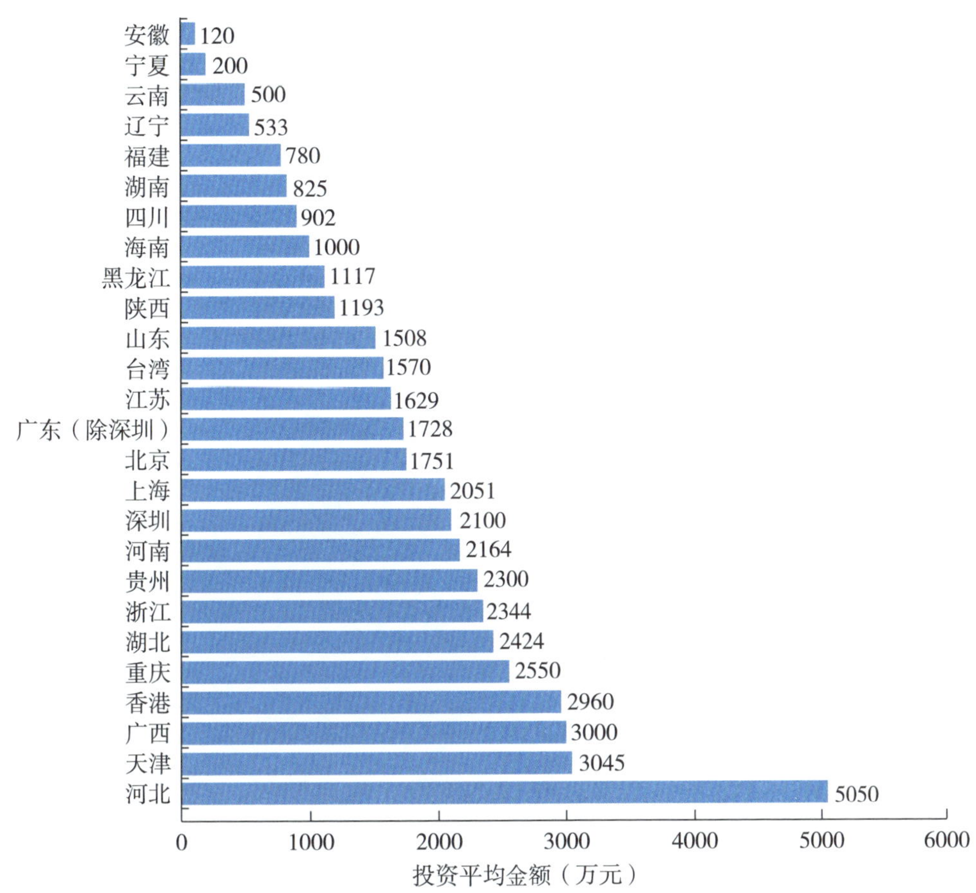

图 2－8　2016 年中国创业投资市场地区投资平均金额分布

数据来源：清科数据库。

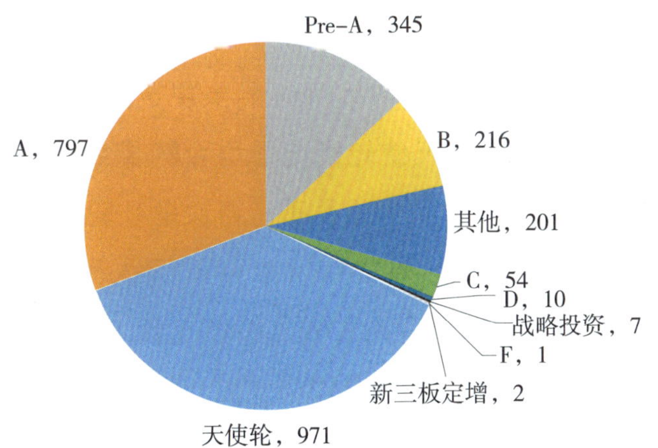

图 2－9　2016 年中国创业投资机构投资轮次数量分布（单位：起）

数据来源：清科数据库。

从投资额度来看，2016 年天使轮获得投资金额最多，达到 4326.6 亿元人民币；A 轮获得投资 220.9 亿元人民币，位居第二位；B 轮获得投资 94.2 亿元人民币，位居第三位；接下来依次是 C 轮获得投资 49.2 亿元人民币，Pre－A 轮获得投资 42.5 亿元人民币，D 轮获得投资 13.4 亿元人民币，新三板定增轮获得投资 0.67 亿元人民币，战略投资轮获得投资 0.014 亿元人民币，其他轮获得投资 23.2 亿元人民币，如图 2－10 所示。

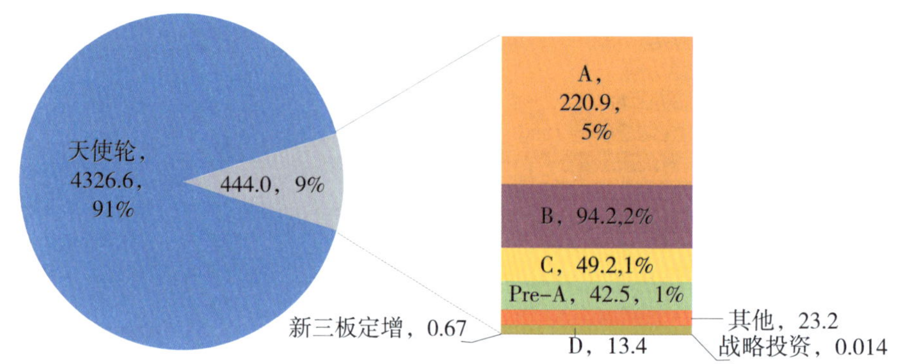

图 2－10　2016 年中国创业投资机构投资轮次金额分布（单位：亿元）

数据来源：清科数据库。

从投资轮次的数量和金额来看，天使轮投资数量和金额最大。天使轮一般发生在企业的种子期和初创期，企业的新产品、新技术或处于概念阶段，或刚开始研发，需要资金提供支撑，资金额度不太大，但投资风险高，一旦投资成功回报率也较高，因此这个轮次对创业投资的吸引力较大。A 轮投资的投资数量和金额位居第二位，一般发生在企业初创期，企业的新产品研发出来后需要资金进行生产和推广应用，对资金的需求量也较大，投资风险和回报率也较高，对创业投资的吸引力也较大。总体来看，创业投资集中发生在天使轮、Pre－A 轮、A 轮、B 轮、C 轮、D 轮等企业未上市阶段，这是由创业投资关注创新创业、集中投资于企业早期阶段的特点决定的。

从投资轮次的平均金额来看，天使轮投资平均金额最高，达到 4.46 亿元人民币；其次是 D 轮投资，平均金额为 1.34 亿元人民币；再次是 C 轮投资，平均金额为 0.91 亿元人民币；接下来依次是 B 轮投资平均金额为 0.44 亿元人民币，新三板定增轮投资平均金额为 0.34 亿元人民币，A 轮投资平均金额为 0.28 亿元人民币，Pre－A 轮投资平均金额为 0.12 亿元人民币，其他轮投资平均金额为 0.12 亿元人民币等，如图 2－11 所示。

5. 投资币种

从投资案例数量来看，2016 年中外创业投资机构选择以人民币进行投资的有 2304 起，占全部创业投资比重的 88.5%；以美元进行投资的有 238 起；以台币进行投资的有 1 起；其他未披露币种的投资有 61 起，如图 2－12 所示。可以看出，人民币投资优势明显。

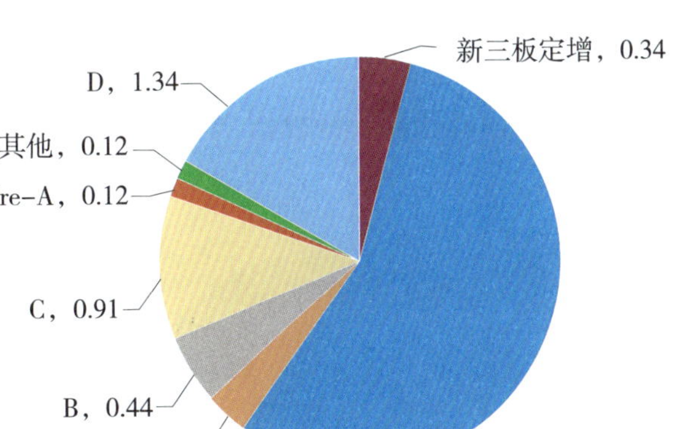

图 2－11　2016 年中国创业投资机构投资轮次平均金额分布（单位：亿元）

数据来源：清科数据库。

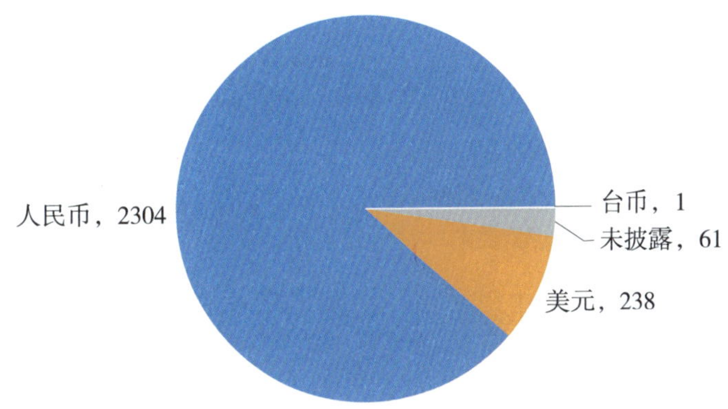

图 2－12　2016 年中国创业投资市场投资币种案例分布（单位：起）

数据来源：清科数据库。

从投资金额来看，以人民币进行投资的金额达到 324 亿元人民币，占全部投资金额比重达到 66.5%；以美元进行投资的金额达到 163 亿元人民币；以台币进行投资的金额为 1000 万元人民币，如图 2－13 所示。

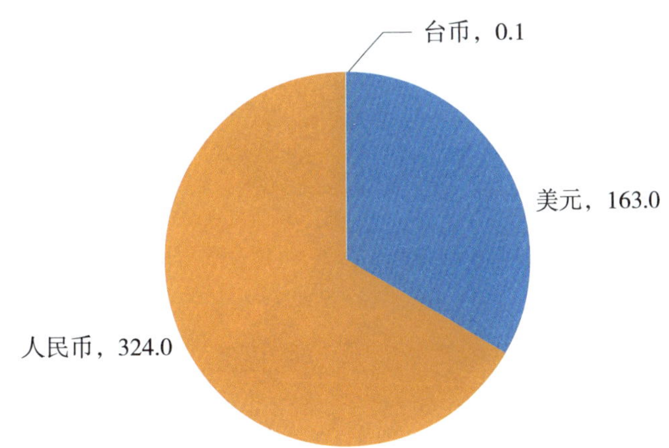

图 2－13　2016 年中国创业投资市场投资币种规模分布（单位：亿元）

数据来源：清科数据库。

从平均投资规模来看，以美元进行的投资平均规模为 6850 万元人民币，以人民币进行的投资平均规模为 1406 万元人民币，以台币进行的投资平均规模为 1000 万元人民币，如图 2－14 所示。

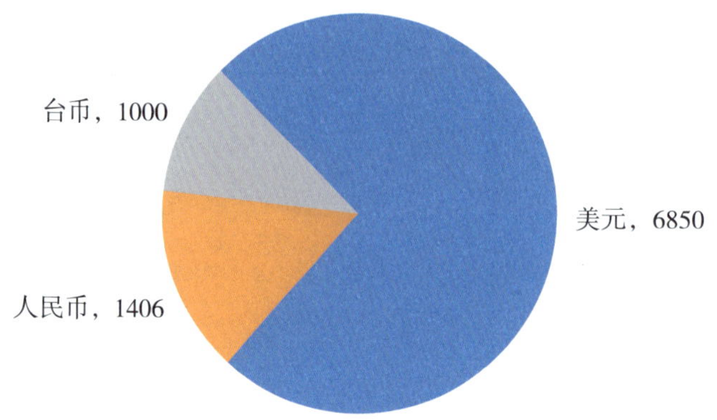

图 2－14　2016 年中国创业投资市场投资币种平均规模分布（单位：万元）

数据来源：清科数据库。

尽管以人民币进行的投资在数量和规模上占据优势，但从平均投资规模来看，以美元进行的投资平均投资额是人民币的 4.87 倍。平均而言，以美元进行的投资单笔投资额度更大。

6. 投资规模

从投资案例数量来看，在披露金额的 2326 起投资案件中，规模在 1000 万元人民币及以下的投资共有 1761 起，占总投资的比重为 76%；投资在 1001 万～5000 万元人民币的投资共有 442 起，占总投资的比重为 19%；规模在 5001 万～1 亿元人民币的投资共有 80 起，占总投资的比重为 3%；规模超过 1 亿元人民币的投资共有 43 起，占总投资的比重为 2%，如图 2－15 所示。

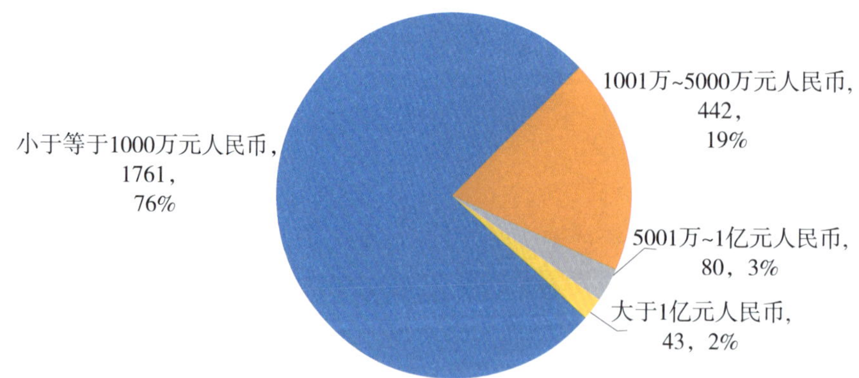

图 2－15　2016 年中国创业投资市场投资案例分布（单位：起）

数据来源：清科数据库。

从投资总量来看，在披露金额的2326起投资案件中，规模在1000万元人民币及以下的投资累计金额达到96.9亿元人民币，占总投资金额的比重为20%；投资在1001万~5000万元人民币的投资累计金额为176亿元人民币，占总投资的比重为36%；规模在5001万~1亿元人民币的投资累计金额为81.7亿元人民币，占总投资的比重为17%；规模超过1亿元人民币的投资累计金额为132.6亿元人民币，占总投资的比重为27%，如图2-16所示。

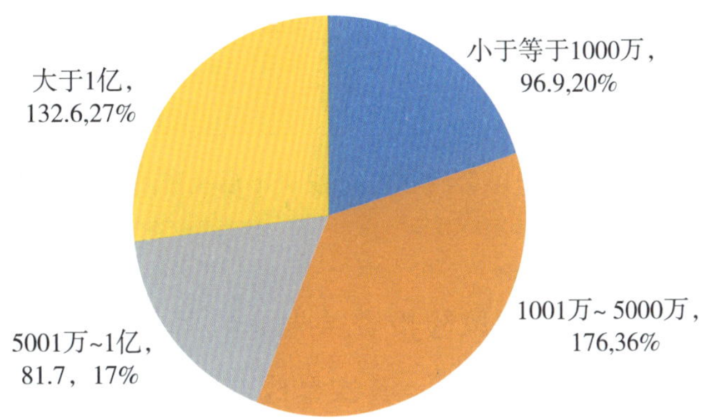

图2-16　2016年中国创业投资市场投资规模分布（单位：元）

数据来源：清科数据库。

从投资案例数量来看，1000万元人民币及以下的创业投资数量最多，其次是1001万~5000万元人民币的创业投资。随着投资规模逐步扩大，投资案例数量基本呈现递减趋势。从投资金额来看，1001万~5000万元人民币的投资累计金额最高；其次是1亿元人民币以上的投资，尽管大额创业投资数量不多，但是单笔投资金额大，导致累计投资金额高。

7. 投资阶段

在前面的分析中，我们从“大众创业、万众创新”的角度，仅对处于种子期和初创期的创业企业获得的创业投资进行了分析。在这一部分，我们将不再局限于分析创业投资，而是从企业全生命周期发展的角度对不同阶段企业获得的投资进行分析，以便更好地理解创业投资在企业发展过程中的重要性。

从投资案例数量来看，2016年我国风险投资首先集中发生在初创期，共计发生风险投资1749起，占比达到38.3%；其次是扩张期，发生风险投资1158起，占比达到25.4%；再次是种子期，发生风险投资839起，占比达到18.4%；发生在成熟期的风险投资共计799起，占比达到17.5%；未披露阶段的风险投资发生16起，如图2-17所示。

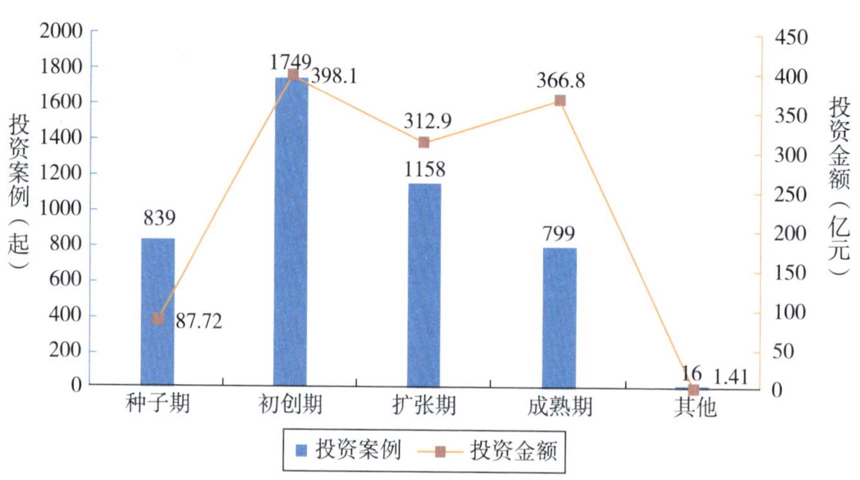

图 2－17　2016 年中国创业投资市场投资阶段分布

数据来源：清科数据库。

从投资金额来看，2016 年我国风险投资首先集中发生在初创期，累计投资金额达到 398. 1 亿元人民币，占比达到 34. 1%；其次是成熟期，累计投资金额达到 366. 8 亿元人民币，占比达到 31. 4%；再次是扩张期，累计投资金额达到 312. 9 亿元人民币，占比达到 26. 8%；未披露阶段的风险投资累计投资金额为 1. 41 亿元人民币，如图 2－17 所示。

从投资案例数量和金额来看，处于初创期的企业获得的风险投资数量和规模最多，这是由初创期企业的特点和资金需求决定的。从企业全生命发展周期来看，处于种子期和初创期的企业获得的创业投资占总投资比重达到 41. 6%，处于扩张期和成熟期的企业获得的投资比重为 58. 2%，这说明风险投资市场资金更多投向稳定发展的企业，我国支持“大众创业、万众创新”发展的创业投资规模还有待进一步扩大，需要进一步引导风险投资支持创业企业发展。

从平均投资规模来看，处于成熟期的企业获得的投资平均金额为 4591 万元，位居第一位；处于扩张期的企业获得的投资平均金额为 2702 万元；处于初创期的企业获得的投资平均金额为 2276 万元；处于种子期的企业获得的投资平均金额为 1046 万元；未披露阶段企业获得的投资平均金额为 881 万元，如图 2－18 所示。由此看出，处于种子期和初创期的创业企业获得的平均投资金额明显少于处于扩张期和成熟期的相对稳定发展的企业，这是因为一方面企业发展后期需要更多的资金进行规模扩张，另一方面相对稳定发展的企业可获得的资金支持和渠道更多。

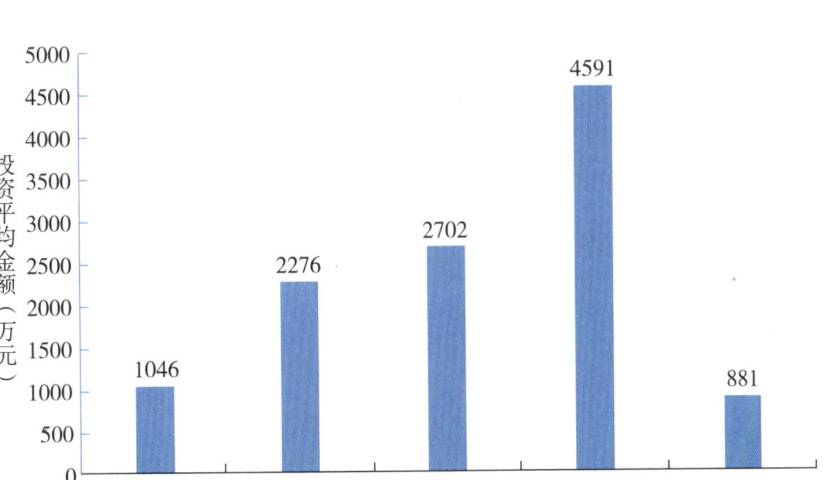

图 2－18 2016 年中国创业投资市场投资阶段平均投资规模分布

数据来源：清科数据库。

三、创业投资市场典型案例

本研究挑选了 2016 年单笔投资额排名前 10 的创业投资典型案例进行分析，具体情况如表 2－1 所示。

通过表 2－1 可以看出，单笔投资额排名前 3 的案例均发生在互联网行业，单笔投资额最大的案例是 IDG 资本投向平安好医生约 16.6 亿元。单笔投资额排名前 10 的案例中，除 1 例发生在房地产行业之外，其余 9 例均发生于互联网行业，这与前面分析中互联网行业投资案例数量和总额均居第一位的结论相符。进一步观察分析，互联网行业中网络服务是创业投资热点，9 个投资案例中有 8 个案例发生在网络服务领域，占比达到 88.9%。

表 2－1 单笔投资额排名前 10 的创业投资典型案例

序号	投资时间	投资方	被投资方	行业领域	运营主体所在地	投资类型	投资阶段	投资金额（百万元）	投资轮次
1	5 月 13 日	IDG 资本	平安好医生	互联网 医疗服务	广东省	VC	初创	1657.5	A
2	3 月 30 日	诺伟其创投 光信资本 红杉中国等	瓜子二手车	网络服务	北京市	天使投资	初创	1321.1	A

（续　表）

序号	投资时间	投资方	被投资方	行业领域	运营主体所在地	投资类型	投资阶段	投资金额（百万元）	投资轮次
3	6月14日	北极光 高榕资本等	贝贝网	电子商务	浙江省	VC	初创	750	D
4	2月24日	天使投资人	东久工业	房地产开发	上海市	VC	初创	710.6	A
5	5月10日	Greylock Partners 启明创投等	闻学网络	网络服务	上海市	VC	初创	663	B
6	5月27日	麒麟资本	联璧科技	网络服务	上海市	VC	初创	530.4	B
7	10月10日	金沙江创投 经纬中国等	ofo	其他 网络服务	北京市	VC	初创	451.1	C
8	8月2日	红杉中国 Bryant Stibel	VIPKID	网络教育	北京市	VC	初创	445.3	C
9	9月20日	红杉中国 君联资本等	作业帮	网络教育	北京市	VC	初创	300.6	B
10	8月15日	红杉中国	斗鱼TV	网络视频	湖北省	VC	初创	375	C

从地区分布来看，单笔投资额排名前3的案例发生在广东、北京、浙江这三个经济发达地区，主要是因为这些经济发达地区的互联网等新兴产业发展集中，所以对创业投资吸引力较大，创业投资相对活跃。单笔投资额排名前10的案例中，有4个案例发生在北京，总投资额为25.2亿元；有3个案例发生在上海，总投资额为19亿元；广东省、浙江省、湖北省分别发生1个案例。可以看出，无论是投资案例数量，还是投资规模，北京、上海都位居前列，这与前面分析的北京、上海是创业投资活跃度排名前两位的地区的结论相一致。

从投资轮次来看，单笔投资额排名前3的案例发生在A轮、A轮和D轮。单笔投资排名前10的案例中，有3个案例发生在A轮投资，有3个案例发生在B轮投资，有3个案例发生在C轮投资，有1个案例发生在D轮投资，这与前面分析的天使轮得到的投资数量和金额最大的结论不太相符，可能是因为天使轮投资风险较高，单笔投资额相对较小，所以从单笔投资额规模排名前10的案例来看，天使轮投资不占优势。但是天使轮投资数量众多，从总投资数量和规模来看，天使轮依然排名第一。

第三章　我国科技类大奖获奖结果分析[①]

科技奖励是促进我国科技进步的重要激励之一，对引导、激发广大科技工作者的创新意识、推动我国科技水平提升有不可替代的作用。不仅如此，在技术壁垒不断提升、全球化不断发展的今天，知识产权逐渐成为我国着重发展的战略性资源，成为建设创新型国家的重要支撑和掌握发展主动权的关键，也是增强我国科技竞争力的重要保证，对于加快建设创新型国家意义重大。

本章将对国家最高科学技术奖、国家自然科学奖、国家科学技术进步奖、国家技术发明奖、中国青年科技奖、未来科学大奖、中国创新创业大赛、全国首批深化创新创业教育改革示范高校、陈嘉庚科学奖、何梁何利基金科学与技术进步奖、中国机械工业科学技术奖在内的十余项国家范围的奖项进行分析，通过获奖者的相关统计信息，描述国内奖项发展情况与取得的成就。

一、支持青年创业

在知识经济日益发展的今天，科学技术的进步对社会、经济的发展起着决定性的作用，科学技术是第一生产力已成为全球的共识。青年作为科技人群中不可忽视的力量，分布在高校及各个研究所、创业基地之中，将自己所学的科技知识转化为科技力量，承

① 本章执笔人：葛菲、张洋。

担着社会的希望，肩负着巨大的责任。

高等学校是国家创新体系的重要组成部分，继国家经贸委实施“技术创新工程”和中科院实施“知识创新工程”之后，教育部也于2004年全面启动了以科技创新能力建设为核心的“高等学校科技创新计划”①。

全国创新创业典型经验高校等奖项的设立，就是教育部大力加强宣传推广高校创新创业工作的重要一步。主要是通过精神奖励，对创业孵化较为成功的高校进行表彰，通过50所典型经验高校的经验成果树立典型，影响其他学校在创新创业方面的发展。创新创业教育是适应经济社会和国家发展战略需要而产生的一种教学理念与模式，可以培养高校中的优秀青年。所以对高等学校创新创业设奖，有助于促进高等教育科学发展，也是对国家创新体系的一种促进。

中国青年科技奖是为激励中国青年科技工作者投身科教兴国伟大事业，造就进入世界科技前沿的青年学术和技术带头人，奖励为中国经济建设、社会发展和科技进步做出突出贡献的青年科技人才而设立的。作为中国第一个专门面向青年科技人才的奖励，基本属于完全的荣誉性奖励，既有政府又有协会参与。

以上提到的针对高校创业基地等人才的奖项，通过合理的评审机制，既选拔出了优秀青年科技人才，又帮助他们获得了更多发展、交流等机会，为其成长起到了重要激励作用，对国家创新体系产生了积极的影响。

二、社会力量加强对于科技发展的支持

社会力量最早设立的科学技术奖是英国科普利爵士捐资设立的科普利奖，由英国皇家学会组织评审，针对自然科学方面的成就每年奖励一次，奖励为一枚银质奖章和100英镑奖金。随后，意大利、荷兰等国也出现了少量的社会力量设立科学技术奖。1901年诺贝尔奖的首次颁发，标志着现代科学技术奖励制度的开始。诺贝尔奖在奖励评审的科学性、奖金数额等方面树立了典范，把社会力量设立科学技术奖推向一个新高潮。据不完全统计，目前世界各国有社会力量设立的科技奖励5000多项，这些奖励在授予科技人员荣誉并激励他们开拓进取等方面，发挥了积极的作用。

我国现有国家级科技类奖励5项，即国家最高科学技术奖、国家自然科学奖、国

① 谭春辉．我国普通高校科技创新社会影响力的测度——基于2000—2007年国家科技奖励三大奖项的统计分析［J］．科技进步与对策，2010，27（5）：122－126.

家技术发明奖、国家科学技术进步奖和中华人民共和国国际科学技术合作奖。而我国的社会力量设奖截至 2015 年，一共 237 项，已经初具规模。我国国家奖励与全国性社会奖励的比例是 5∶237，即 1∶48；而美国国家奖励与全国性社会奖励的比例大致在 7∶3500，即 1∶500。与科技发达的美国比较可见，我国社会奖励依然数量较少。

1. 社会力量设奖含义

社会力量设奖是指国（境）内外企业事业组织、社会团体及其他社会组织和个人利用非国家财政性经费或自筹资金，面向社会设立的经常性科学技术奖，用来奖励在科学研究、技术创新与开发、实现高新技术产业化和科技成果推广应用等方面取得优秀成果或做出突出贡献的个人和组织。

其中，社会力量是指境内外企业事业组织、社会团体及其他社会组织和个人。经费的主要来源是非官方的企业事业组织、个人的捐助，而不依赖于国家财政。其基金增值部分应当足以保证每次奖励活动所必需的费用并可持续运作，并有能力开展科学技术奖励活动。

如目前设立的“何梁何利奖”，是由香港爱国人士何善衡、梁求琚、何添、利国伟共同捐资 4 亿港元设立奖励基金，每年使用基金利息支付奖励活动经费。陈嘉庚科学奖、未来科学大奖等都是社会团体或者个人捐资设立的科技奖。

2. 社会力量设奖奖励

社会力量设立科学技术奖奖励的形式基本上分为 4 种：精神奖励、物质奖励、精神与物质奖励相结合、资助科研课题。大部分社会力量设奖，都是精神与物质奖励相结合。只要奖项具有相应的知名度和认可度，其获奖本身就意味着荣誉。何梁何利基金科学与技术进步奖就是依靠精神与物质奖励相结合的方式对获奖者进行奖励。科研人员做出的贡献，带来的科技的进步，许多都是无法用价值标准来衡量的，因此，在科研队伍中还是要提倡科学奉献的精神。精神奖励是一种社会认可和褒扬，是对获奖者能力、成果和贡献的承认。

就设奖模式而言，我们又可以将现有社会力量设奖分为四种：基金式、赞助式、自有资金式、委托式。基金式，以基金收益运营奖励，如何梁何利奖；赞助式，由学会或协会设立，有固定的企业为其赞助，如中华医学科技奖；自有资金式，以学会、协会和企业设的奖励居多，如大北农科技奖；委托式，由设奖者委托其他单位操作、执行，如光华工程科技奖。

3. 社会力量设奖申请

不拘泥于政府科技奖励框架，奖项设置根据奖励需求设计。大多面向行业或领域设奖，如周培源力学奖、卫星导航定位科学技术奖等；有的专向青年科技人才设奖，如中国青年女科学家奖、中央企业青年创新奖、陈嘉庚青年科学奖等；有的面向创新专门设奖，比如何梁何利奖设“科学与技术成就奖”“科学与技术进步奖”“科学与技术创新奖”，其中创新奖又分设青年创新奖、产业创新奖和区域创新奖。[①] 今年刚刚出现的未来科学大奖，关注原创性的基础科学研究，以捐赠款项授予前一年在这些领域对人类做出重大贡献的科学家。

4. 社会力量设奖意义

改革开放以来，社会力量设立的科学技术奖逐年增多。社会力量设奖相对政府奖而言，灵活性更强，可以更多地关注一线的科技工作者，以奖励的形式调动起全社会创新的积极性和主动性。同时，社会力量设奖满足了广大科技人员对诸如资金、关注度、社会资源等不同层次科技奖励的需求，激发了广大科技人员创造性和积极性，为促进科技创新起到激励作用。

三、获奖者统计分析

本节将通过高校获奖者，高校类型，获奖方所在省份、城市，所属团体或个人，以及专业分布进行分析，并针对国家科技奖做更加针对性的数据分析，使我们了解科学技术方面国家级奖项的现状与发展情况。

1. 高校获奖者

我国高校的创新能力、科技实力和竞争力水平有了很大的提高，为我国经济、社会发展和国家安全做出了较大的贡献。

在所统计的十几项国家级奖项中，明确注明获奖人来自高校的奖项有601 项，占总奖项的 70.5%，接近总奖项的2/3；其他 29.5% 未注明与学校有关的团体，其中也不乏与学校之间的合作或者有学校学生或老师的参与，是较为保守的估计（如图 3 - 1 所示）。由此可见，高等学校因其原始创新能力，已成为国家创新体系的重要力量和基础研究的主力军。

① 尹岩青，胡壮，殷圣忠．国内外科技奖励制度有关情况研究及启示［J］．科技成果管理与研究，2016（12）．

具体到不同的学校类别，我们可以看到普通院校虽然基数大，所占比例较高，但是获奖能力低于985/211类型重点院校，仅占据34.94%。在所有奖项中，985高校共获奖300次，占全国高校获奖总数的49.92%；非985仅为211类型高校共获得奖励91次，是全国高校获奖总数的15.14%（如图3－2所示）。由此我们可以看出，985高校平均获奖次数居首，依然是院校中科技创新力量的排头兵。

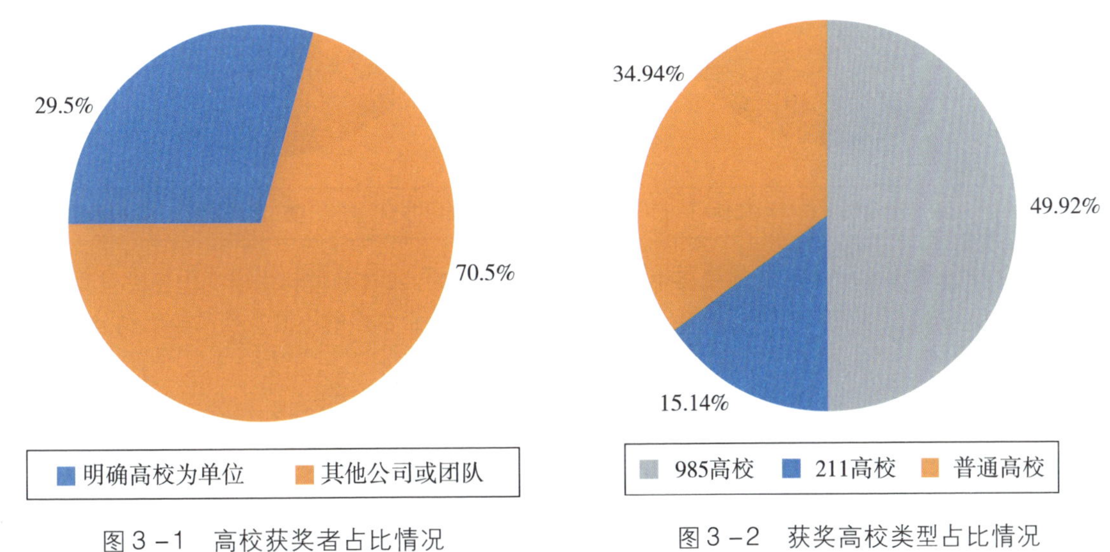

图3－1　高校获奖者占比情况

图3－2　获奖高校类型占比情况

在科技成果转化日益重要的当下，高校和企业的合作变成大势所趋：高校站在科技前沿第一线，对于知识转化有需求，同时需要承担其社会责任，而企业有大量对前沿科技研究成果的需求，校企活动日益频繁，国家和相关社会力量也通过奖项、奖金等形式对其中较为杰出的项目进行鼓励。科技奖励在转化过程中的推动作用是显而易见的。教育部每年会颁发高等学校科学研究优秀成果奖，从获奖单位名单中，可以得到高校与企业合作所占比例，窥见目前校企合作的规模与数量。高等学校科学研究优秀成果奖之中，校企合作有163项，占到19.14%（如图3－3所示）。而在这些获奖者中，985类高校参与校企合作的占45.4%，仍然处于领先地位；211类高校参与校企合作的占20.2%；其他类型高校参与校企合作的占34.4%（如图3－4所示）。

2. 获奖省份/城市排名

通过对全国各地区高等院校科技奖励获奖成果数量的统计，我们发现排名前10位的城市在全国均具有一定的经济地位。全国各地区GDP（国内生产总值）总量的统计数据与同期各地区获奖成果数量的数据进行对比，各地区获奖项目数量排名与当地

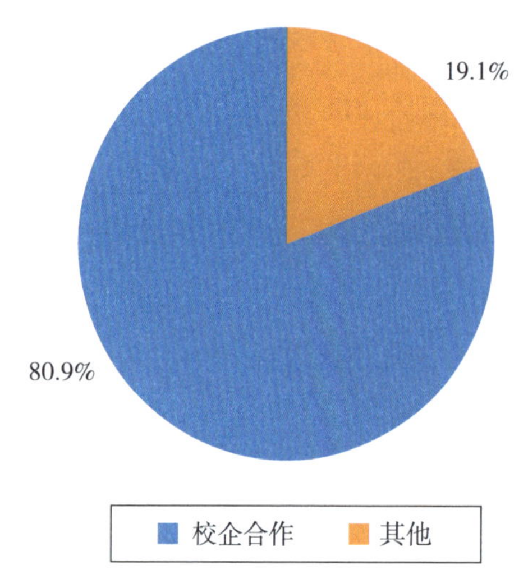

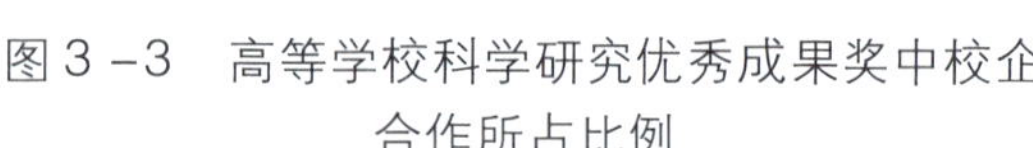

图 3－3　高等学校科学研究优秀成果奖中校企合作所占比例

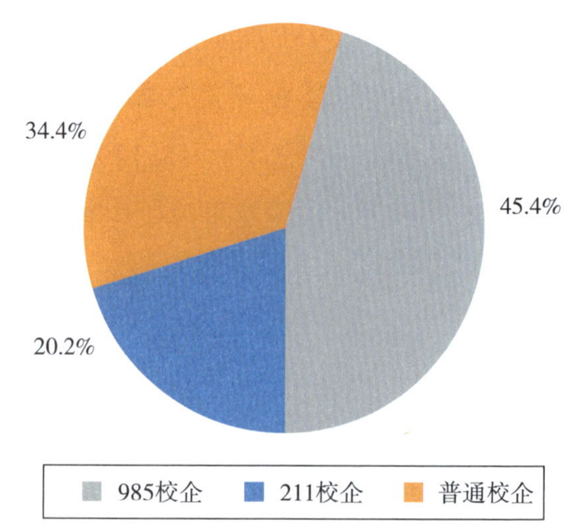

图 3－4　高等学校科学研究优秀成果奖中参与校企合作的不同类型高校比例分布

GDP 总量的排名具有一定的相关性。作为中国的首都及政治文化中心，尽管北京地区的 GDP 总量在城市中排名第二，仅次于上海，但教育资源丰富，汇集了众多国内一流的高等学府，使得该地区具有得天独厚的科技创新优势，获奖数量远远高于其他城市，占 18.2%；上海作为国际化大都市，2016 年 GDP 总量在全国城市中排名第一，同时作为直辖市之一，拥有仅次于北京的高校教育资源，雄踞科技研发第二位，占 8.7%；南京、杭州、西安紧随其后，分别为 6.5%，3.5% 和 3.5%（如表 3－1 所示）。值得注意的是，前十名城市除西安外，均集中在我国东部。

表 3－1　　城市获奖数量和 GDP 排名

城市	获奖数量排名	GDP 排名	城市	获奖数量排名	GDP 排名
北京	1	2	广州	6	3
上海	2	1	武汉	7	8
南京	3	11	哈尔滨	8	27
杭州	4	10	济南	9	21
西安	5	26	合肥	10	28

在省市排名中，北京、上海作为直辖市，获奖数量依然占据第一、第二，分别占比 18.2% 和 8.7%；江苏作为教育大省，GDP 排名第二，获奖数量紧随其后，占 8.24%；

浙江 GDP 排名第四，获奖数量排名第四，占 6.2%；广东作为 GDP 第一大省，科技创新能力却依然需要提升，占比 4.4%，排名第五（如表 3－2 所示）。可见，虽然经济实力与创新能力息息相关，但是并不绝对一致。

表 3－2 省份获奖数量和 GDP 排名

省市	获奖数量排名	GDP 排名	省市	获奖数量排名	GDP 排名
北京	1	12	陕西	6	15
上海	2	11	山东	7	3
江苏	3	2	湖北	8	7
浙江	4	4	辽宁	9	14
广东	5	1	安徽	10	13

3. 获奖单位性质及合作情况

第一获奖单位呈现多元化，按属性划分为产学研合作、高等院校、科研院所、企业单位及其他类型的单位这五个种类。不同单位团体合作越来越常见，诸如跨高校之间合作，高校与企业之间合作，高校与科研院所之间的合作，科研院所与企业之间的合作，屡见不鲜，交叉学科碰撞出的新思路新想法较多，产业与研发的结合越来越紧密。在针对个人或者团队的奖项中，以团体形式获奖，越来越主流，占据 88.8%。其中，可确定获奖队伍人数的有 80 个，个人获奖占据所有获奖团队人数比例的 11.2%。10 人以下获奖团队居多，占 51.5%，10～20 人团队较少，占 30.8%，20 人以上团队仅占比 17.7%，如图 3－5、图 3－6、图 3－7 所示。

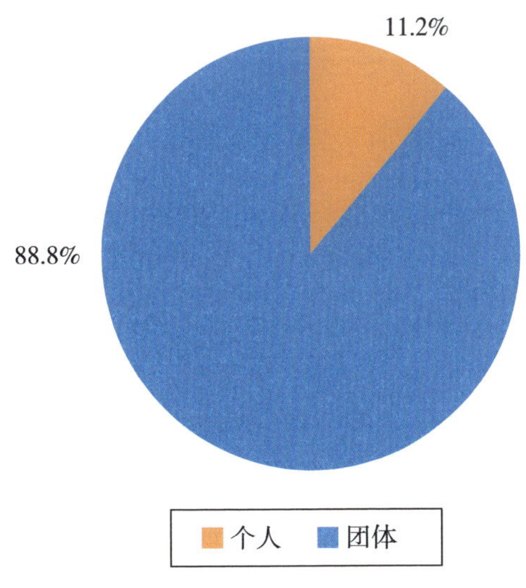

图 3－5 团体及个人获奖比例情况

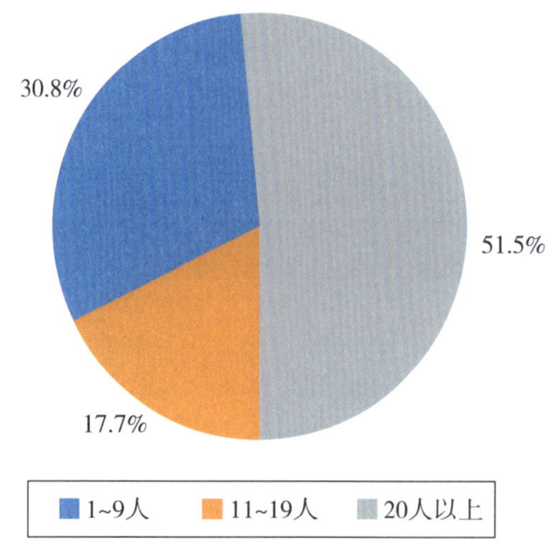

图3－6　获奖项目团队人数比例情况

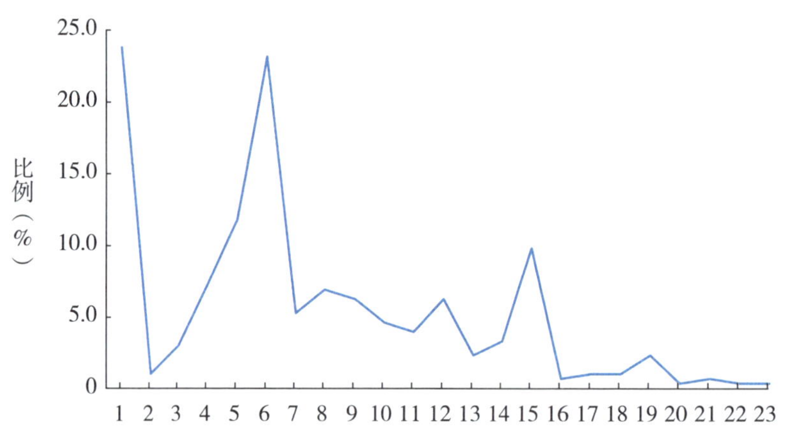

图3－7　获奖项目团队人数比例分布折线图

4. 获奖专业分布

2016年度科技奖项目中，跨行业项目居多，能够按照行业种类进行分类的项目累计为148项，基本覆盖了国民经济各个行业。其中，新材料项目37个，占总数的25%，排名居首；复合行业占总数的10.1%，排名第二；电子信息行业占总数的8.8%，排名第三。各行业具体分布情况如下：移动互联网产业占比6.1%，新能源及节能环保行业占比6.1%，高端装备制造行业占比6.1%，医学药学占比4.7%，工程建设技术占比2.7%，农学占比2.0%，机械电子技术占比2.0%（如图3－8所示）。

5. 国家科技奖获奖者数据分析

国家科技奖分为五项，分别是：国家最高科学技术奖、国家自然科学奖、国家技术

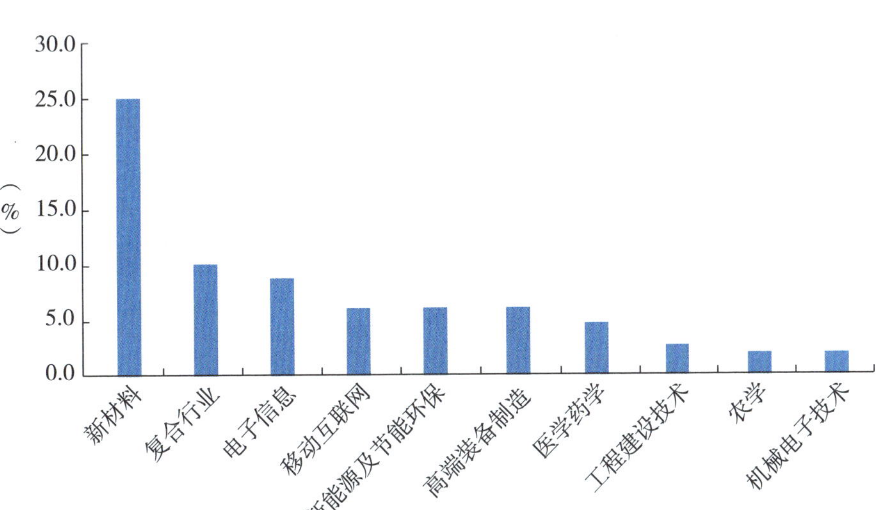

图3－8　获奖项目研究专业方向前十位比例分布

发明奖、国家科学技术进步奖和中华人民共和国国际科学技术合作奖。去除掉国际科学技术合作奖这个均为国外获奖得主的奖项，以及只有两人获奖，获奖人极具代表性和特殊性的国家最高科学技术奖，主要针对国家自然科学奖、国家技术发明奖、国家科学技术进步奖这三项奖项进行信息统计和分析。

2016 年度国家科学技术奖的大会是在 2017 年 1 月 9 日举行的。全国共评选出国家自然科学奖 42 项，国家技术发明奖 66 项，国家科学技术进步奖 171 项，总计 279 项。

（1）性别方面，女性科学家数量增加

首先，国家科技奖的最高奖——国家最高科学技术奖，首次授予女性科学家。其次，国家自然科学奖、国家技术发明奖、国家科学技术进步奖三个奖项中，15 个项目由女性领导。科技进步奖特等奖也是第一次由女科学家领头，一等奖由三位女科学家挂帅。这证明，女性科学家正逐渐成为科技领域的领军者，开始发挥更加重要的作用。

（2）高校所占比例越来越高

在 2016 年的国家科技奖中，全国共有 118 所高校作为主要完成单位，获得 2016 年国家科学技术三大奖通用项目 172 项，占通用项目总数 221 项的 77. 8%，达到历年新高。其中，75 所高校作为第一完成单位，获奖 130 项，占授奖总数的 58. 8%。从具体奖项看，高校获得国家自然科学奖二等奖 28 项，占授奖项目总数的 66. 7%。在国家技术发明奖通用项目一等奖空缺的情况下，高校获得二等奖 38 项，占授奖总数的 80. 9%。高校还获国家科学技术进步奖 106 项，占授奖总数的 80. 3%。此外，全国有

12 所高校作为第一完成单位，获得国家科学技术奖国防专用项目 16 项，占授奖总数的 27.6%（如图 3－9 所示）。[①]

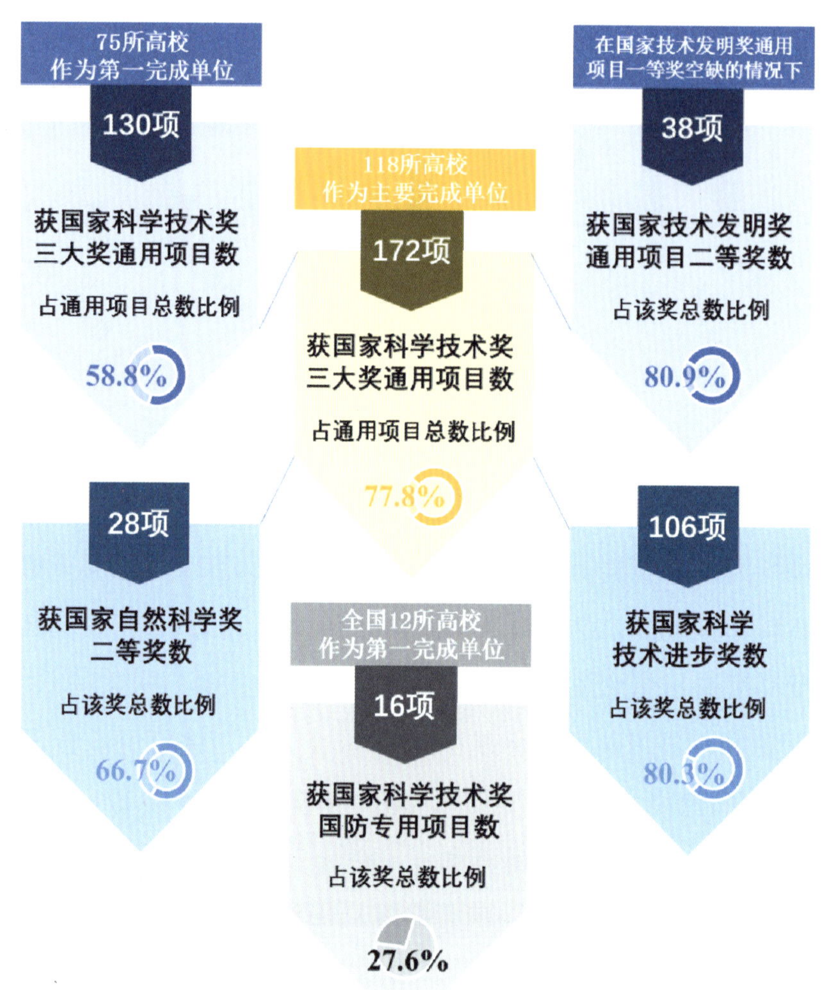

图 3－9　2016 年度国家科学技术奖高校获奖情况

同时，除了在女性和高校占比上有提升之外，奖项对于年龄方面也有突破。早在 2013 年，国家就为 40 岁以下的青年学者主持完成的基础项目开辟了专家推荐通道。[②] 而反观总体奖励数量，却呈现下降趋势。[③] 响应了“提高质量，减少数量，优化结构，规范程序”。

① 高靓．国家科技奖高校获奖比例再创新高［N］．中国教育报，2017－01－10（001）．

② 科技网．国家科技奖首次为 40 岁以下科学家开通“绿色通道”［J］．科技风，2013（24）：3－3.

③ 宁翠娟．国家科技奖这五年［J］．纺织科学研究，2017（8）．

第四章　我国典型行业专利成果分析[①]

随着我国产业结构加速调整，创新引领发展的趋势愈加明显，而知识产权已成为促进产业转型升级的战略性资源。其中，专利作为衡量技术水平和创新发展的重要标志，越来越受到重视。从2017年1月19日国家知识产权局对外发布的2016年主要统计数据及有关情况中了解到，2016年国家知识产权局共受理发明专利申请133.9万件，同比增长21.5%，连续6年位居世界首位。国内发明专利授权30.2万件，同比增长14.5%。

从宏观层面讲，通过专利数据分析可以了解目标产业相关技术发展进程与趋势，为产业发展决策提供有效的信息支撑；从微观层面讲，企业可以将专利转化为商业价值，将其作为抢占市场的武器。

一、概述

1. 研究内容

国家发展和改革委员会于2017年1月25日发布了《战略性新兴产业重点产品和服务指导目录》（2016版），我们参考了该目录并结合当下较为热门的行业，挑选了其中的新能源汽车、航空航天、机器人和新能源四大领域的十三个行业进行专利分析（如表4－1所示）。

① 本章执笔人：葛菲、战玉华、李津。

表4－1 四大领域技术分解

一级	二级
新能源汽车	混合动力汽车
	纯电动汽车
	燃料电池汽车
航空航天	飞行器
	推进装置
	通信卫星
	无人机
机器人	医用机器人
	家务机器人
新能源	风力发电
	核电
	太阳能
	智能电网

由于本次研究是为了说明我国2016年创新创业情况，故在选取数据时，我们筛选出专利权人或申请人为中国的数据，即PA＝CN或申请人AP＝CN。

借助专利数据分析，我们从六个方面描述中国专利权人在相关领域的发展情况：

（1）从时间角度揭示各领域专利数量和趋势的发展变化；

（2）筛选各领域专利排名前20名，通过专利地图了解中国专利权人发展态势；

（3）了解目标领域重要专利权人所拥有的专利目前的法律状态分布；

（4）通过目标领域专利技术申请人数和数量的变化了解该领域技术生命周期；

（5）通过省市申请量的分析，了解区域之间的差异；

（6）通过IPC光环谱图，直观掌握各领域专利聚集情况。

2. 数据来源和检索策略

本研究数据来源于两个系统，一是基于包含德温特世界专利索引数据库（DWPI）[①]和德温特专利引文索引数据库（DPCI）[②]等资源在内的德温特创新专利信息平台Der-

① Derwent World Patents Index：DWPI包含世界各地50家专利授予机构提供的增值专利信息，涵盖6100多万个专利和近3000万个同族专利。增值的专利信息包括经技术专家改写的标题和摘要、根据发明技术特点划分的专利分类、德温特特有的专利家族以及4位标准专利权人代码。

② Derwent Patent Citation Index：DPCI是专注于专利引用并经过编辑增强的数据库，包含超过1910万个同族专利（发明）的增值专利引用信息，涵盖来自超过26家不同国际专利授予机构提供的1.43亿个引用的专利、1.36亿个施引专利和3320万个科技文献引证。

went Innovation（以下简称“DI”）[①]；二是利用大为 Innojoy 专利搜索引擎[②]。

采用专利授予机构划分的全部专利集合，同时还检索所选集合的 DWPI 字段。通过文本（CTB 字段，包括标题、摘要和权利要求）与国际专利分类号（IC 字段）相结合的方式，初步确定检索式，进而利用 DI 的文本聚类功能，经过多次检索试验和抽样验证，同时结合主要企业相关专利的国际专利分类号，迭代优化检索式。在此基础上筛选出专利权人 PA = CN 或申请人 AP = CN（即申请人地址是中国或者优先权国是中国），并对去重后的结果进行分析。通过专家审核，认为该结果符合目前国内产业状况。由此可以确认检索策略设计的有效性。

为了兼顾样本的有效性和数据处理能力，研究将专利公开年设置为 2007—2016 年，数据下载时间为 2017 年 4—6 月，利用 DI 平台的分析功能进行数据整理和分析。

3. 图示说明

（1）ThemeScape 专利地图（见图 4－1）

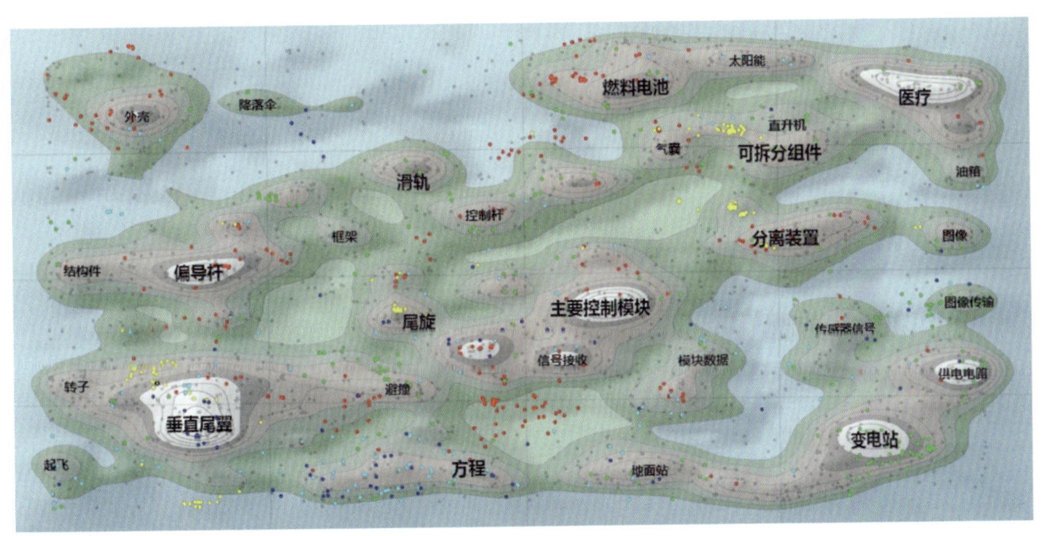

图 4－1　ThemeScape 专利地图

该图主要用途是通过在专利地图上对类似记录进行分组，来分析大型数据集。内容相似的记录在专利地图上形成“高峰”，表示这些记录的内容相似。山峰的高度代表记录的密度，山峰越高表示记录越多。每个山峰都有一个深黑色的标签，表示该区域的关

① Derwent Innovation 是一款知识产权情报与协作平台，包含全球专利数据，并具有强大的分析和可视化工具，其特色功能包括专利地图、引证分析、专利预警与监控等。

② 专业的专利检索分析工具以及专题数据库建设工具。

键词。山峰之间的距离说明这些区域中记录之间的关系，聚集在一起的高峰内容类似，专利地图上的圆点表示单个记录。

在此图基础上可以将结果切分为五年一个阶段，其中红色原点表示 2007—2011 年五年间的专利分布；绿色原点表示 2012—2016 年五年间的专利分布。也可以在此图上标记出专利数量 TOP5 的专利权人，专利权人标记中白色圆点表示的是彼此间有合作关系的专利，此篇研究不对合作成果进行分析。

（2）法律状态解释

实审：专利实质审查的简称，是指专利局对发明的新颖性、创造性和实用性进行审查，对发明是否具备专利权的条件做出决定的审查制度。

终止：是指专利权保护期限已满或由于某种原因专利权失效。主要有以下三种情况：没有按照规定交纳年费；专利权人以书面声明放弃专利权；专利权期满，专利权即行终止。

公布（公开）：是指发明专利申请经初步审查合格后，自申请日（或优先权日）起 18 个月期满时的公布或根据申请人的请求提前进行的公布。

无效：是在专利权授予之后，被发现其具有不符合《专利法》及其实施细则中有关授予专利权的条件，并经专利复审委员会复审确认并宣告其无效的情形，被宣告无效的专利权视为自始不存在。

届满：指法定的期限到期，《中华人民共和国专利法》规定发明专利权的期限为二十年，实用新型专利权和外观设计专利权的期限为十年，均自申请日起计算。

（3）技术生命周期分析图（见图 4－2）

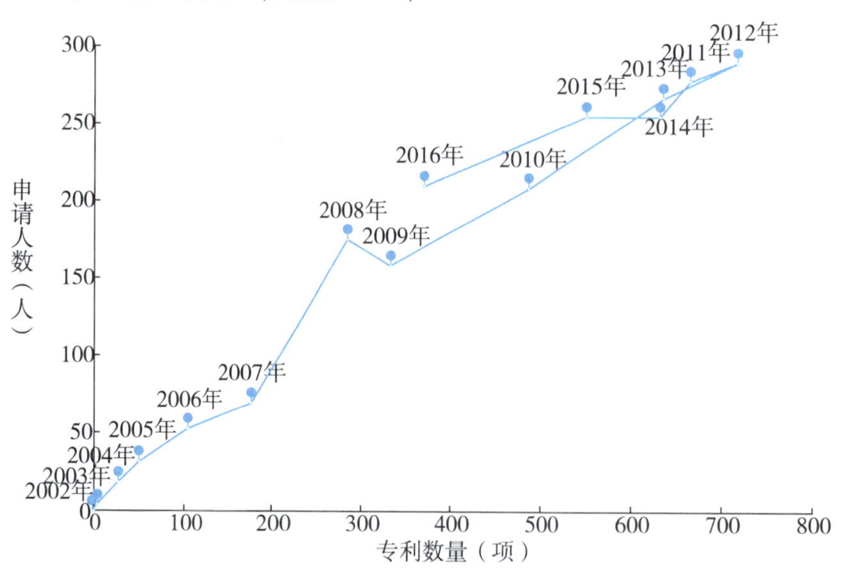

图 4－2　技术生命周期分析图

该项统计分析了专利申请件数与专利申请人数的周期性规律，每一个数据点代表某一年专利申请的件数和专利申请的人数。

（4）省市年度申请量堆积面积图（见图4－3）

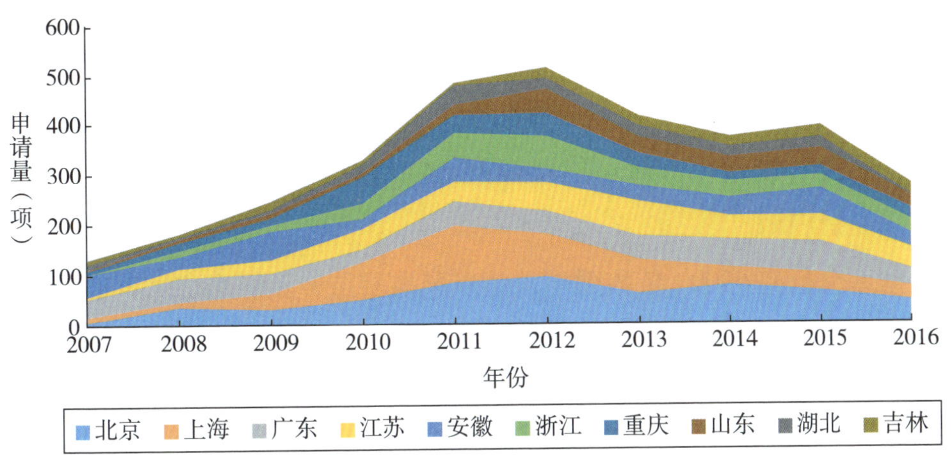

图4－3　省市年度申请量堆积面积图

该图强调数量随时间变化的程度，可以看出每个部分随着时间变化的情况，也可以显示出部分与整体之间的关系，同时引起读者对总值趋势的注意。

（5）IPC光环谱图（见图4－4）

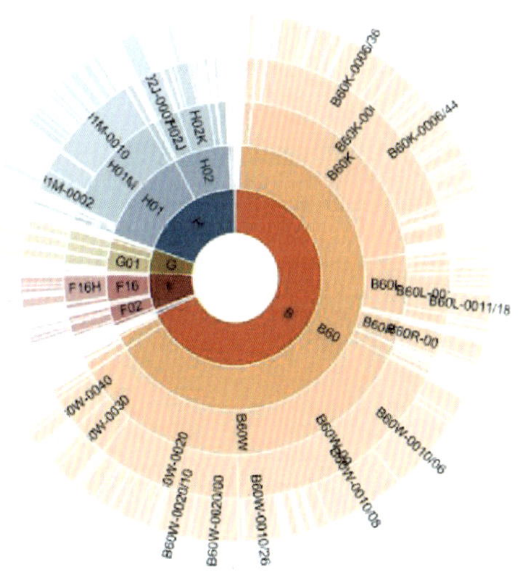

图4－4　IPC光环谱图

该图内环表示按IPC分类所位于的“部”，外环逐层展开，细分在该“部”下的大类、小类、组，直至分到最细的IPC分类。IPC光环谱图能够直观地展现出相应领域内各技术的专利数量占比情况，有助于我们分析该领域内各专利权人的关注重点。

4. 研究的局限性

选取的四个子领域是当前学术界和产业界共同关注的研究热点，技术更新速度较快，而专利申请从提交到公开一般需要1~2年的时间，我们检索依据为2007—2016年公开年，这会造成2016年申请的一些专利在限定条件下检索不到，也就是实际申请量可能会超过检索出的结果，同时造成部分关键性技术突破可能并未涵盖。另外，本研究的关注重点是中国专利权人的专利发展情况，并未进行全球范围的技术对比，在缺少全球热点分析的情况下，可能导致在反映创新性趋势方面存在一定的滞后性和片面性。

鉴于数据库分析有60000条的限制，故当某些领域专利数量庞大时，检索过程需分年进行。另外，专利地图数据统计与全部导出后自行统计会存在微小的差异，原因是在处理ThemeScape专利地图的过程中，可能会因多种原因排除或“放弃”某些记录。其中最有可能的一种情况是，最初检索结果中的某些记录在选定用来绘制地图的字段中不含任何数据，因此这些记录也无法用于创建ThemeScape专利地图。

除此之外，本报告的数据结果来源于两个不同的专利检索分析系统，由于系统本身数据处理方式的差异，致使专利权人筛选结果上略有出入。

二、新能源汽车领域专利态势分析

伴随着石油资源日益紧张、环境挑战日渐加剧，世界主要国家和地区都在积极推行交通能源转型战略，加快新能源汽车的市场推广。参考国家“863”计划电动汽车重大科技专项“三横三纵”的技术开发格局，本节从混合动力汽车、纯电动汽车、燃料电池汽车三个分支的专利技术情况进行统计分析。

1. 混合动力汽车

混合动力汽车是指燃料发动机和电池电动机同时运行来驱动的汽车。混合动力汽车可以明显减少油耗，在电池电动机的驱动下，行驶时可以实现零排放。一般由发动机、电动机、发电机、储能装置、功率转换装置和控制装置等组成。

针对得到的检索结果做DWPI同族专利合并后为97423条。在此基础上筛选出专利权人PA = CN或申请人AP = CN，去重后得到5170条。以下结果是对5170条记录的分析。

混合动力汽车领域的专利申请数量在2012年达到峰值，之后呈现稳步下降的趋势。而专利公开数量从2007—2016年呈较为稳定的上升态势（如图4－5所示）。

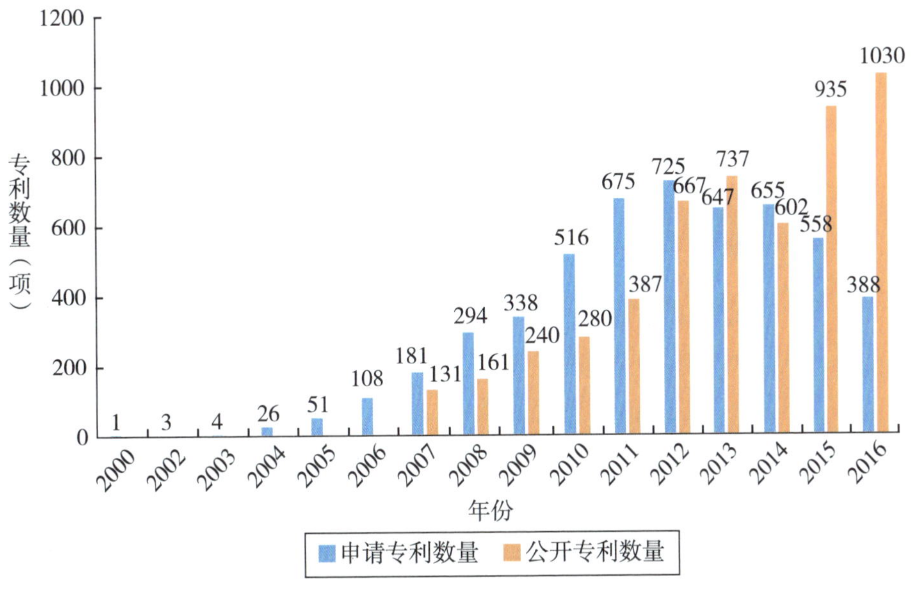

图4－5　中国专利权人混合动力汽车领域专利数量趋势

通过同族专利合并后，筛选出混合动力汽车领域中国专利权人申请数量前20名。比亚迪股份有限公司（简称“比亚迪”）和奇瑞汽车股份有限公司（简称“奇瑞”）遥遥领先，两者申请数量总和占到前20位总数的28%。重庆长安汽车股份有限公司（简称“重庆长安”）、上海汽车集团股份有限公司（简称“上汽集团”）和北汽福田汽车股份有限公司（简称“北汽福田”）紧随其后。前20名专利权人中以整车生产商为主，反映出混合动力汽车领域仍是以传统整车企业为技术主导的（如图4－6所示）。

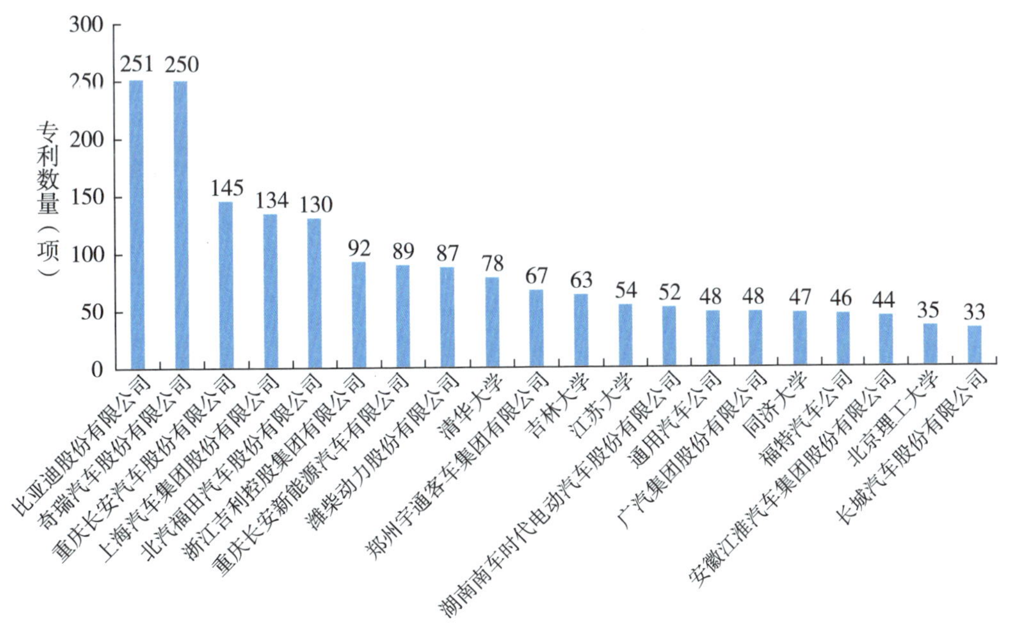

图4－6　混合动力汽车领域中国专利权人前20名

在混合动力汽车板块，专利技术主要集中在行星齿轮、锂离子材料、散热装置、转矩控制、电池、充电电流等方面（如图4－7所示）。

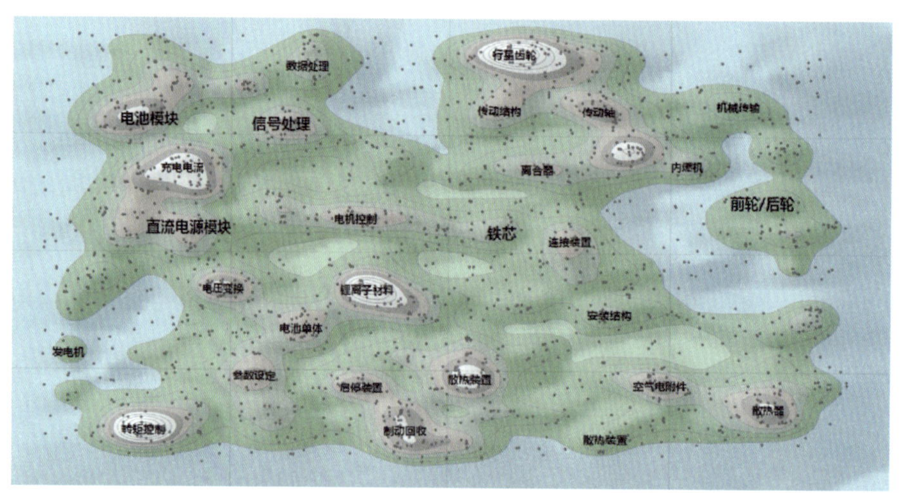

图4－7 混合动力汽车专利地图

2012—2016年的专利数量是2007—2011年数量的3.31倍，且分布范围更广更全面。从专利地图上看，近10年的趋势变化并不明显，发展较为均衡。其中，控制技术一直保持持续发展的势头，这也说明控制技术一直是混合动力汽车技术领域中的发展重点（如图4－8所示）。

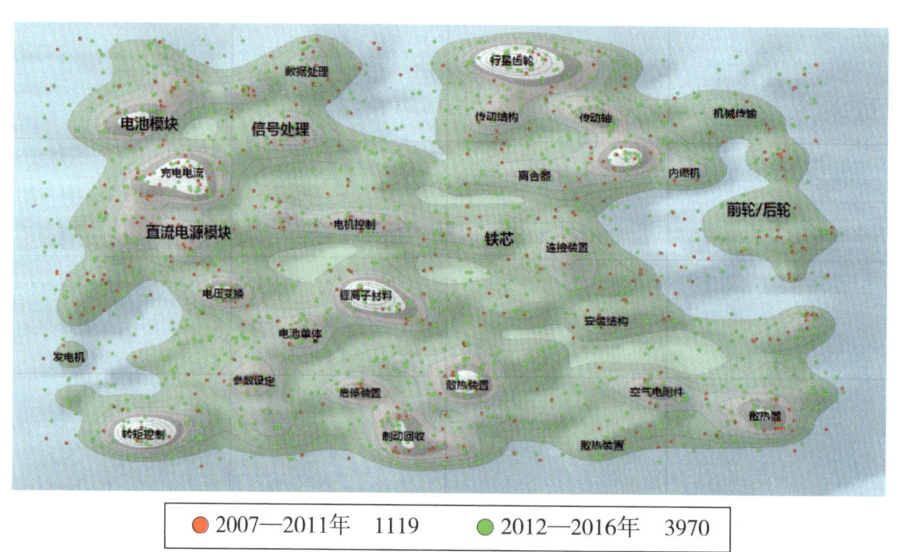

图4－8 混合动力汽车专利地图（年份图）

从图4－9看出，转矩控制、电池模块和散热器的专利技术是混合动力汽车板块中中国专利权人排名前五的企业争抢的高地。比亚迪在锂离子材料、传动装置、散热器方向的专利数量较多；奇瑞公司的专利主要集中在电池模块、数据处理、转矩控制、散热器领域；重庆长安在连接装置方面专利数量突出；上汽集团和北汽福田的大量专利集中在转矩控制领域。

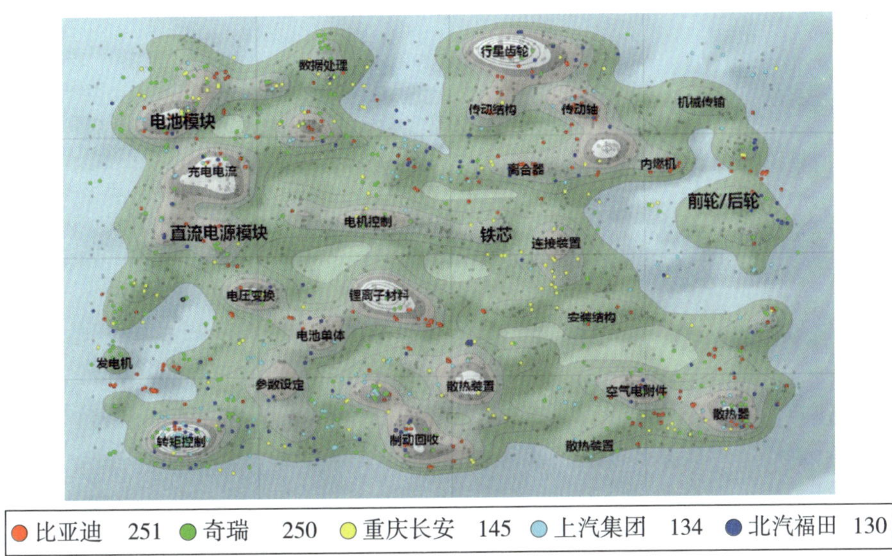

图 4－9　混合动力汽车专利地图（专利权人）

通过 Innojoy 专利搜索引擎（如图 4－10 所示），我们对混合动力汽车领域前 10 位申请人的专利进行了法律状态的分析：奇瑞总量位列第一，但被驳回的专利数占比也是

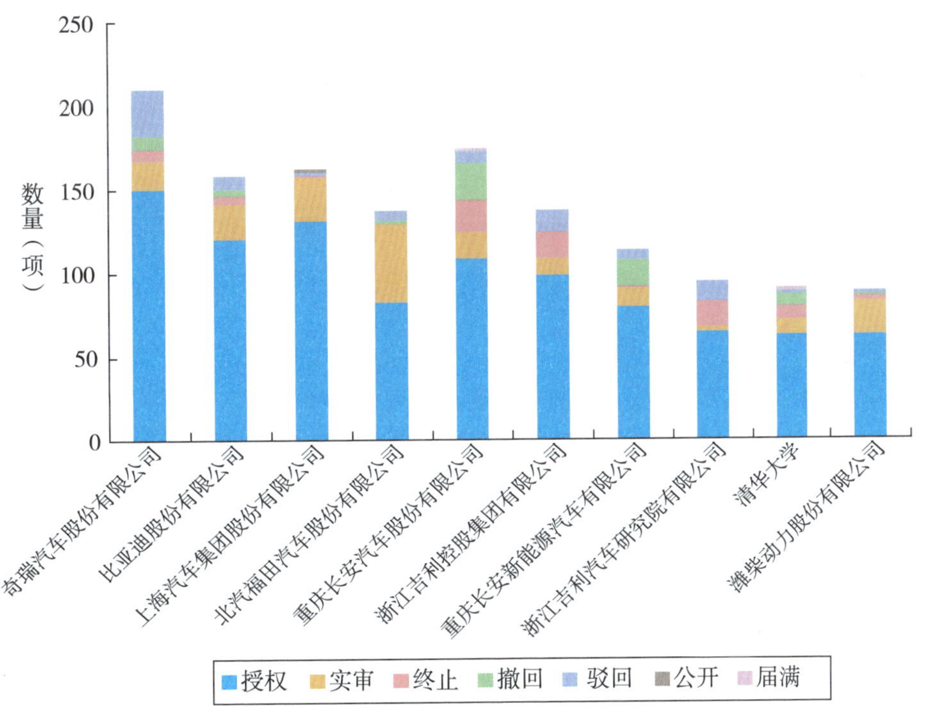

图 4－10　混合动力汽车专利申请人法律状态分析

最大的；北汽福田处于实审状态的专利数量最多，说明其近两年专利申请量有大幅增加，对专利权也越加重视；重庆长安的撤回专利数量最多；汽集团的专利基本处于授权和实审状态，可以简单地理解为其在专利申请方面质量较好。相对于专利申请量，企业拥有的授权专利数量和种类，能更真实地反映该企业的技术水平和经营规模。

如图4－11所示，在混合动力汽车领域，企业性质的专利权人拥有的专利数量远多于院校和科研院所。值得注意的是，此领域的个人申请人也较多，但处于终止和撤回的专利数占比也是最高的，所以从此点可以看出个人申请人在申请专利时的质量要低于企业、科研院所及高校。

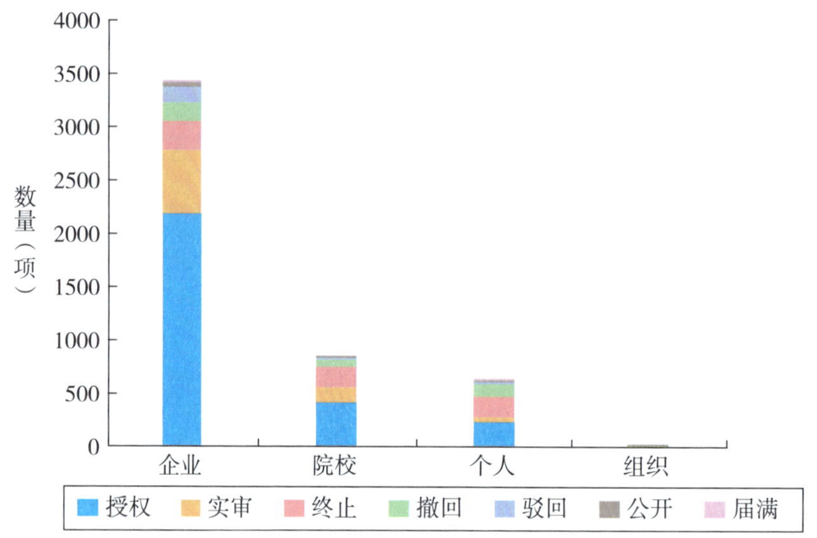

图4－11　混合动力汽车专利申请人类别法律状态分析

混合动力汽车领域的专利申请数量在2013年开始出现回落，与此同时专利申请人数也有所下降。从图4－12中可以看出2007—2012年是混合动力汽车研发的成熟期，随后进入技术衰退期。

此领域中，近10年的专利申请主要集中在北京和上海，分别是578项和510项，其次是广东、江苏、安徽、浙江、重庆，如表4－2所示。

如图4－13所示，申请量排名前10位的省市各自数量变化趋势大体与整体趋势一致，基本都在2011年和2012年达到峰值，随后有所下降。与其他城市相比，上海的申请数量波动较大。

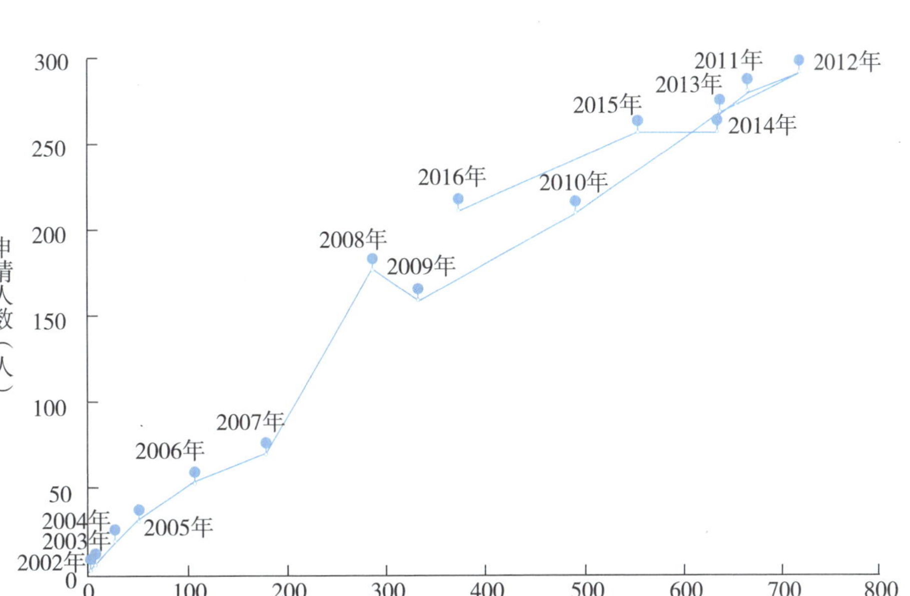

图 4－12　混合动力汽车技术生命周期分析

表 4－2　　　　　　　混合动力汽车专利省市申请量及排名

排名	1	2	3	4	5	6	7	8	9	10
省市	北京	上海	广东	江苏	安徽	浙江	重庆	山东	湖北	吉林
合计（项）	578	510	465	401	397	299	266	222	171	160

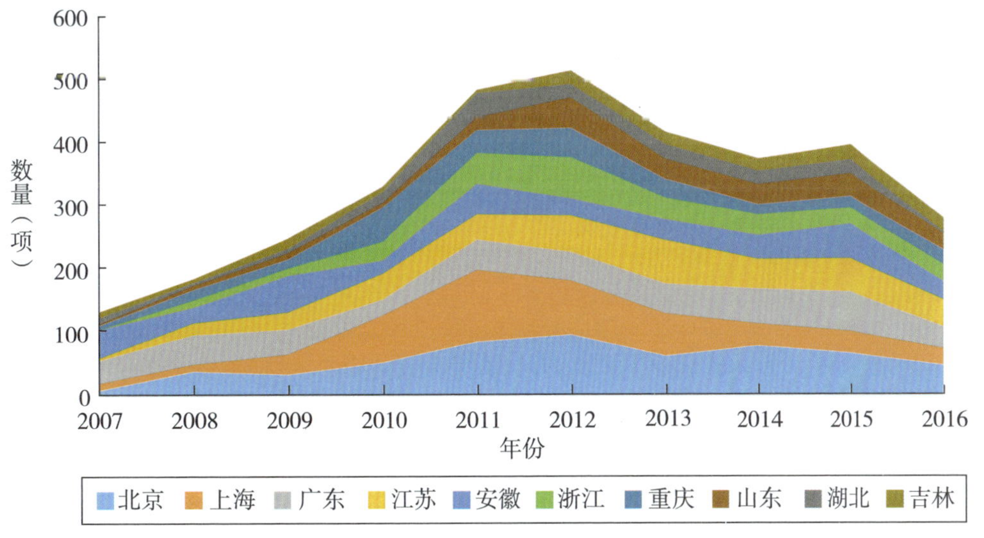

图 4－13　混合动力汽车专利省市年度申请量堆积面积图

通过图 4－14 可以看出混合动力汽车领域专利分布集中情况，具体分析见表 4－3。

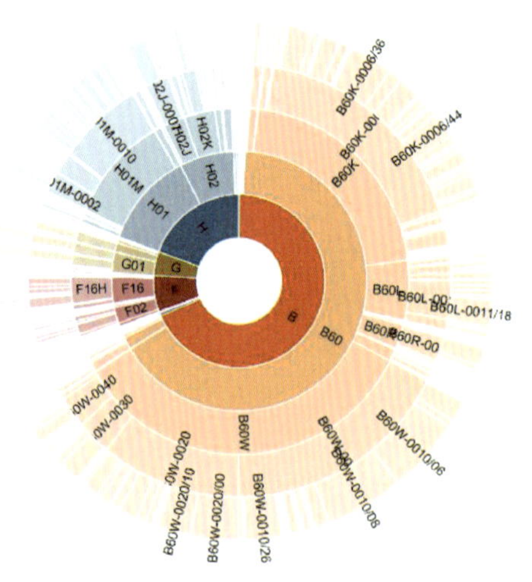

图 4－14　混合动力汽车 IPC 光环谱图

表 4－3　混合动力汽车 IPC 光环谱图分析表

IPC 分类号	IPC 分类号中文含义	文献数量	百分比
B60K	车辆动力装置或传动装置的布置或安装，两个以上不同的原动机的布置或安装，辅助驱动装置，车辆用仪表或仪表板，车辆动力装置与冷却、进气、排气或燃料供给结合的布置	1771	24.61%
B60W	不同类型或不同功能的车辆子系统的联合控制，专门适用于混合动力车辆的控制系统，不与某一特定子系统的控制相关联的道路车辆驾驶控制系统	1470	20.43%
B60L	电动车辆的电力装备或动力装置，用于车辆的磁力悬置或悬浮，一般车用电力制动系统	731	10.16%
H01M	用于直接转变化学能为电能的方法或装置，例如电池组	453	6.29%
H02J	供电或配电的电路装置或系统，电能存储系统	288	4.00%
B60R	不包含在其他类目中的车辆、车辆配件或车辆部件	260	3.61%
H02K	电机	251	3.49%
F16H	传动装置	232	3.22%
G01R	测量电变量，测量磁变量	142	1.97%
G05B	一般的控制或调节系统，这种系统的功能单元，用于这种系统或单元的监视或测试装置	140	1.95%

2. 纯电动汽车

纯电动汽车是指以电能为动力的汽车，以电池电动机取代了传统汽车的发动机，纯电动汽车对蓄电的要求较高。

如图 4－15 所示，针对得到的检索结果做 DWPI 同族专利合并后为 78702 条，在此基础上筛选出专利权人 PA＝CN 或申请人 AP＝CN，去重后得到 9168 条。以下结果是对 9168 条记录的分析。

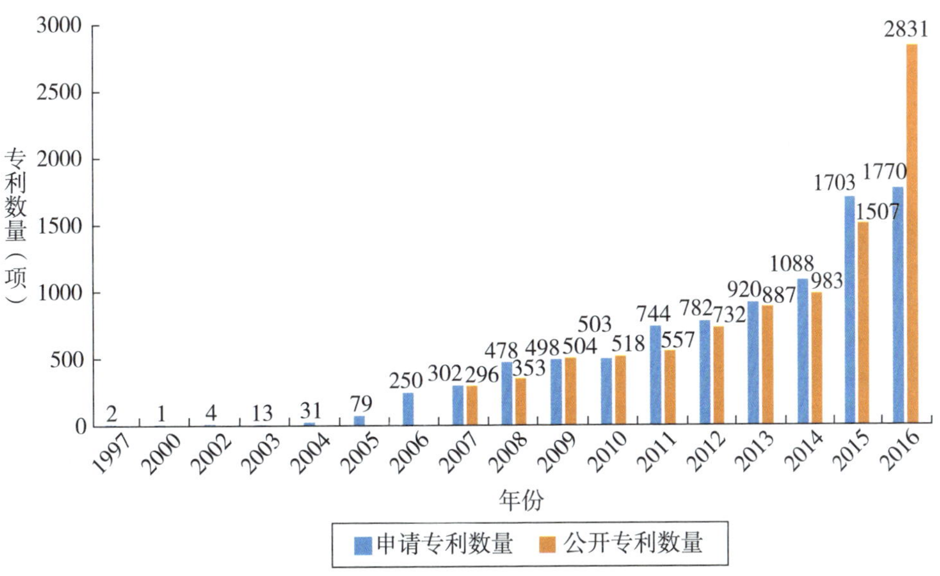

图 4－15　中国专利权人纯电动汽车领域专利数量趋势

纯电动汽车近 10 年的专利申请数量和公开数量基本呈现稳步上升的态势，2016 年的公开数量增长了 87.9%，达到 2831 项（如图 4－15 所示）。

通过同族专利合并后，筛选出纯电动汽车领域中国专利权人申请数量前 20 名：比亚迪仍处于领先位置，第二至第五位分别是北汽新能源汽车股份有限公司（简称“北汽新能源”）、奇瑞、北汽福田、国家电网公司（简称“国家电网”）（如图 4－16 所示）。

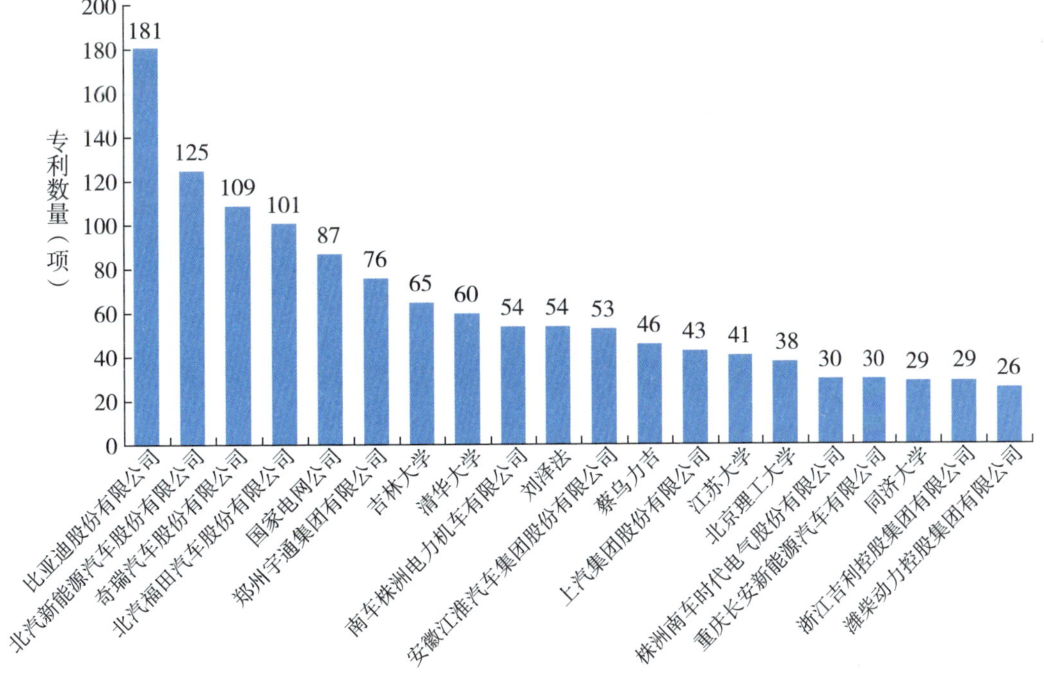

图 4－16　纯电动汽车领域中国专利权人前 20 名

在纯电动汽车版块，专利技术主要集中在刹车踏板、电路变换、储能、电池加热器、通信模块、定转子结构、传动结构、超级电容器、车轮控制、模块变换、燃料电池、发电机、电池箱体等领域（如图4－17所示）。

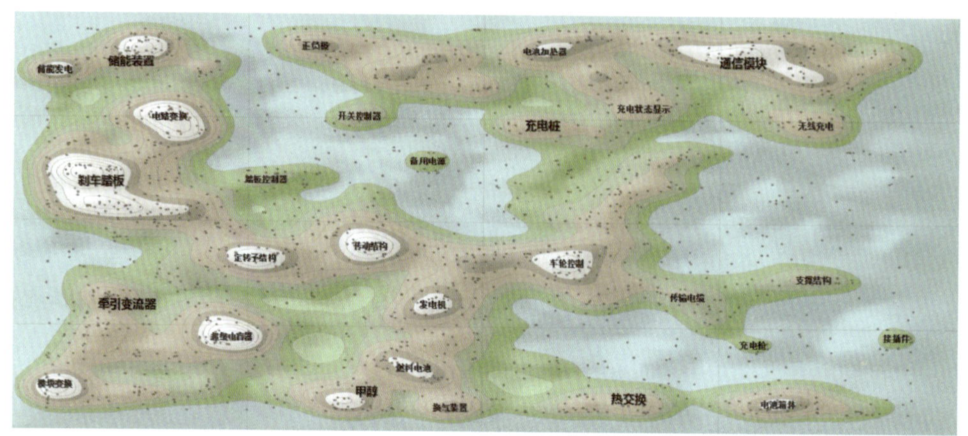

图4－17　纯电动汽车专利地图

纯电动汽车领域2007—2011年的专利数量为2224项，2012—2016年的数量增长至6937项。公开的专利技术也发生了比较明显的变化，近5年已延伸至通信模块、充电桩、模块变换、甲醇等方向（如图4－18所示）。

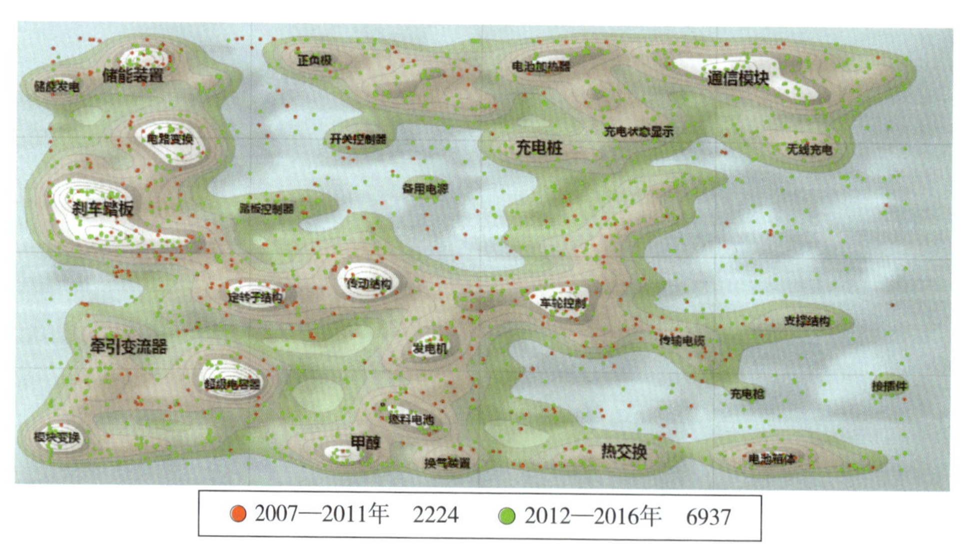

图4－18　纯电动汽车专利地图（年份图）

从图4－19中可以看出，比亚迪在纯电动汽车版块中主攻电池加热器、模块变换方向；北汽新能源、奇瑞和北汽福田的专利方向较为相似，主要体现在刹车踏板和甲醇上；国家电网则在通信模块的专利上有明显的数量优势。

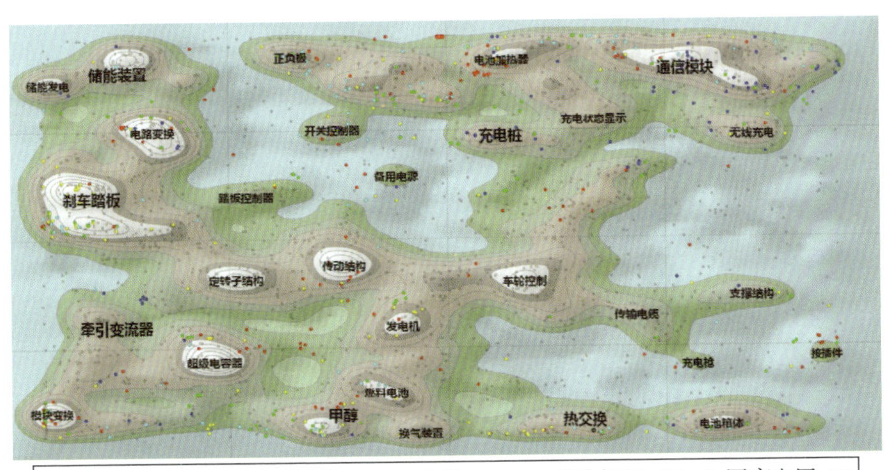

图 4－19　纯电动汽车专利地图（专利权人）

通过 Innojoy 专利搜索引擎，我们对纯电动汽车领域前 10 位申请人的专利进行了法律状态的分析：北汽新能源虽然总数量排名第一，但将近 2/3 的比例是正在实审阶段的专利，还未授权；比亚迪获得的已授权的专利数量最多；奇瑞被驳回的专利数量最多，专利申请质量与北汽福田、比亚迪相比有略微的差距，如图 4－20 所示。

纯电动汽车领域的专利申请人中，个人申请量较高，但申请质量并不十分理想，终止和撤回状态的专利数量较多。高校和科研院所的申请数量及已授权数量均低于个人申请人，如图 4－21 所示。

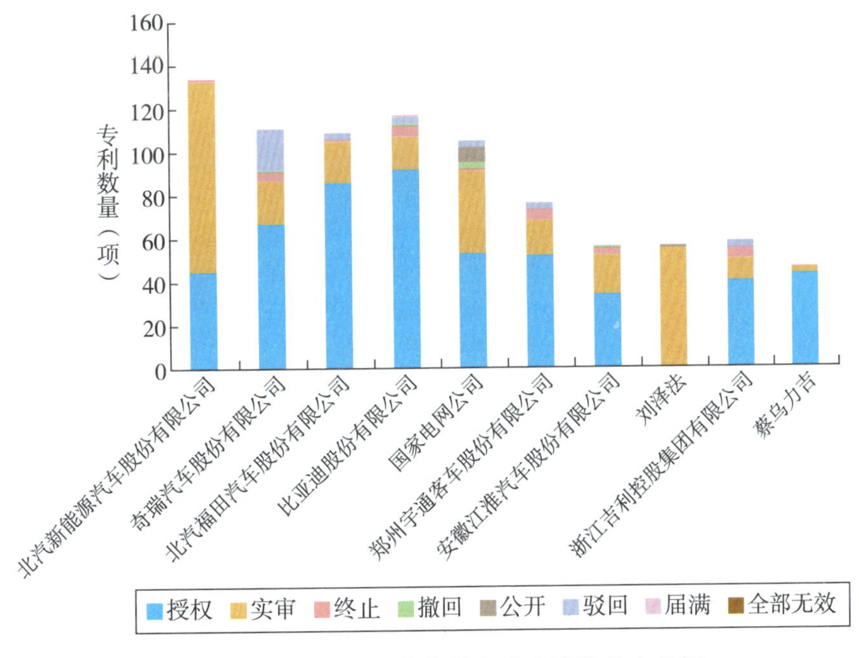

图 4－20　纯电动汽车专利申请人法律状态分析

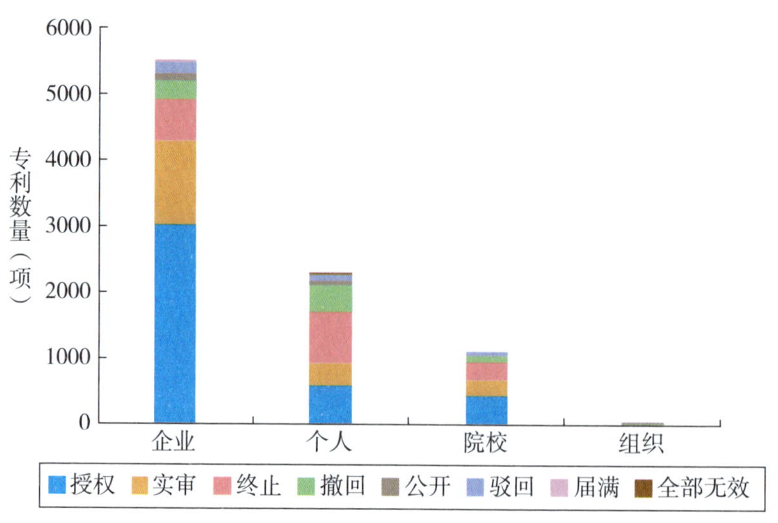

图 4-21 纯电动汽车专利申请人类别法律状态分析

纯电动汽车技术的申请数量和申请人数一直保持较好的增长势头，如图 4-22 所示，从图形上看，技术处于高速增长的成长期，预计未来还将持续这一态势。这也可以解释申请专利中处于“实审”状态的专利数量占比较高的原因。

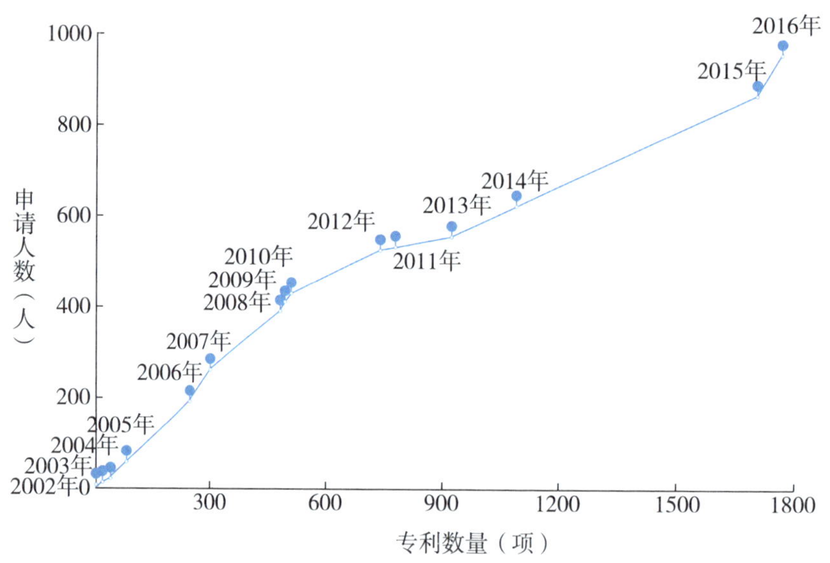

图 4-22 纯电动汽车技术生命周期分析

在纯电动汽车领域近 10 年的专利申请量中，江苏以 969 项排名第一；北京位列第二，共 954 项；广东紧随其后排在第三位；接着是山东、浙江、上海、安徽等地（见表 4-4）。

排名前 10 位的省市申请量趋势变化与总量趋势基本一致，尤其是江苏、北京、广东、浙江、安徽，申请数量逐年递增，趋势明显（如图 4-23 所示）。

表 4-4　纯电动汽车专利省市申请量及排名

排名	1	2	3	4	5	6	7	8	9	10
省市	江苏	北京	广东	山东	浙江	上海	安徽	湖南	河南	湖北
合计（项）	969	954	875	655	646	591	574	357	353	283

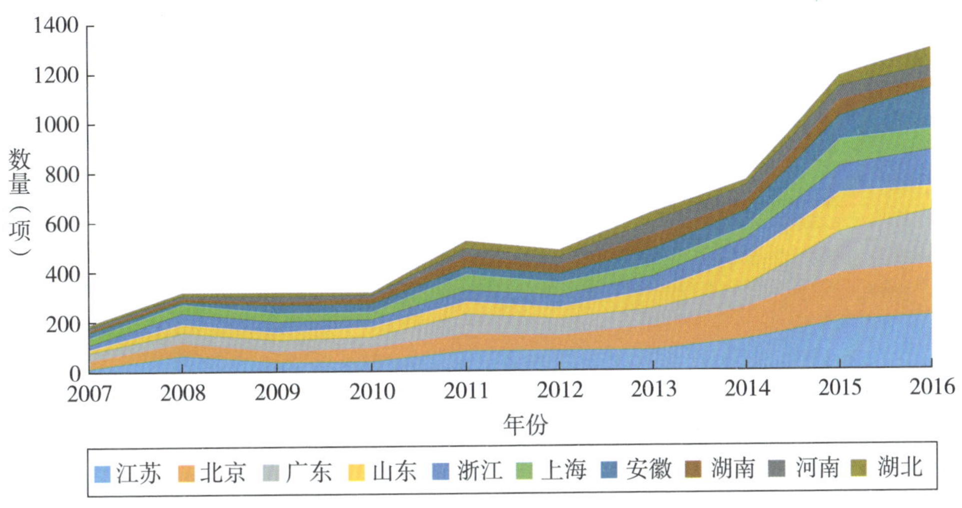

图 4-23　纯电动汽车专利省市年度申请量堆积面积图

通过图 4-24 可以看出纯电动汽车领域专利分布集中情况，具体分析见表 4-5。

电力装置和电力系统占到专利总数的 53.82%，反映出电动汽车需要在电力系统中投入更多的研发力量。电机、电池及相关电力输出与控制方法都是电动汽车需要重点解决的技术问题。

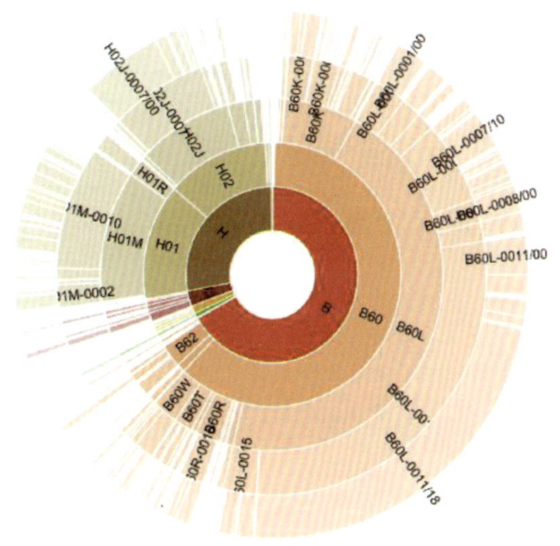

图 4-24　纯电动汽车 IPC 光环谱图

表 4 –5　　纯电动汽车 IPC 光环谱图分析表

IPC 分类号	IPC 分类号中文含义	文献计数	百分比
B60L	电动车辆的电力装备或动力装置，用于车辆的磁力悬置或悬浮，一般车用电力制动系统	8757	53.82%
H02J	供电或配电的电路装置或系统，电能存储系统	1766	10.85%
B60K	车辆动力装置或传动装置的布置或安装，两个以上不同的原动机的布置或安装，辅助驱动装置，车辆用仪表或仪表板，车辆动力装置与冷却、进气、排气或燃料供给结合的布置	1165	7.16%
H01M	用于直接转变化学能为电能的方法或装置，例如电池组	911	5.60%
B60R	不包含在其他类目中的车辆、车辆配件或车辆部件	374	2.30%
B60T	车辆制动控制系统或其部件，一般制动控制系统或其部件，一般制动元件在车辆上的布置，用于防止车辆发生不希望的运动的便携装置，便于冷却制动器的车辆的改进	265	1.63%
H02K	电机	257	1.58%
B62D	机动车，挂车	242	1.49%
B60W	不同类型或不同功能的车辆子系统的联合控制，专门适用于混合动力车辆的控制系统，不与某一特定子系统的控制相关联的道路车辆驾驶控制系统	173	1.06%
B62K	自行车，自行车架，自行车转向装置，专门适用于自行车乘骑者操作的终端控制装置，自行车轴悬挂装置，自行车跨斗、前车或类似附加车辆	158	0.97%

3. 燃料电池汽车

燃料电池汽车是指以氢气、甲醇等为燃料，通过化学反应产生电流，依靠电机驱动的汽车。其电池的能量是通过氢气和氧气的化学作用，而不是经过燃烧直接变成电能获得。

针对得到的检索结果做 DWPI 同族专利合并后为 44394 条，在此基础上筛选出专利权人 PA = CN 或申请人 AP = CN，去重后得到 7125 条。以下结果是对 7125 条记录的分析（如图 4 – 25 所示）。

燃料电池汽车板块专利公开数量近 5 年增速明显，尤其是 2016 年的数量较 2015 年增长了近 1 倍，如图 4 – 25 所示。

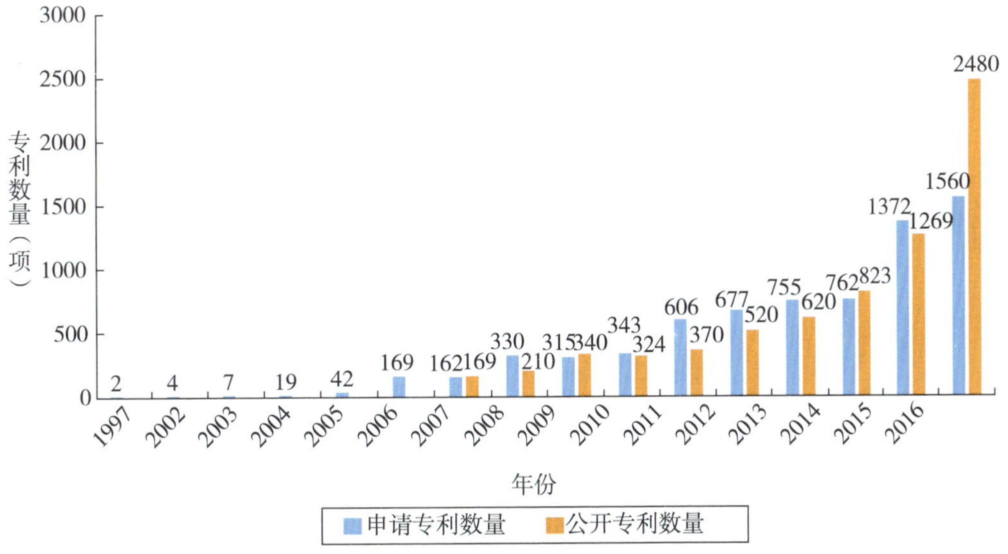

图 4 –25　中国专利权人燃料电池汽车领域专利数量趋势

通过同族专利合并后，筛选出燃料电池汽车领域中国专利权人申请数量前 20 名，比亚迪以比第二名北汽新能源总量高出近 1 倍的优势遥遥领先，国家电网和北汽福田以 1 项之差并列第三（如图 4 –26 所示）。

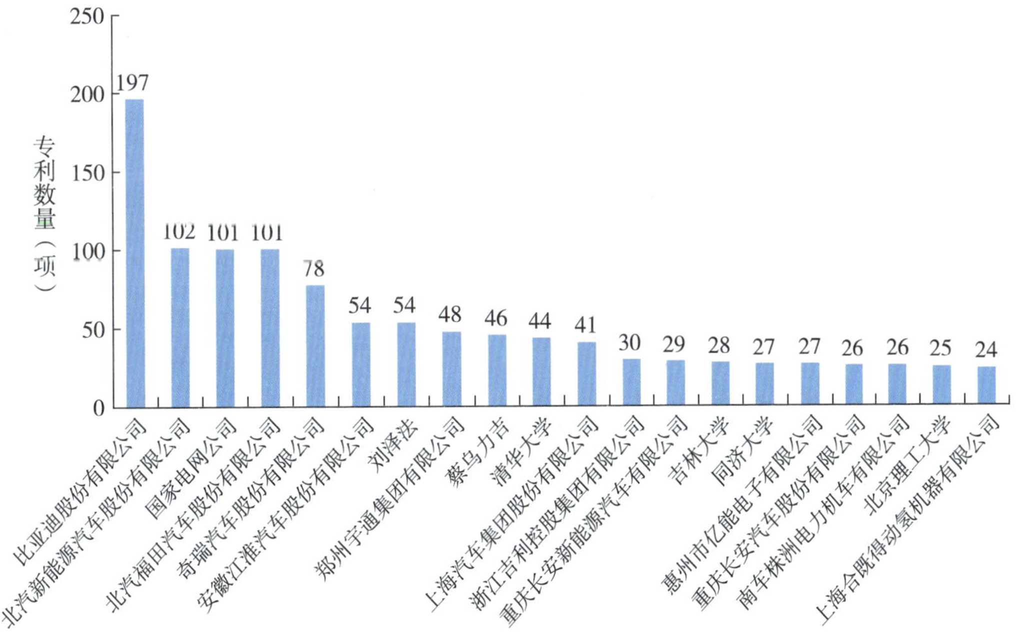

图 4 –26　燃料电池汽车领域中国专利权人前 20 名

如图 4 –27 所示，在燃料电池汽车版块，专利主要集中在燃料电池系统、热交换器、驱动电路、充电装置、电池模块控制、SOC 参数、太阳能电池、车轮控制、电池能量密度、电机结构、发电装置、电路转换等方面。

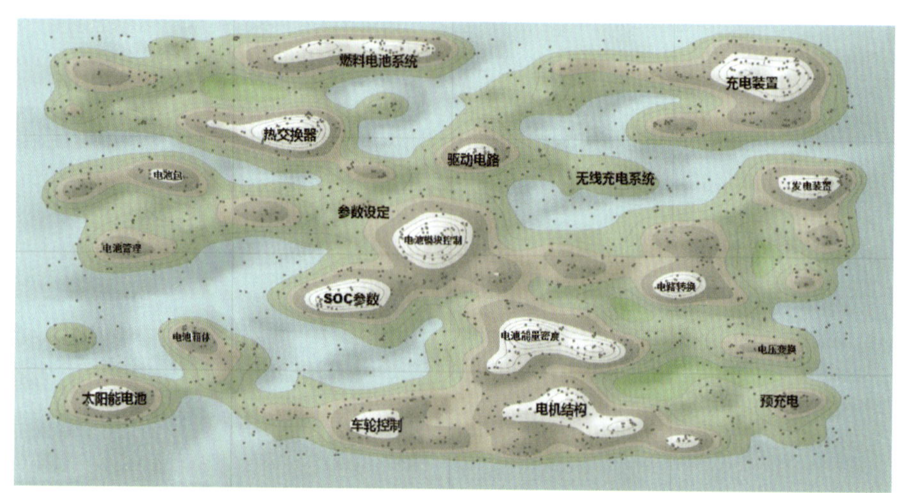

图 4 –27　燃料电池汽车专利地图

在燃料电池汽车版块，最近 5 年的专利总数是前 5 年总数的 4 倍。2007—2011 年，专利主要集中在燃料电池系统、太阳能电池、电池箱体、发电装置、车轮控制和电机结构等方面；2012—2016 年，充电装置、电池模块控制、SOC 参数、预充电、电池能量密度方向的专利数量剧增（如图 4 –28 所示）。

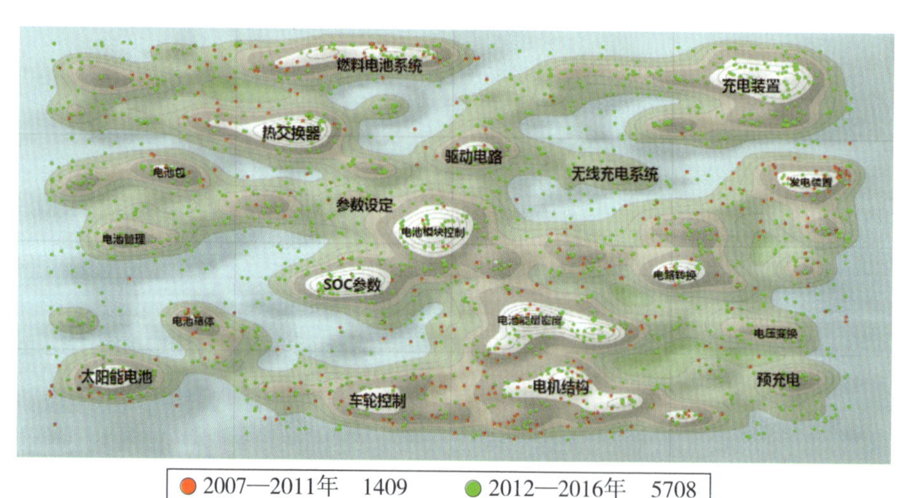

图 4 –28　燃料电池汽车专利地图（年份图）

从燃料电池汽车版块的专利地图（图 4 –29）中可以看出，排在第一位的比亚迪的专利并没有集中在“高地”；北汽新能源在 SOC 参数和电池模块控制方面专利数量较多；国家电网的专利主要集中在充电装置、电池管理和电压变换方向；北汽福田在预充电方面的专利数量明显高于其他公司；奇瑞在热交换器方面的专利数量较多。

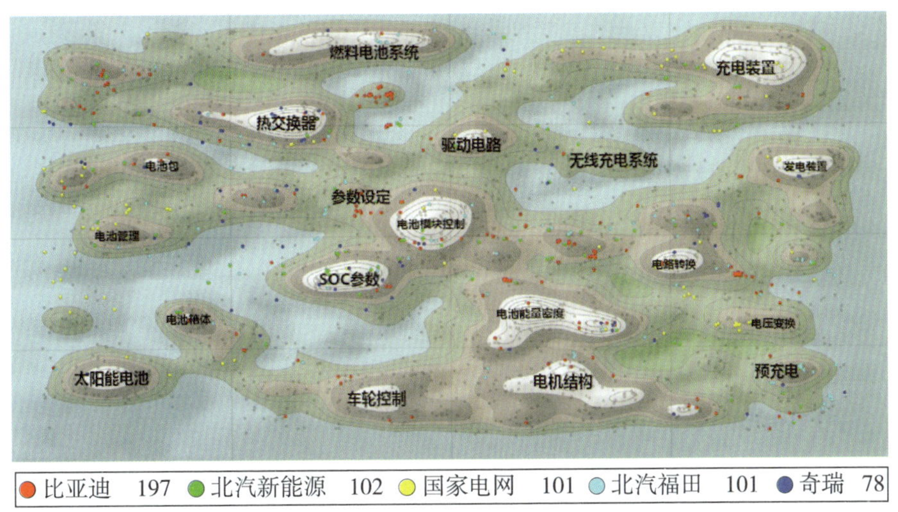

图 4－29 燃料电池汽车专利地图（专利权人）

通过 Innojoy 专利搜索引擎，我们对燃料电池汽车领域前 10 位申请人的专利进行了法律状态的分析：北汽新能源汽车股份有限公司虽然专利总量大，但大部分正处于"实审"阶段，还未获得授权，预计 1~2 年内该申请人的专利授权数量会大幅增加；北汽福田、比亚迪和上汽集团的专利申请质量较好，授权比例较高；奇瑞申请数量较高的同时，被驳回的数量也较高，申请质量有待提高（如图 4－30 所示）。

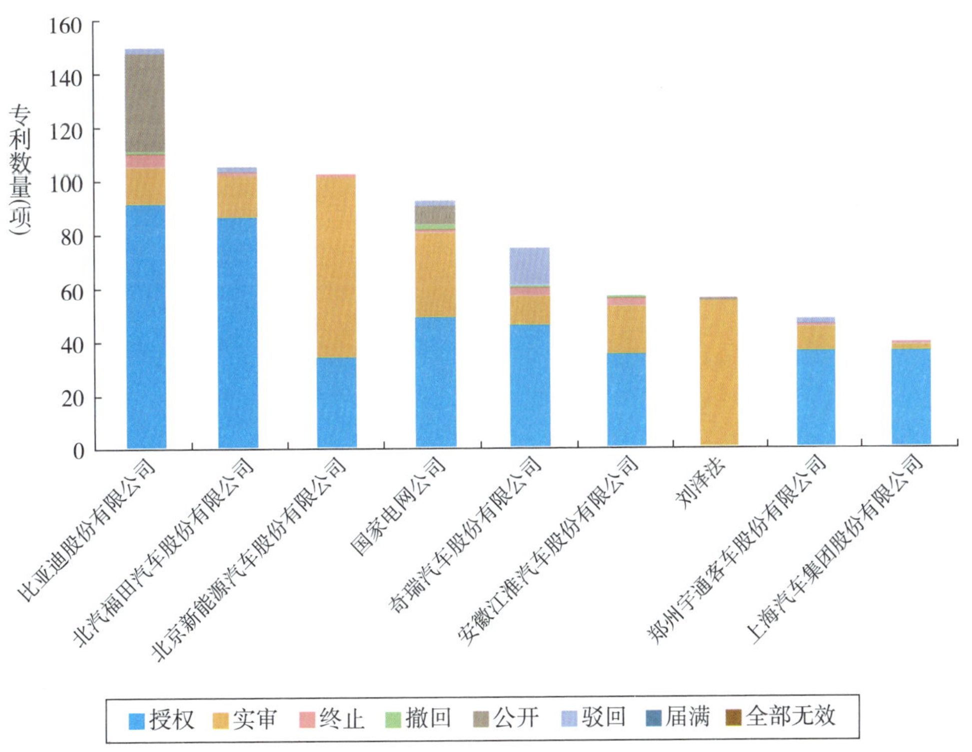

图 4－30 燃料电池汽车专利申请人法律状态分析

按申请人类别划分，企业仍是主要申请人群体。总量方面，个人申请人专利数量虽然比科研院所和高校多，但被终止和撤回的比例也非常高（如图4－31所示）。

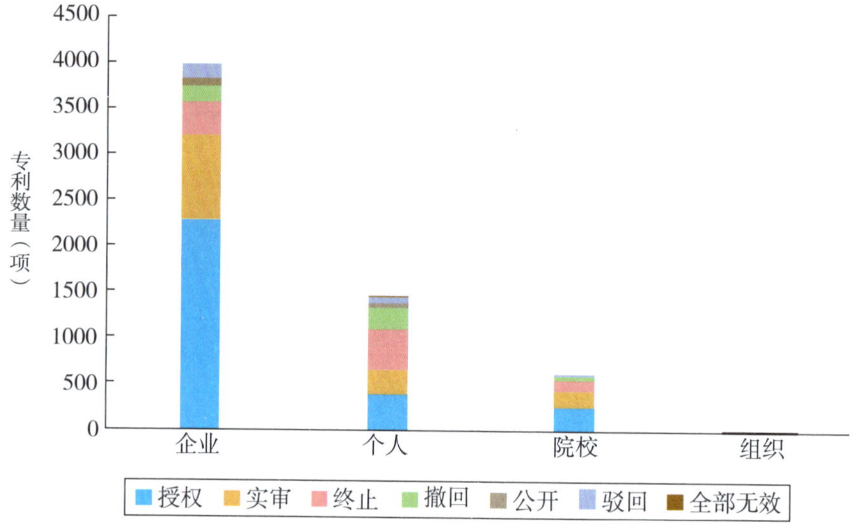

图4－31　燃料电池汽车专利申请人类别法律状态分析

燃料电池汽车领域近10年的专利申请数量和申请人数量基本保持稳定的增速，只有在2014年，专利申请件数有略微回落（如图4－32所示）。从图中可以看出该技术目前仍处于成长期。

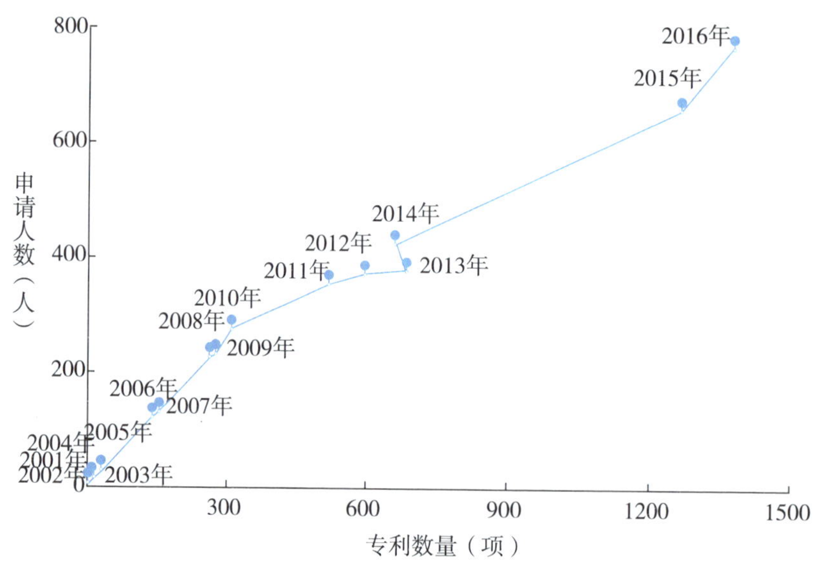

图4－32　燃料电池汽车技术生命周期分析

如表4－6所示，北京近10年的申请总量为758项，以3项的优势略高于广东；江苏位列第三，共687项；浙江、上海、山东、安徽分别位列第四至第七位。

表 4-6　燃料电池汽车专利省市申请量及排名

排名	1	2	3	4	5	6	7	8	9	10
省市	北京	广东	江苏	浙江	上海	山东	安徽	河南	湖北	四川
合计（项）	758	755	687	513	483	483	457	274	234	209

如图 4-33 所示，北京、广东、江苏、浙江、安徽近 10 年的申请量增长较为稳定。其中，北京和广东在 2014 年整体略有下滑的情况下，依旧保持上涨的态势；安徽 2016 年的申请量与 2015 年相比增长明显。

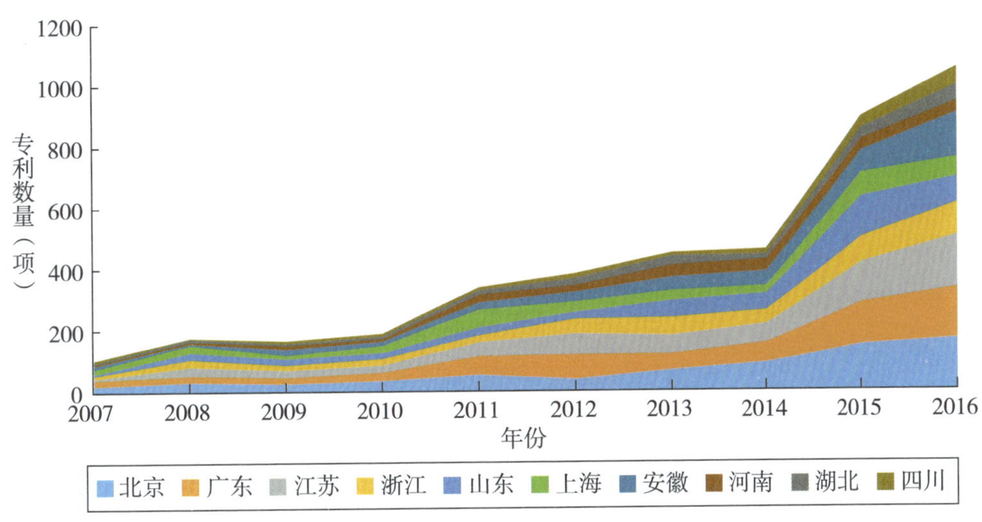

图 4-33　燃料电池汽车专利省市年度申请量堆积面积图

通过图 4-34 可以看出燃料电池汽车领域专利分布集中情况，具体分析见表 4-7。

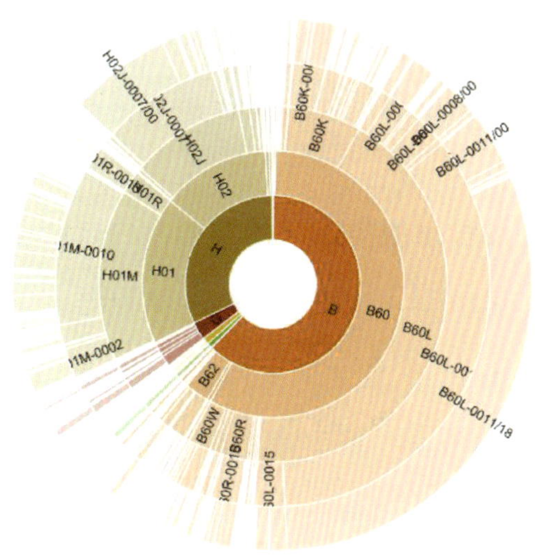

图 4-34　燃料电池汽车 IPC 光环谱图

表 4 -7　　燃料电池汽车 IPC 光环谱图分析表

IPC 分类号	IPC 分类号中文含义	文献数量	百分比
B60L	电动车辆的电力装备或动力装置，用于车辆的磁力悬置或悬浮，一般车用电力制动系统	6480	50. 49%
H02J	供电或配电的电路装置或系统，电能存储系统	1650	12. 86%
H01M	用于直接转变化学能为电能的方法或装置，例如电池组	998	7. 78%
B60K	车辆动力装置或传动装置的布置或安装，两个以上不同的原动机的布置或安装，辅助驱动装置，车辆用仪表或仪表板，车辆动力装置与冷却、进气、排气或燃料供给结合的布置	959	7. 47%
B60R	不包含在其他类目中的车辆、车辆配件或车辆部件	337	2. 63%
B62D	机动车，挂车	239	1. 86%
G01R	测量电变量，测量磁变量	134	1. 04%
H02K	电机	134	1. 04%
B60W	不同类型或不同功能的车辆子系统的联合控制，专门适用于混合动力车辆的控制系统，不与某一特定子系统的控制相关联的道路车辆驾驶控制系统	128	1. 00%
H01R	导电连接，一组相互绝缘的电连接元件的结构组合，连接装置，集电器	127	0. 99%

三、航空航天领域专利态势分析

航空航天是人类利用载人或不载人飞行器在地球大气层内和大气层外的宇宙空间（太空）航行活动的总称。航空航天技术作为一门高新技术，对军事、政治、经济、科学、文化领域均有重大影响，具有宏观的社会效益与经济效益。该技术的发展需要一系列技术的支持，反过来航空航天技术的发展又促进和带动了其他技术的发展和创新。

1. 飞行器

飞行器在大气层内的活动称为航空，所使用的飞行器称为航空飞行器；飞行器在大气层外的活动称为航天，所使用的飞行器称为航天飞行器。

针对飞行器初步检索结果为 171342 条，针对得到的检索结果做 DWPI 同族专利合并，并在此基础上筛选出专利权人 PA = CN 或申请人 AP = CN，去重后得到 20855 条，以下结果是对 20855 条记录的分析（如图 4 -35 所示）。

飞行器领域的专利公开数量近 10 年始终保持较高的速度增长，尤其是 2016 年较 2015 年增长了 65. 3% （如图 4 -35 所示）。

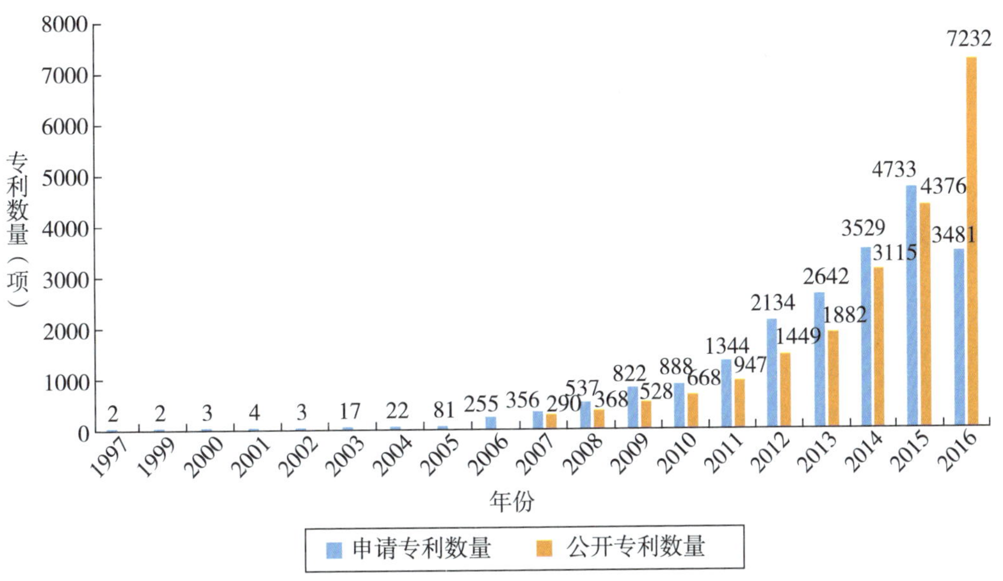

图 4 –35 中国专利权人飞行器领域专利数量趋势

如图 4 –36 所示，通过同族专利合并后，筛选出飞行器领域中国专利权人申请数量前 20 名。中航工业西安飞机设计研究所，代号 603 所，以 485 项位列第一。北京航空航天大学（简称“北航”）以 431 项位列第二，超过第三名深圳大疆创新科技有限公司（简称“深圳大疆”）102 项。排名前 10 位中，有四所以高校为主体的专利权人，分别是北航、哈尔滨工业大学、西北工业大学和南京航空航天大学。以高校和科研院所为核心的研发队伍不断壮大，知识产权意识在科研领域不断增强。

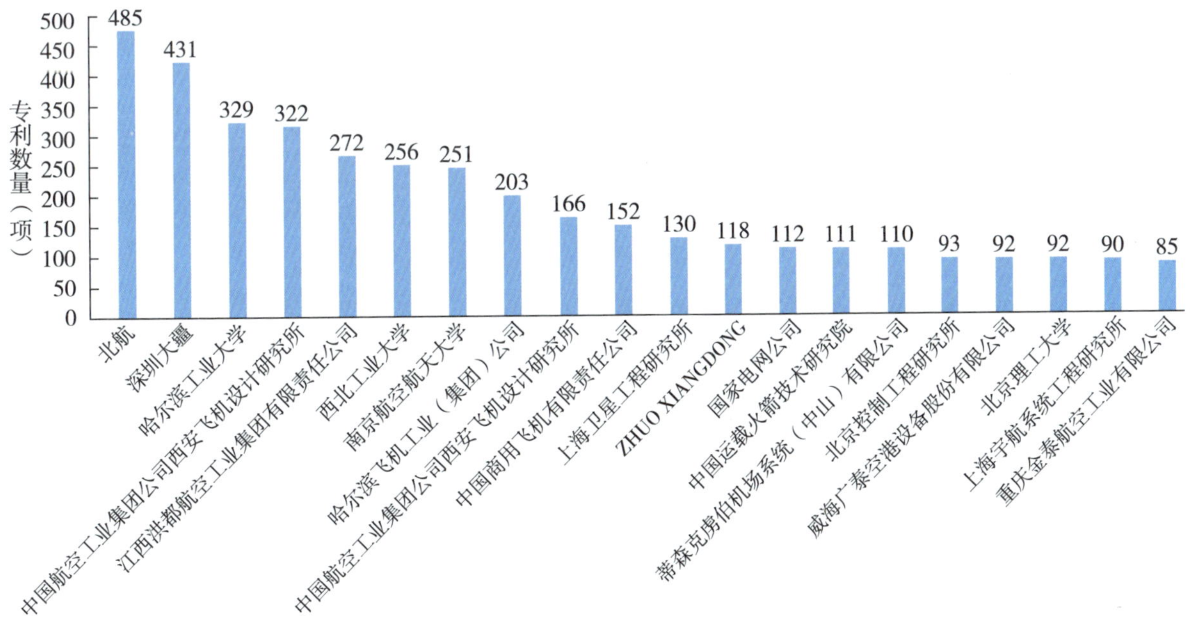

图 4 –36 飞行器领域中国专利权人前 20 名

在飞行器版块，专利主要集中在热交换器、主翼、尾钩、音频、相机、油泵、桨叶、防热层、结构件、FPGA 等方面（如图 4－37 所示）。

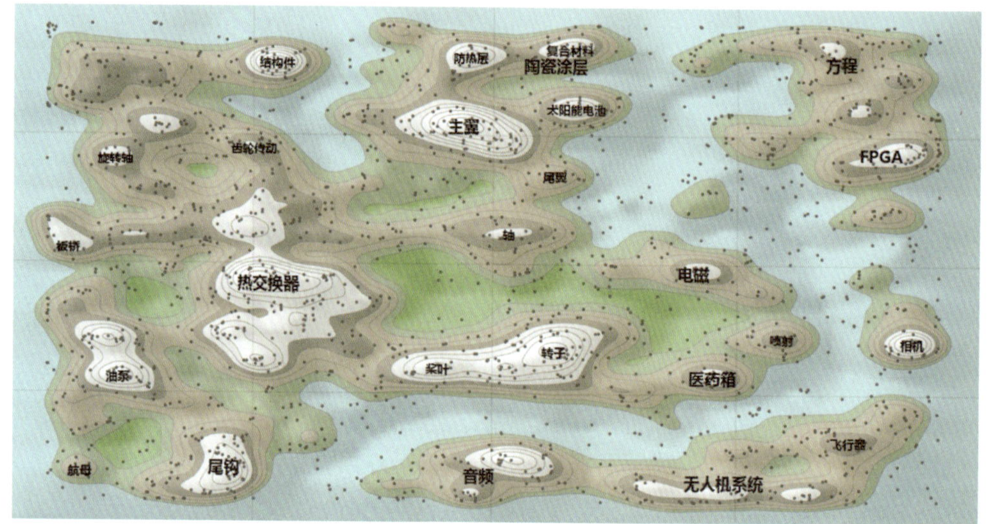

图 4－37　飞行器专利地图

如图 4－38 所示，2007—2011 年的专利数量为 2759 项，分布较为分散。2012—2016 年的数量暴涨至 17930 项，较前五年总数增加 5.5 倍，专利方向在原领域基础上延展至无人机系统、电磁、医药箱、飞行器等方面。

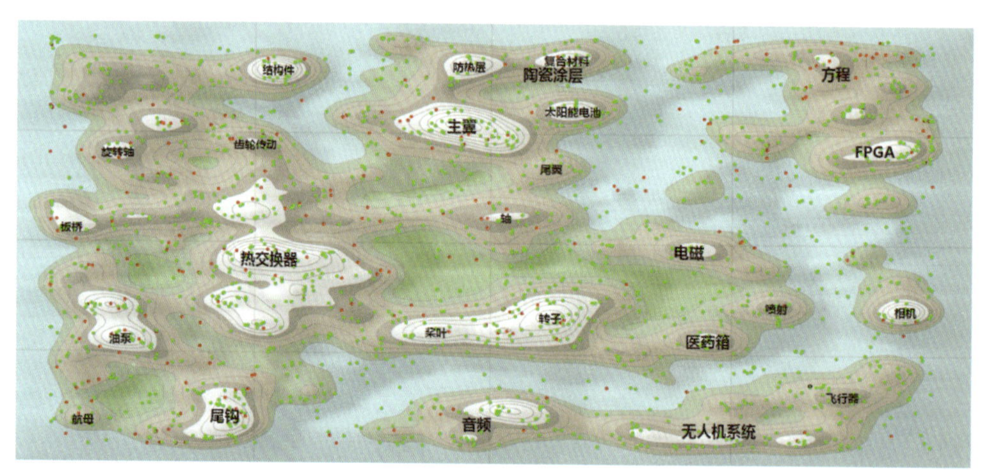

图 4－38　飞行器专利地图（年份图）

从专利地图上看（如图 4－39 所示），中国航空研究院 603 所（简称“603 所”）和江西洪都航空工业集团有限责任公司（简称“江西洪都”）的申请领域较为相似，集中在油泵、尾钩、电磁等方向。北航的申请领域比较广泛，其中主翼和方程方面的专利数量较大。深圳大疆则在无人机系统、相机、桨叶方面遥遥领先，这和该公司产品特点有关。哈尔滨工业大学在复合材料、方程、热交换器上体现出了突出的优势。

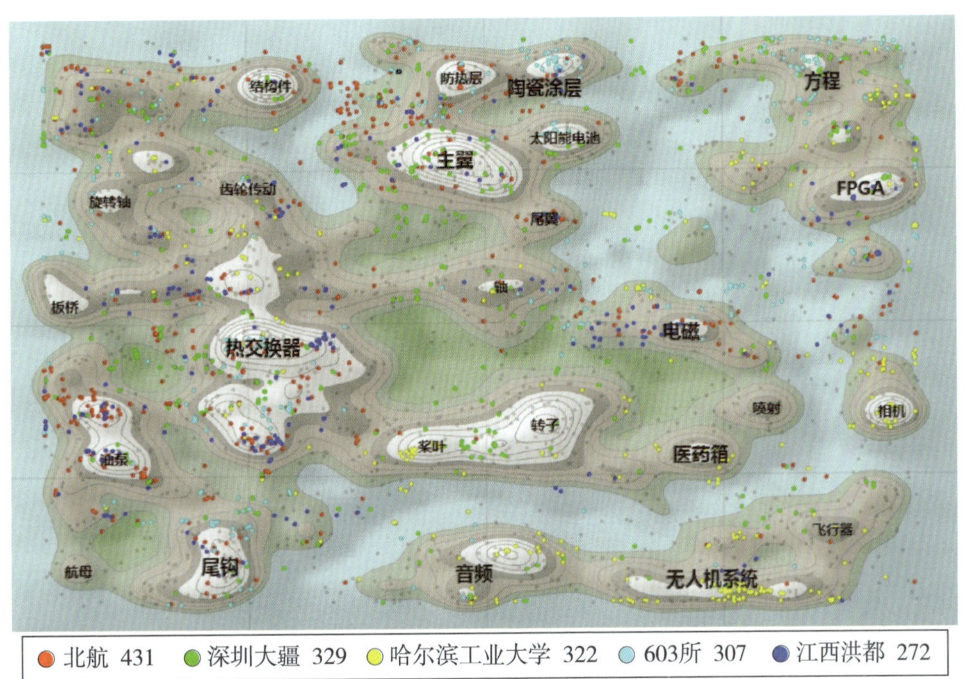

图 4 –39　飞行器专利地图（专利权人）

通过 Innojoy 专利搜索引擎，我们对飞行器领域前 10 位申请人的专利进行了法律状态的分析，高校申请人申请总量较高，但“终止”和“撤回”状态的专利数量也普遍偏高，申请质量并不理想。相比之下，深圳大疆和溧阳市科技开发中心的授权率①高，质量较好（如图 4 –40 所示）。

如图 4 –41 所示，在飞行器领域，企业、院校和个人的“终止”及“撤回”的专利数量相差不多，但企业授权数量远高于院校和个人。可以看出，企业申请质量要高于院校和个人。

飞行器方面的专利申请数量和申请人数保持了十余年高速增长，如图 4 –42 所示，尤其是 2013—2015 年，呈直线上涨态势，由于 2016 年的数据不完善，我们无法判断飞行器技术是否进入了衰退期。

在飞行器领域，北京申请量明显高于其他省市，共 3046 项；广东、江苏分别以

① 专利授权率 = 专利授权数量/专利申请总量。

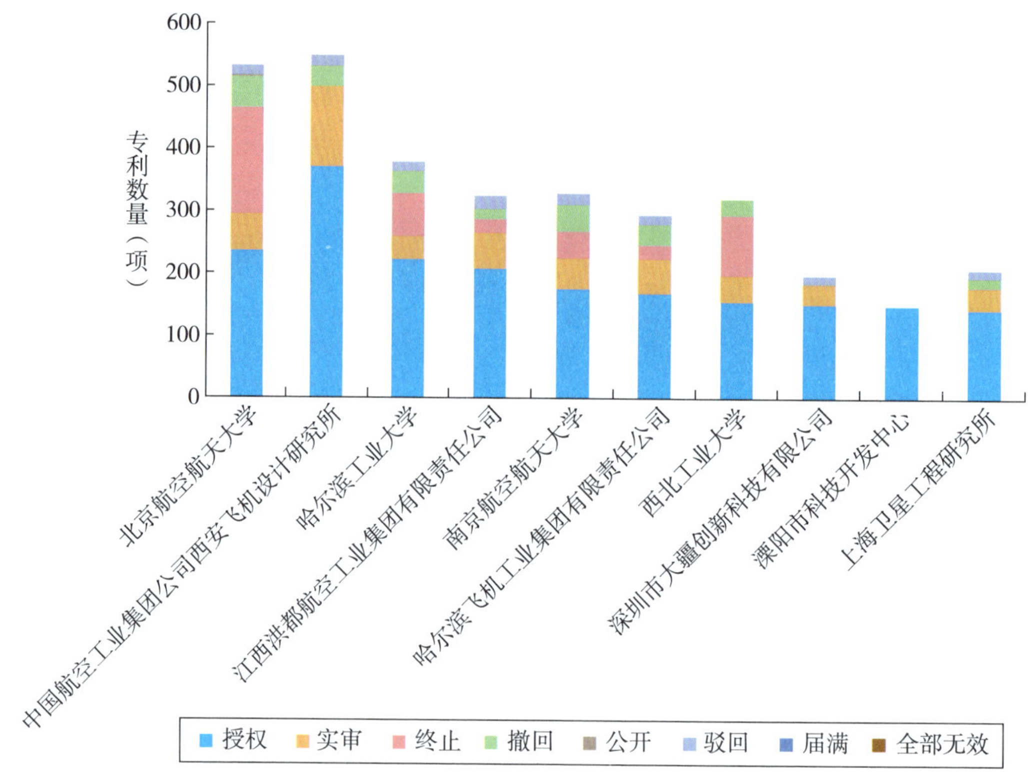

图 4－40　飞行器专利申请人法律状态分析

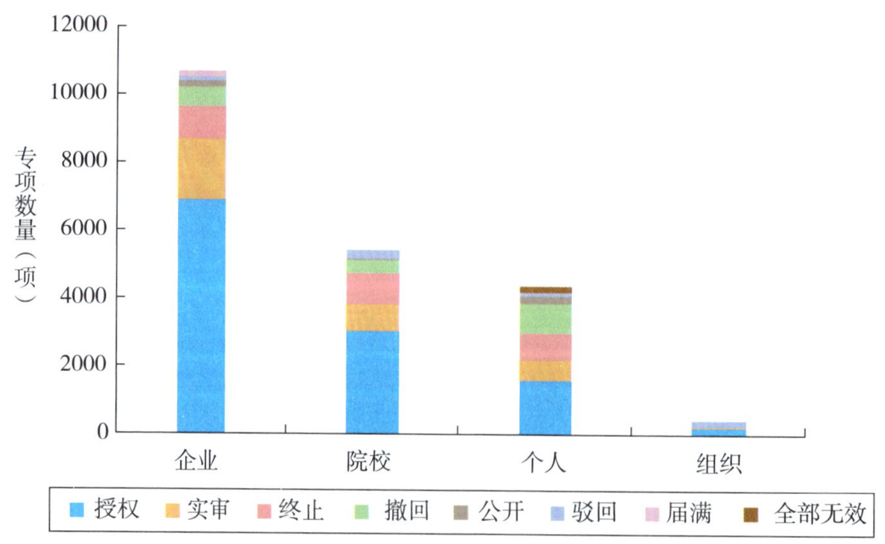

图 4－41　飞行器专利申请人类别法律状态分析

2411 项和 2136 项位列第二、第三位；黑龙江因是哈尔滨飞机工业集团所在地而跻身前十，以 1020 项排名第六，见表 4－8。

如图 4－43 所示，各省市的年度申请数量变化与总体趋势变化基本一致。在不考虑公开滞后的因素下，2016 年各省市申请数量均有所下降，其中，广东、北京下滑较为明显。

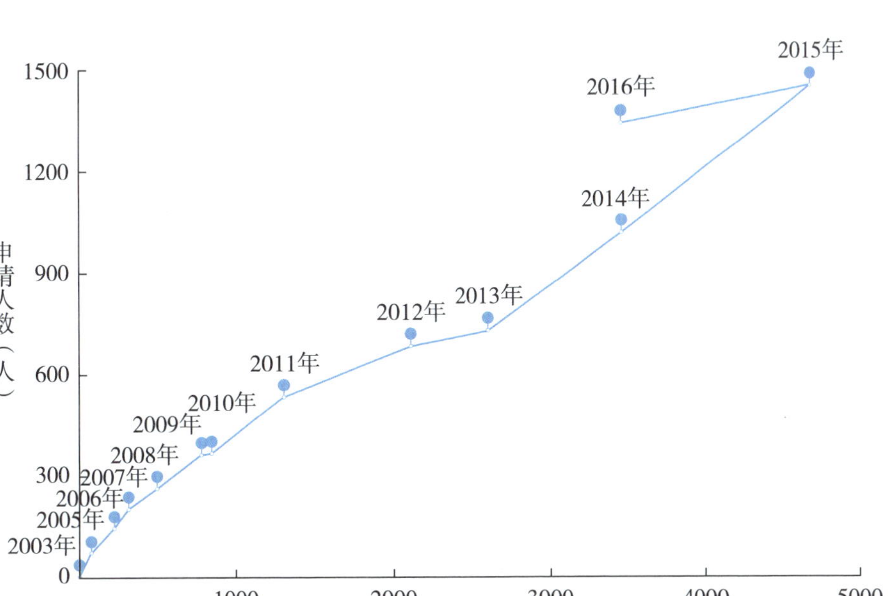

图4－42　飞行器技术生命周期分析

表4－8　飞行器专利省市申请量及排名

排名	1	2	3	4	5	6	7	8	9	10
省市	北京	广东	江苏	陕西	上海	黑龙江	四川	辽宁	浙江	山东
合计(项)	3046	2411	2136	1800	1433	1020	823	777	738	737

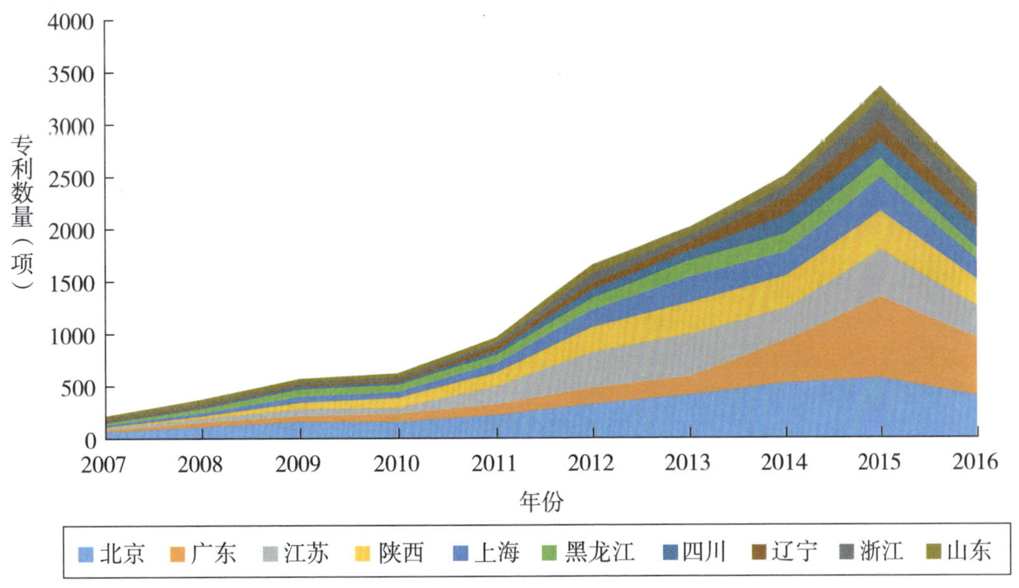

图4－43　飞行器专利省市年度申请量堆积面积图

通过图4－44可以看出飞行器领域专利分布集中情况，具体分析见表4－9。

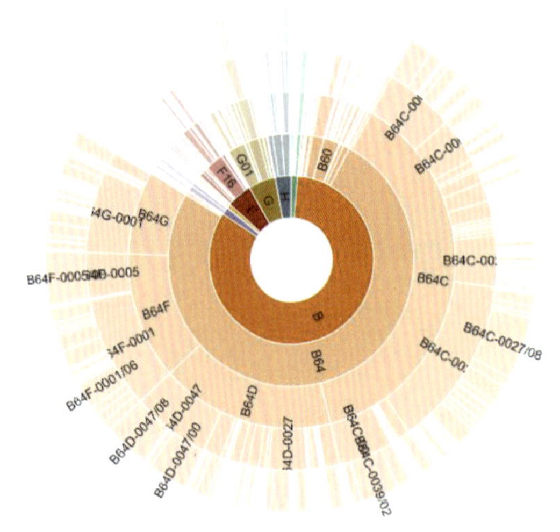

图 4－44　飞行器 IPC 光环谱图

表 4－9　飞行器 IPC 光环谱图分析表

IPC 分类号	IPC 分类号中文含义	文献数量	百分比
B64C	飞机，直升机	10144	48.64%
B64D	用于与飞机配合或装到飞机上的设备，飞行衣，降落伞，动力装置或推进传动装置在飞机中的配置或安装	5681	27.24%
B64F	与飞机相关联的地面设施或航空母舰甲板设施，其他类目不包含的飞机设计、制造、装配、清洗、维修或修理	4197	20.12%
B64G	宇宙航行，以及其所用的飞行器或设备	2787	13.36%
G05D	非电变量的控制或调节系统	352	1.69%
H04N	图像通信，如电视	216	1.04%
B32B	层状产品，即由扁平的或非扁平的薄层，如泡沫状的、蜂窝状的薄层构成的产品	179	0.86%
G01C	测量距离、水准或者方位，勘测，导航，陀螺仪，摄影测量学或视频测量学	177	0.85%
F16F	弹簧，减震器，减震装置	173	0.83%
G03B	摄影、放映或观看用的装置或设备，利用了光波以外其他波的类似技术的装置或设备以及有关的附件	154	0.74%

2. 推进装置

推进装置又称推进系统，是航空航天飞行器的动力装置。推进装置不仅保障飞行器的正常飞行，而且还为飞行器的姿态控制、轨道转移、位置保持、空间对接以及返回地面等活动提供动力。①

针对推进装置初步检索结果为21325条，针对得到的检索结果做DWPI同族专利合并，并在此基础上筛选出专利权人PA = CN或申请人AP = CN，去重后得到741条。以下结果是对741条记录的分析（如图4－45所示）。

在推进装置版块，中国专利权人的专利数量较少。2016年的专利申请数量和公开数量较2015年都有所回落，其中申请数量的减少可能受到审核周期长这一因素的影响。

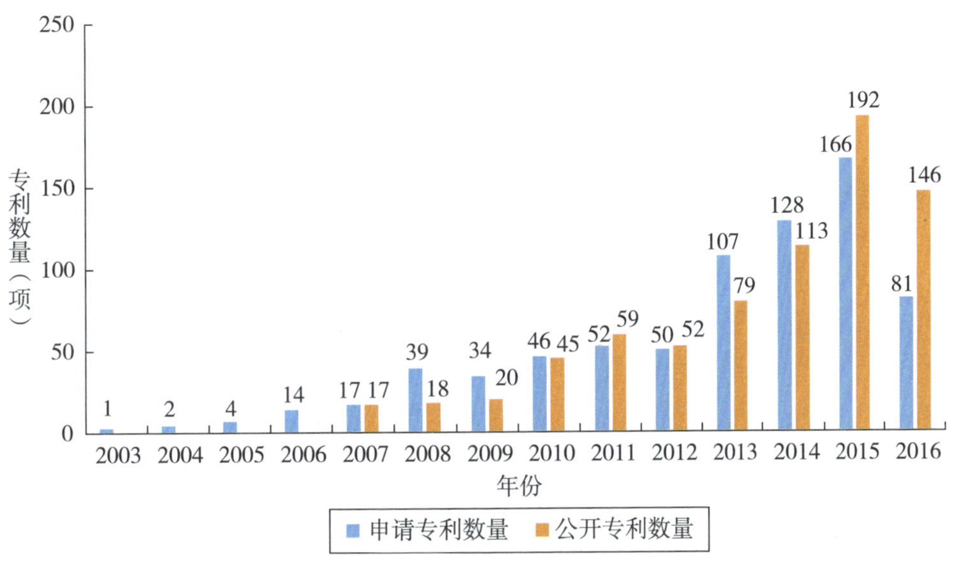

图4－45　中国专利权人推进装置领域专利数量趋势

通过同族专利合并后，筛选出推进装置领域中国专利权人申请数量前20名。前10名中，以高校为主体的专利权人占据5席，分别是北京航空航天大学、西北工业大学、南京理工大学、南京航空航天大学、清华大学（如图4－46所示）。

在推进装置版块，专利总量较少，主要集中在存储、拉瓦尔喷管、外匣、涡轮、二进制上（如图4－47所示）。

2007—2011年的专利数量为155项，集中在飞轮、叶片、阀门传感器等方面；2012—2016年的专利数量增加超过了2.6倍，达到564项，且申请方向集中在拉瓦尔喷管、二进制、黏合、密封、存储等（如图4－48所示）。

如图4－49所示，北航的专利主要集中在阀门传感器和过氧化氢；中国航空研究院606所在二进制方面遥遥领先，有极为突出的优势；西北工业大学在脉冲爆震和燃烧室

① 摘自王春利主编的《航空航天推进系统》。

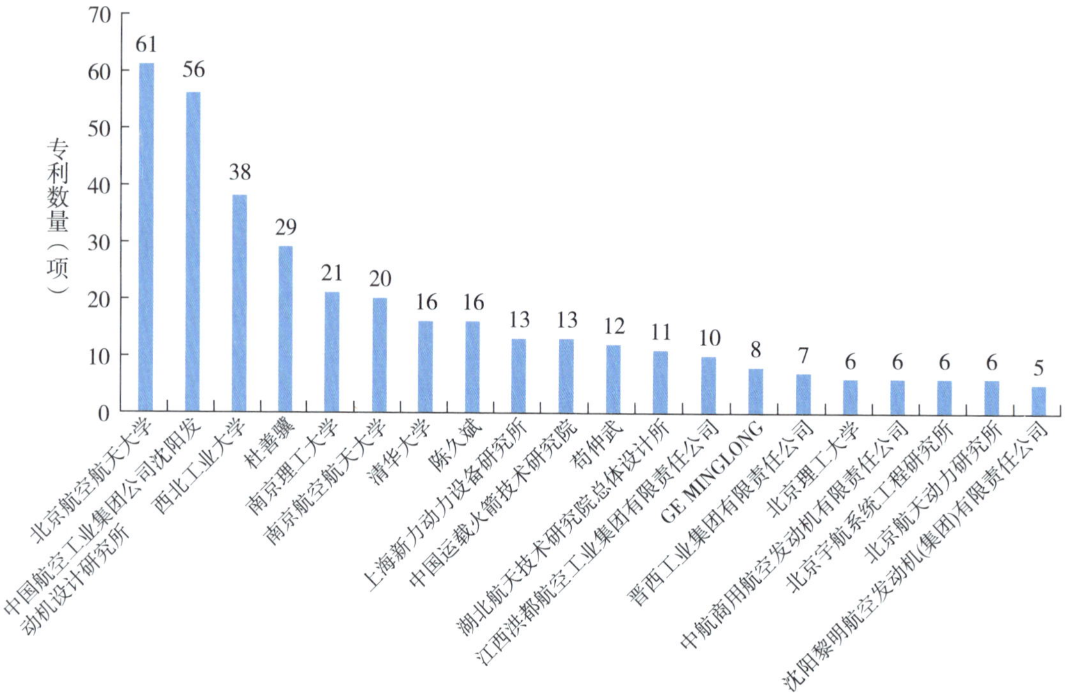

图 4－46　推进装置领域中国专利权人前 20 名

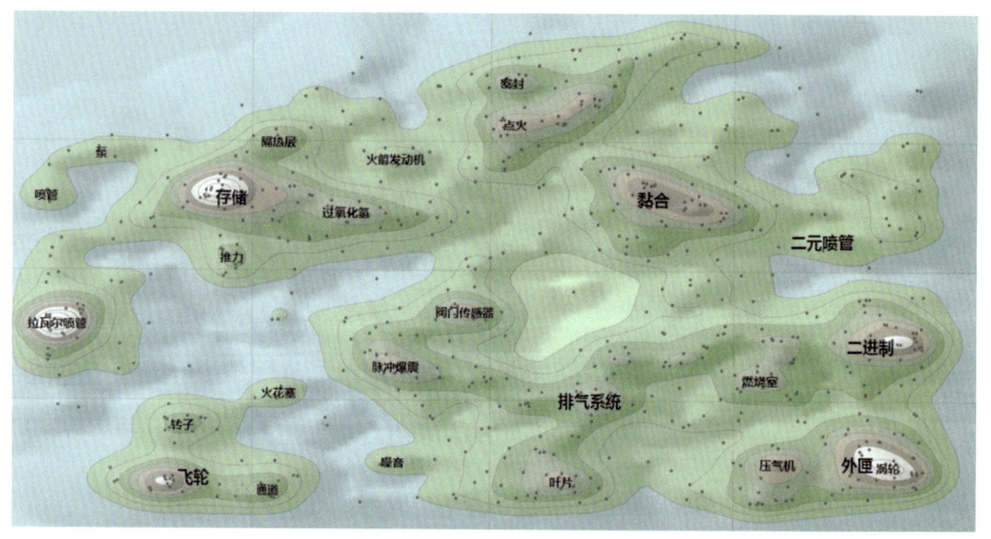

图 4－47　推进装置专利地图

上专利数量较多。

通过 Innojoy 专利搜索引擎，我们对推进装置领域前 10 位申请人的专利进行了法律状态的分析。从图 4－50 中可以直观地看出，在推进装置领域中，“撤回” 和 “终止” 状态的专利数量较多，正在实审阶段的专利占比也比较大。北航虽然专利申请数量排在第一位，但授权率较低，申请质量并不理想。

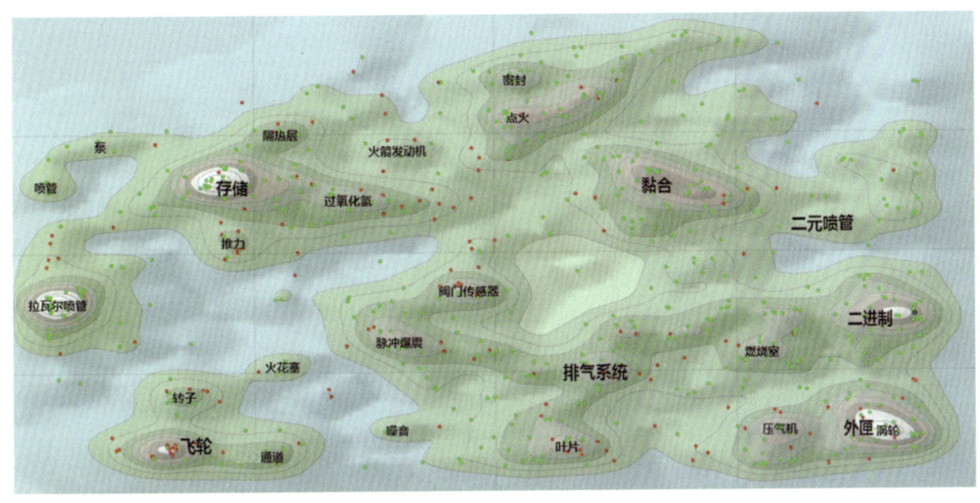

图 4－48　推进装置专利地图（年份图）

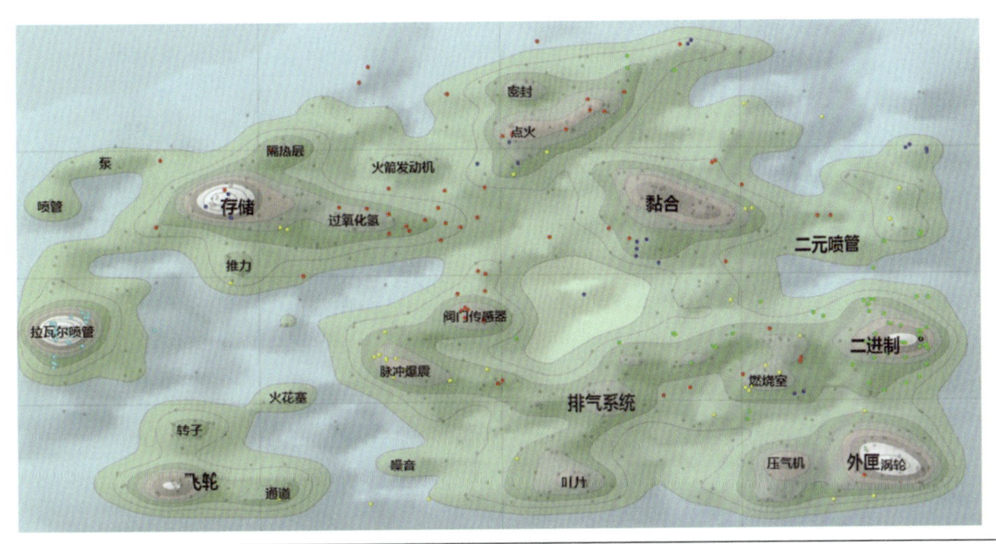

图 4－49　推进装置专利地图（专利权人）

如图 4－51 所示，在推进装置领域，科研院所和高校的申请总量高于个人和企业。企业申请量虽然排在第三位，但从授权率来看却明显高于院校和个人，申请质量更好。

如图 4－52 所示，推进装置近 10 年的专利申请件数和申请人数都较低。2008—2012 年基本处于变化不大的状态。2013 年与 2012 年相比，两项指标均有大幅提升，随后又出现一定的波动。由于 2016 年数据不完善，我们无法判断推进装置技术是否进入成熟期或衰退期。

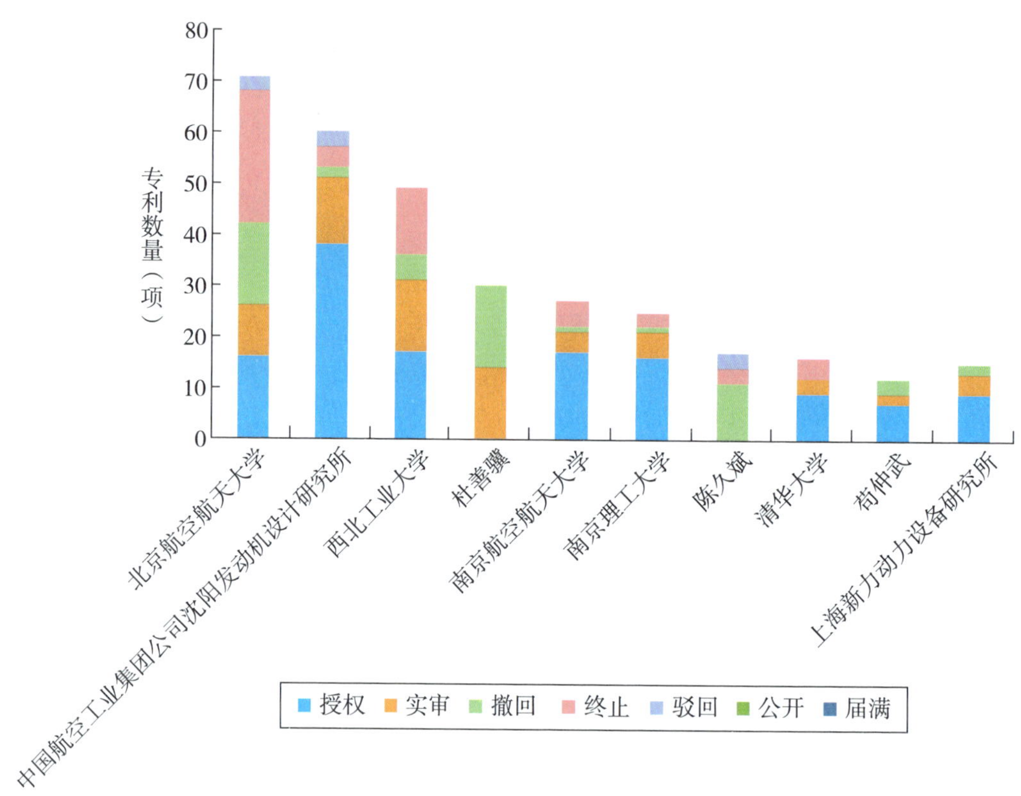

图4-50　推进装置专利申请人法律状态分析

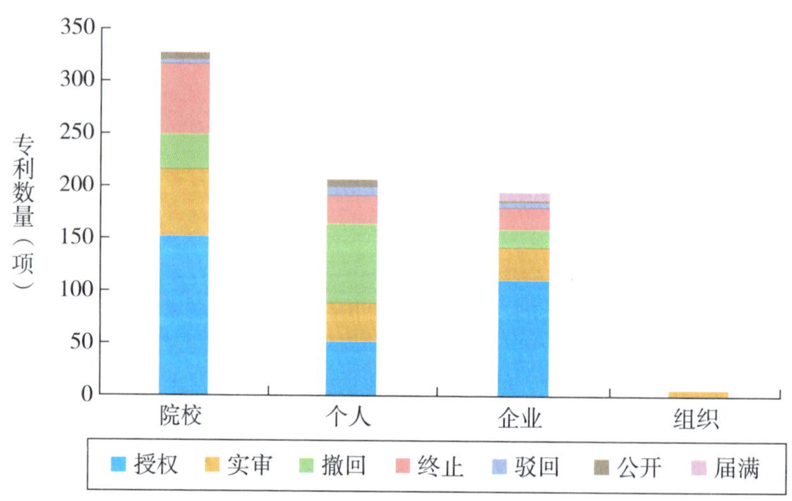

图4-51　推进装置专利申请人类别法律状态分析

如表4-10所示，北京以187项，高出第二名陕西105项的总申请量遥遥领先，辽宁、江苏分列第三、第四位。由于推进装置的专利申请量较少，选取到第十位的江西仅有14项专利。

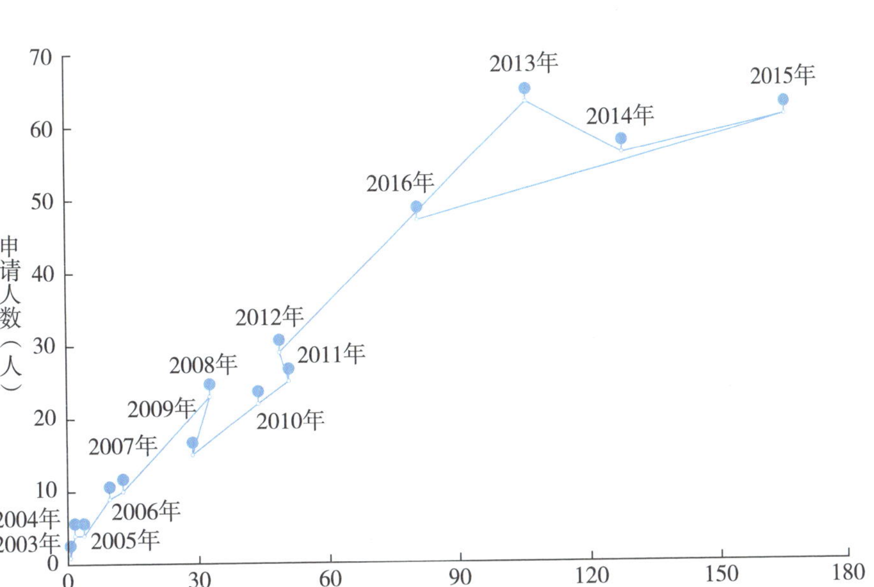

图 4－52 推进装置技术生命周期分析

表 4－10 推进装置专利省市申请量及排名

排名	1	2	3	4	5	6	7	8	9	10
省市	北京	陕西	辽宁	江苏	上海	湖北	浙江	山东	四川	江西
合计（项）	187	82	77	73	46	38	36	29	17	14

如图 4－53 所示，2015 年以前，各省市的年度申请数量趋势变化与总量变化波动差异较大；2016 年各省市申请数量基本都比 2015 年有所下降，导致整体数量下降。

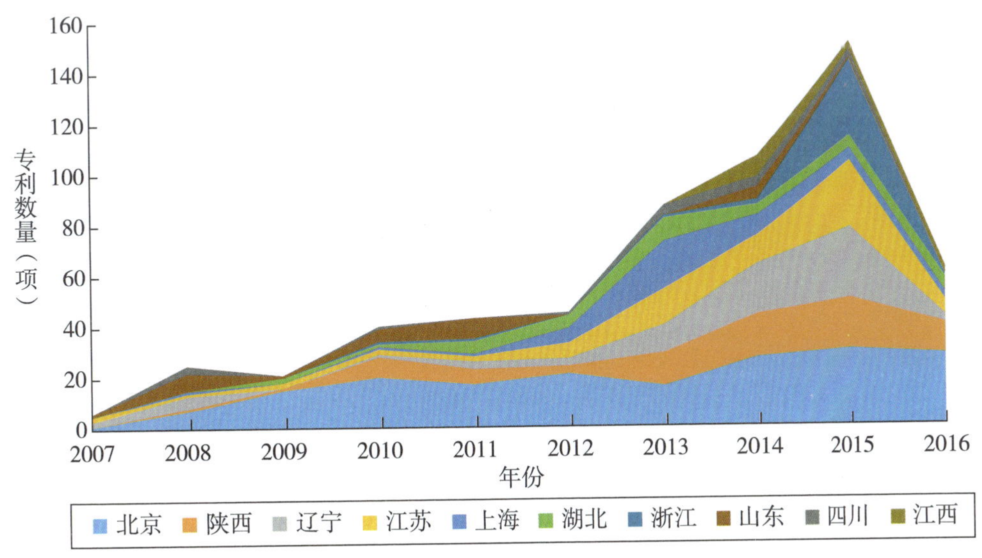

图 4－53 推进装置专利省市年度申请量堆积面积图

通过图4－54可以看出推进装置领域专利分布集中情况，具体分析见表4－11。

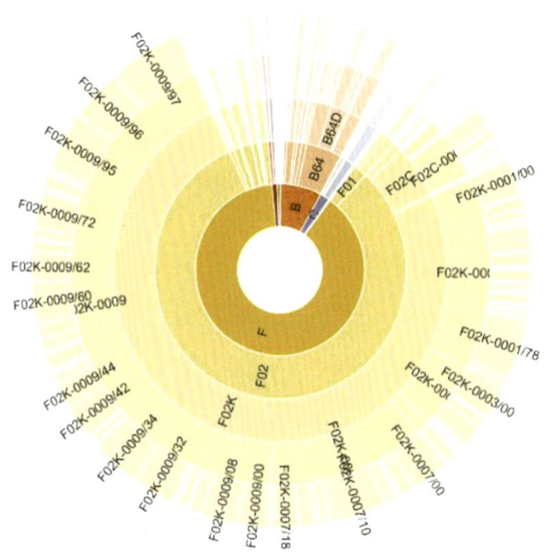

图4－54　推进装置IPC光环谱图

表4－11　　　　推进装置IPC光环谱图分析表

IPC分类号	IPC分类号中文含义	文献数量	百分比
F02K	喷气推进装置	703	94.87%
F02C	燃气轮机装置，喷气推进装置的空气进气道，空气助燃的喷气推进装置燃料供给的控制	40	5.40%
B64D	用于与飞机配合或装到飞机上的设备，飞行衣，降落伞，动力装置或推进传动装置在飞机中的配置或安装	19	2.56%
B64G	宇宙航行，以及其所用的飞行器或设备	14	1.89%
B64C	飞机，直升机	13	1.75%
F01D	非变容式机器或发动机，如汽轮机	8	1.08%
F04D	非变容式泵	8	1.08%
F23R	高压或高速燃烧生成物的产生，如燃气轮机的燃烧室	8	1.08%
F02B	活塞式内燃机，一般燃烧发动机	6	0.81%
B23P	金属的其他加工，组合加工，万能机床	6	0.81%
F42B	爆炸装药，例如用于爆破、烟火、弹药	6	0.81%

3. 卫星通信

卫星通信是指利用人造地球卫星作为中继站，转发或反射无线电波，在两个或多个地球站之间进行的通信。这里的地球站是指设在地球表面，包括地面、海洋和大气层上的通信站。

在卫星通信版块，初步检索结果为144242条，针对得到的检索结果做DWPI同族专利合并，并在此基础上筛选出专利权人PA = CN或申请人AP = CN，去重后得到14261条。以下结果是对14261条记录的分析（如图4-55所示）。

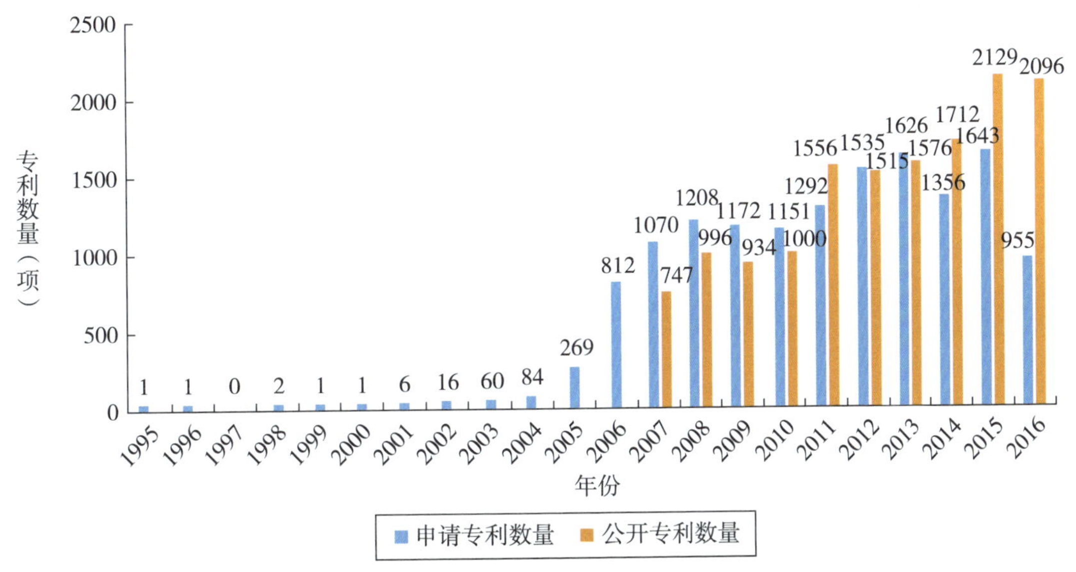

图4-55 中国专利权人卫星通信领域专利数量趋势

近10年的专利申请数量和公开数量大体呈现波动上升态势。2016年的专利公开数量有略微下降，降幅为1.55%。

通过同族专利合并后，筛选出卫星通信领域中国专利权人申请数量前20名。如图4-56所示，中兴通讯股份有限公司（简称“中兴”）和华为通讯股份有限公司（简称“华为”）分别以1020项和813项专利的绝对优势遥遥领先，位列第一和第二；中国电子科技集团第五十四研究所、国家电网公司、航天恒星科技有限公司分别以111、103、100项处于第三、第四、第五位；排名第六到第二十位的专利权人的专利数量相差无几。

在卫星通信版块，近10年的专利主要集中在混频器、呼叫、IP（网络之间互连的协议）地址、源节点、监控视频、光纤、验证服务器、传输通路、北斗简短通信技术、折射率、节目指南、基站、移动电话等方面（如图4-57所示）。

如图4-58所示，2007—2011年的专利数量为5229项，2012—2016年增至9011项，增幅达72.3%。专利发展方向没有明显的变化趋势。光纤和北斗简短通信技术填补了前5年的专利空白。

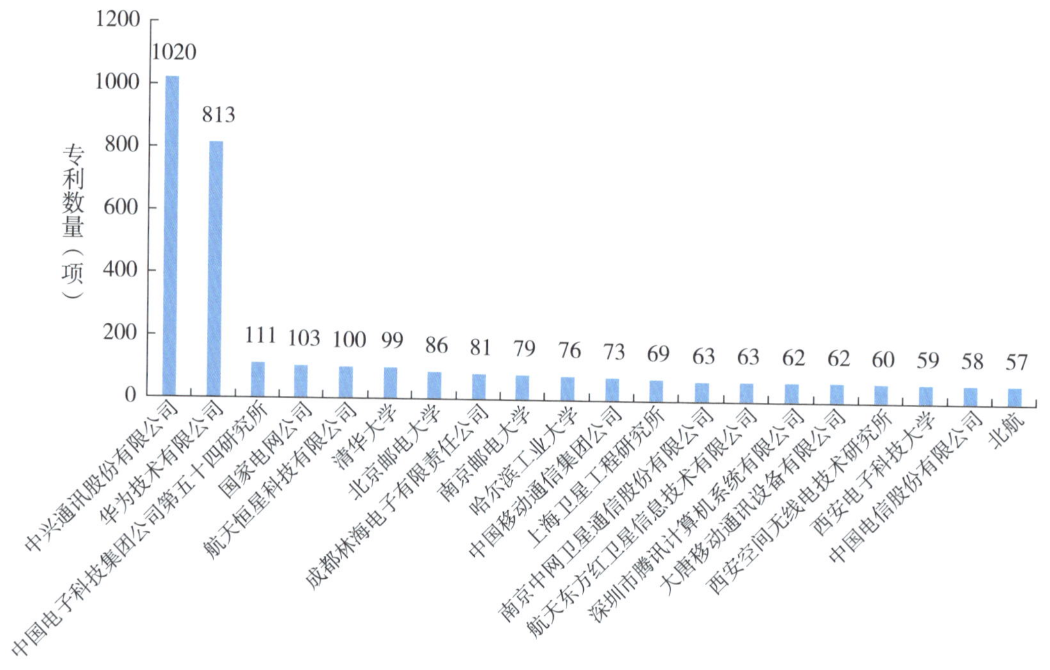

图 4 -56　卫星通信领域中国专利权人前 20 名

图 4 -57　卫星通信专利地图

从专利地图（图 4 -59）上看，排名第一和第二位的中兴与华为的专利布局极为相似，尤其在呼叫、IP 地址、节目指南、能量控制方面；第三、第四、第五位的专利数量与前两位相差较大，在地图上表现并不突出，且分布较为分散。

通过 Innojoy 专利搜索引擎，我们对卫星通信领域前 10 位申请人的专利进行了法律状态的分析，如图 4 -60 所示：中兴和华为虽然专利申请数量遥遥领先，但处于终止、撤回和驳回状态的专利占比也较大；第三到第十位的专利权人所拥有的已授权专

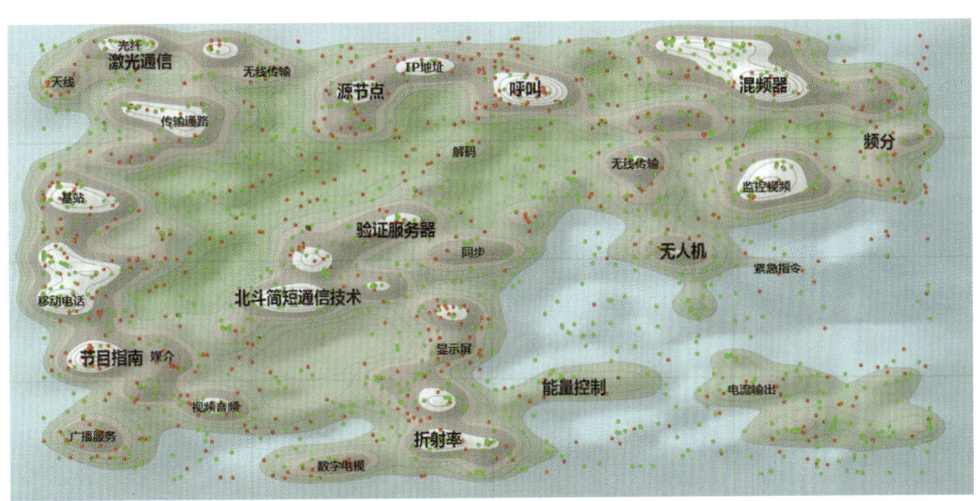

● 2007—2011年 5229　● 2012—2016年 9011

图 4－58　卫星通信专利地图（年份图）

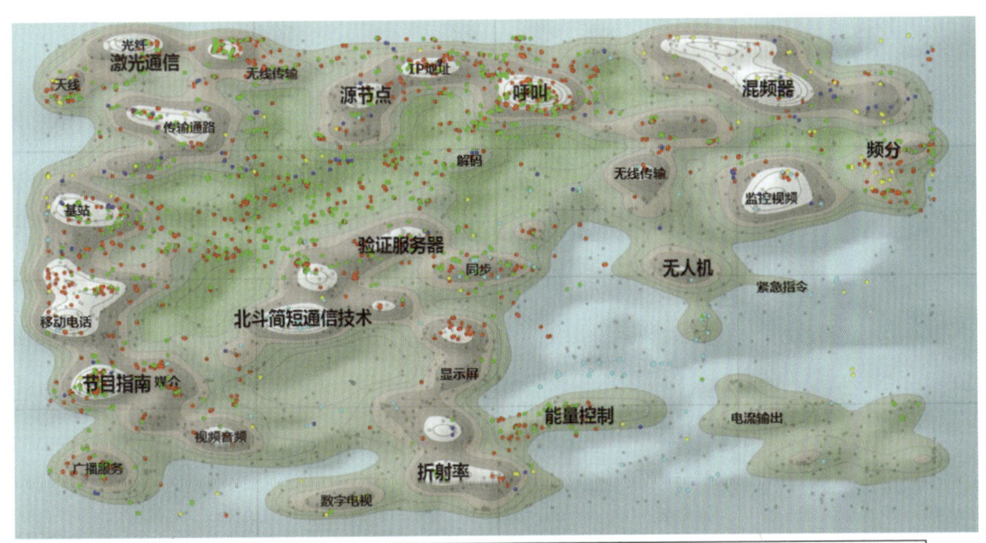

● 中兴 1020 ● 华为 813 ● 中电科五十四所 111 ● 国家电网 103 ● 航天恒星 100

图 4－59　卫星通信专利地图（专利权人）

利数量差别不大。

如图 4－61 所示，企业性质的专利权人在卫星通信领域的授权率略超过 50%，终止、撤回和驳回状态的专利数量占比较高，整体申请质量并不十分理想；企业和院校专利中处于“实审”状态的数量较多，预计未来 1～2 年，获得授权的专利会大幅增长。

如图 4－62 所示，卫星通信技术在 2004—2006 年有突飞猛进的发展，2006—2008 年增长较为稳定，2009—2015 年虽偶有跌落，但基本呈现波动上升态势。而 2016 年与

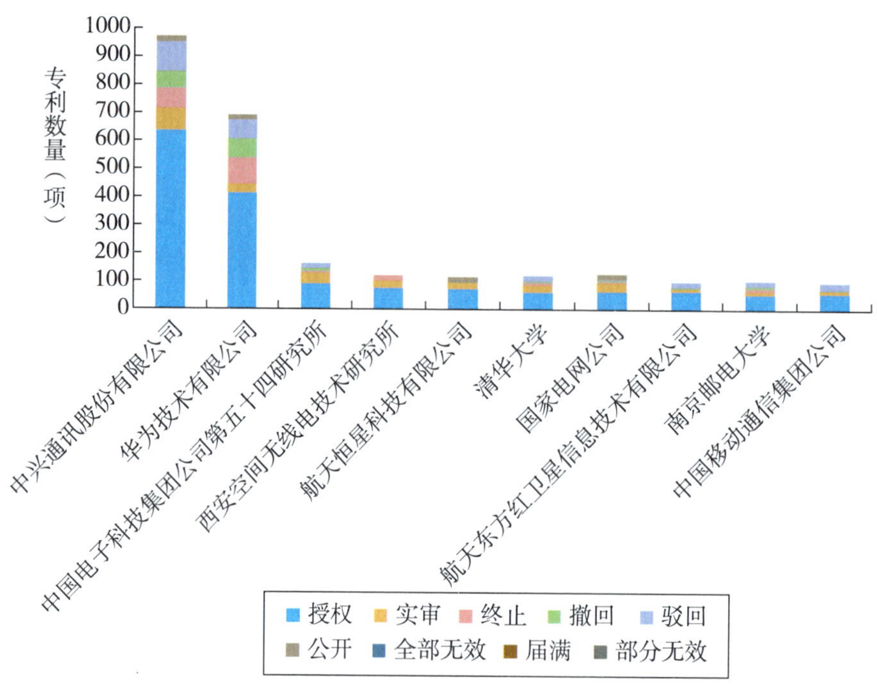

图 4 -60　卫星通信专利申请人法律状态分析

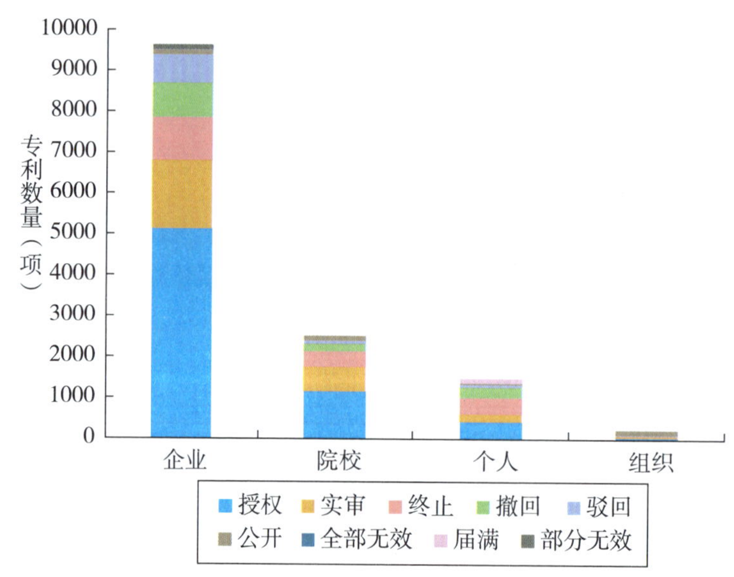

图 4 -61　卫星通信专利申请人类别法律状态分析

2015 年相比则呈断崖式下跌，考虑到受专利审核周期长的影响，2016 年数据并不完善，我们无法判断卫星通信技术是否进入明显的衰退期。

如表 4 -12 所示，卫星通信技术各省市申请量形成了较为明显的梯队：第一梯队中广东以 3482 项专利申请量位居第一，北京排名第二，拥有专利申请量 2910 项；江苏、上海的数量分别为 1107 项和 1053 项，属于第二梯队；其余省市归为第三梯队。

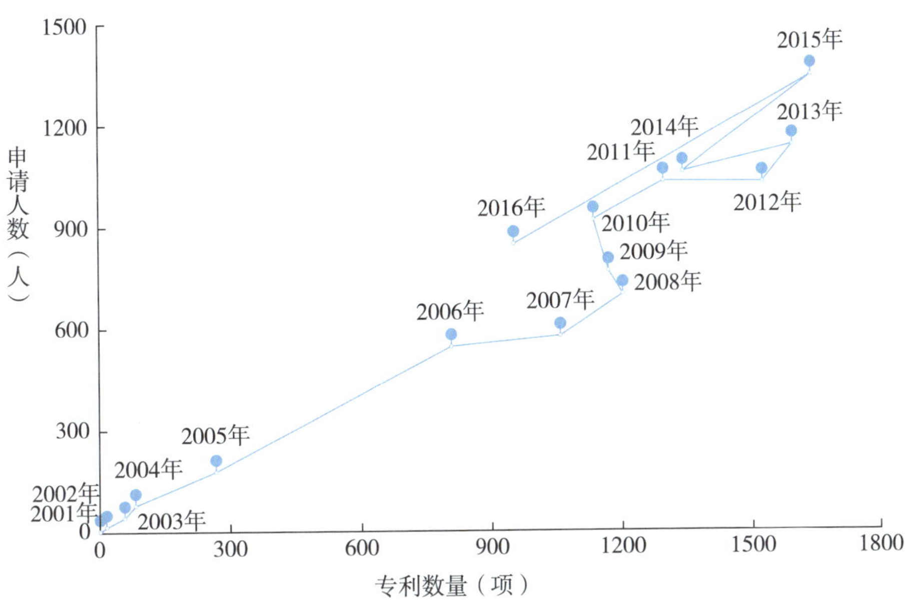

图4－62　卫星通信技术生命周期分析

表4－12　　卫星通信专利省市申请量及排名

排名	1	2	3	4	5	6	7	8	9	10
省市	广东	北京	江苏	上海	四川	浙江	陕西	山东	台湾	福建
合计（项）	3482	2910	1107	1053	690	493	432	357	232	227

如图4－63所示，除了广东省外，其他省市的专利申请量变化基本与整体趋势一致；而广东省在2008年达到峰值后一直呈现波动下降的态势。

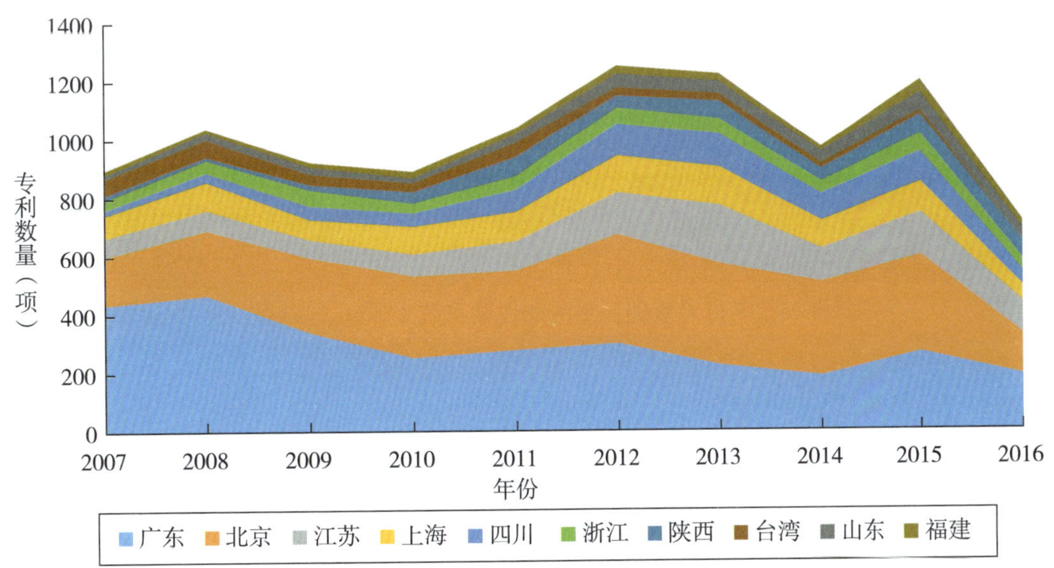

图4－63　卫星通信专利省市年度申请量堆积面积图

通过图 4－64 可以看出卫星通信领域专利分布集中情况，具体分析见表 4－13。

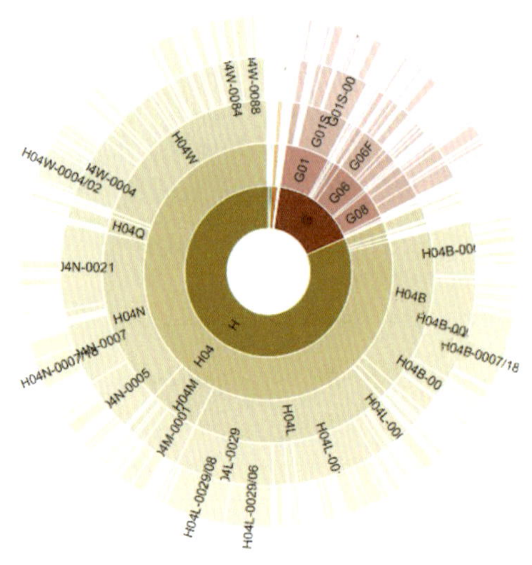

图 4－64　卫星通信 IPC 光环谱图

表 4－13　卫星通信 IPC 光环谱图分析表

IPC 分类号	IPC 分类号中文含义	文献数量	百分比
H04L	数字信息的传输，例如电报通信	4643	32.66%
H04W	无线通信网络	4114	28.94%
H04B	传输	3758	26.44%
H04N	图像通信，如电视	2828	19.89%
G01S	无线电定向，无线电导航，采用无线电波测距或测速，采用无线电波的反射或再辐射的定位或存在检测，采用其他波的类似装置	1120	7.88%
H04M	电话通信	1059	7.45%
G06F	电数字数据处理	645	4.54%
H04Q	选择（开关、继电器、选择器入 H01H，无线通信网络入 H04W）	457	3.21%
G08C	测量值、控制信号或类似信号的传输系统	419	2.95%
G06Q	专门适用于行政、商业、金融、管理、监督或预测目的的数据处理系统或方法，其他类目不包含的专门适用于行政、商业、金融、管理、监督或预测目的的处理系统或方法	312	2.19%

4. 无人机

无人机是利用无线电遥控设备和自备的程序控制装置操纵的不载人飞机，包括无人直升机、固定翼机、多旋翼飞行器、无人飞艇、无人散翼机等。

在无人机版块，初步检索结果为24928条，针对得到的检索结果做DWPI同族专利合并，并在此基础上筛选出专利权人PA = CN或申请人AP = CN，去重后得到9891条。以下结果是对9891条记录的分析（如图4－65所示）。

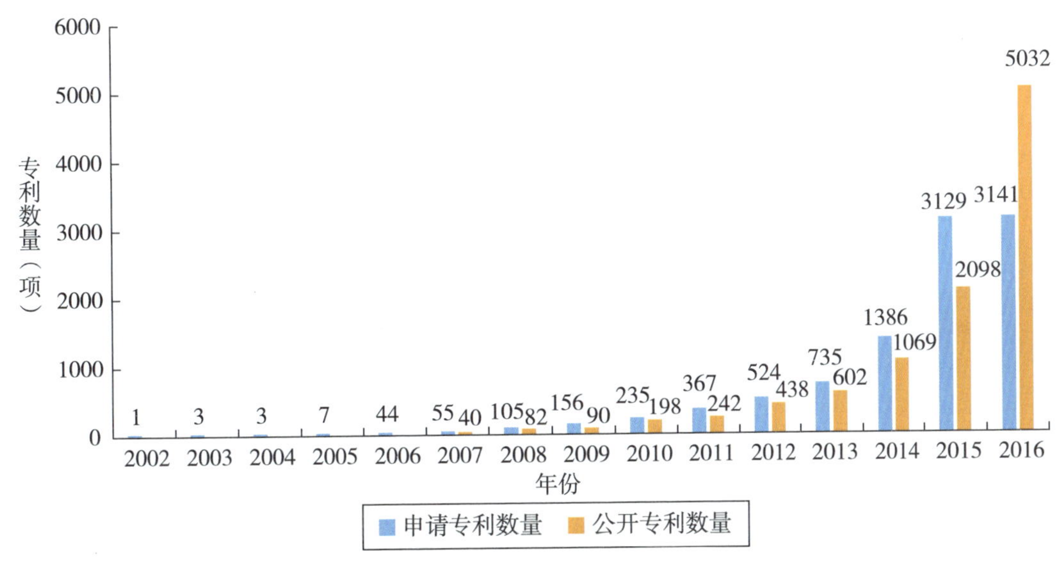

图4－65 中国专利权人无人机领域专利数量趋势

2015年的专利申请数量较2014年激增1.26倍，从1386项升至3129项。2016年的专利公开数量是2015年的2.4倍，绝对值上增加了2934项。

通过同族专利合并后，筛选出无人机领域中国专利权人申请数量前20名。如图4－66所示，排名前6位的专利权人的专利数量有一定的差距，第7到第20位之间基本以1～2项之差排列。其中，深圳大疆以272项专利排名第一。

在无人机版块，近10年的专利集中在医疗、偏导杆、主要控制模块、垂直尾翼、变电站、供电电路、信号接收以及外壳等领域（如图4－67所示）。

如图4－68所示，2007—2011年的专利数量仅为646项，技术集中在供电电路和变电站周边；2012—2016年的专利数量剧增至9234项，增长13.3倍。最近5年的专利方向延伸至医疗、分离装置、主要控制模块、框架、方程、垂直尾翼、图像等领域，技术发展更为全面。

如图4－69所示，排名第一为深圳大疆，其专利主要集中在外壳、燃料电池、偏导杆、分离装置等方面。国家电网的专利主要分布在避撞、变电站、图像传输等方面。湖北易瓦特电力科技有限公司（简称“湖北易瓦特”）的专利更为集中，分布在可拆分组

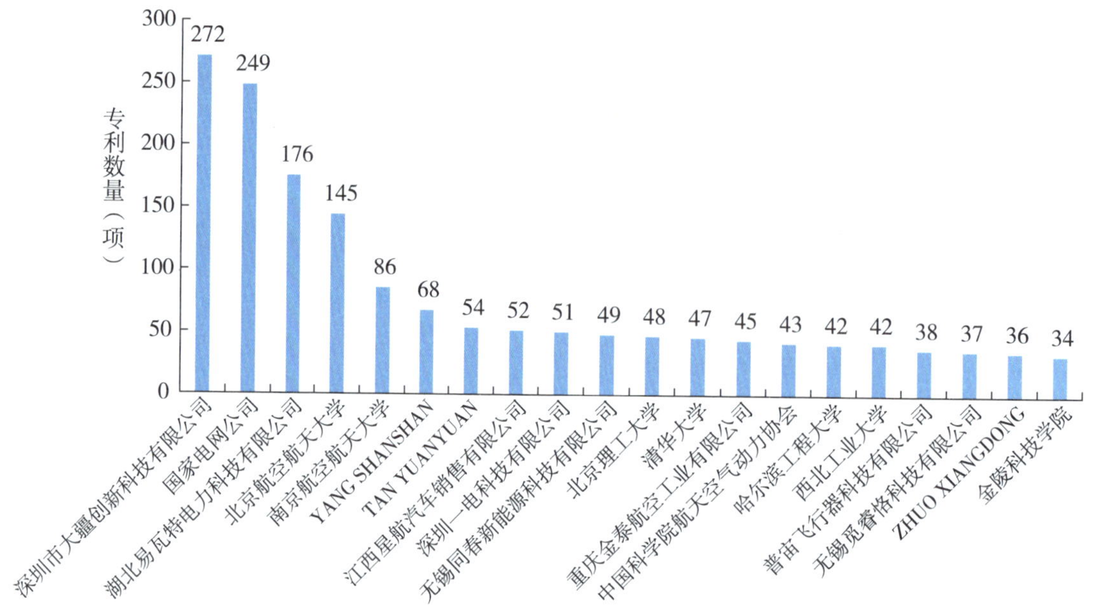

图 4－66　无人机领域中国专利权人前 20 名

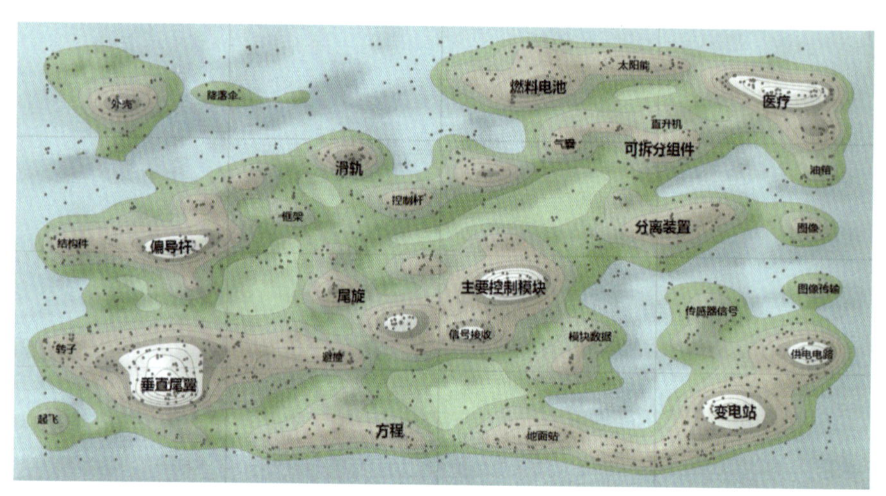

图 4－67　无人机专利地图

件、尾旋等方面。北京航空航天大学和南京航空航天大学两所高校的研究领域有些相似，主要集中在垂直尾翼和方程周边等方面。

通过 Innojoy 专利搜索引擎，我们对无人机领域前 10 位申请人的专利进行了法律状态的分析，如图 4－70 所示：国家电网公司目前拥有的已授权和正在“实审”阶段的专利数量均最高，可以预测出未来 1~2 年，国家电网获得授权的专利数量将大幅增加；北京航空航天大学的专利申请量在高校和科研院所中排名第一，但终止及撤回状态的专利数占比较大，即授权率偏低，申请质量不够理想；深圳大疆和湖北易瓦特的授权量高的同时，授权率也较高，申请质量较好。

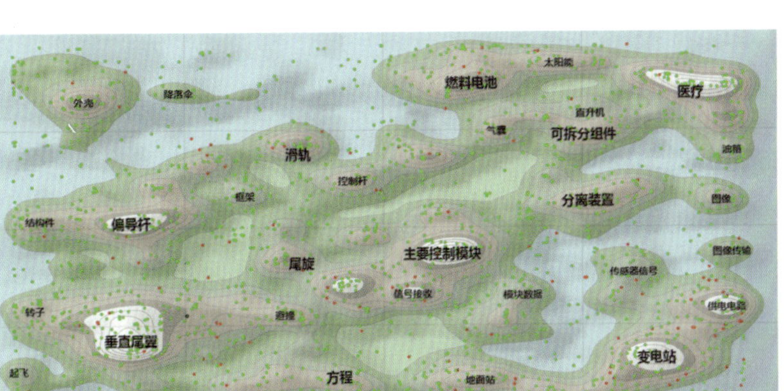

● 2007—2011年 646　● 2012—2016年 9234

图 4－68　无人机专利地图（年份图）

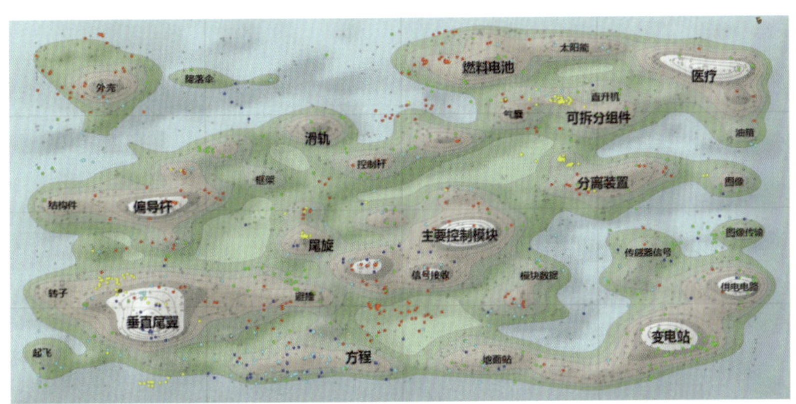

● 深圳大疆 272　● 国家电网 249　● 湖北易瓦特 176
● 北京航空航天大学 145　● 南京航空航天大学 86

图 4－69　无人机专利地图（专利权人）

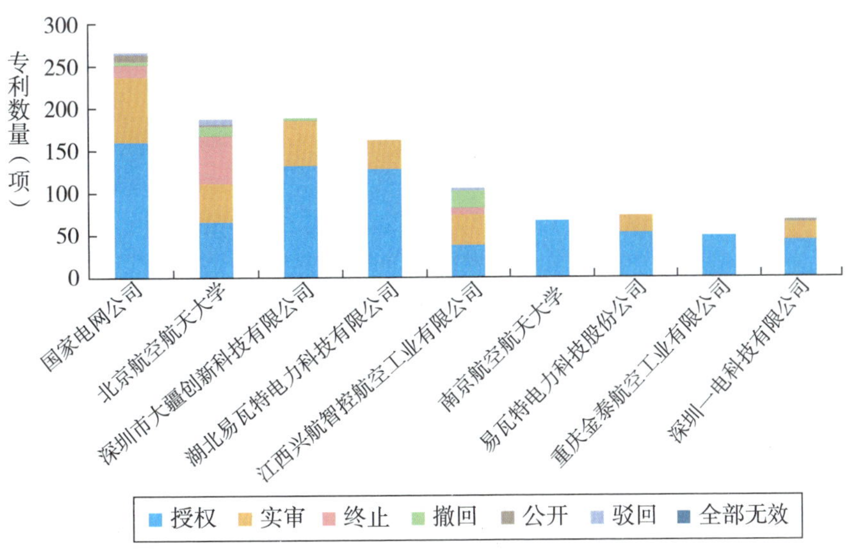

图 4－70　无人机专利申请人法律状态分析

如图4－71所示，以企业为申请人申请的专利总量远高于院校和个人申请的专利总量。在企业申请的专利中，终止和撤回的状态相比其他领域较少，整体申请质量较好。各类申请人中的实审状态下的专利数量占比都较高，说明未来1～2年，专利授权数量还会增长。

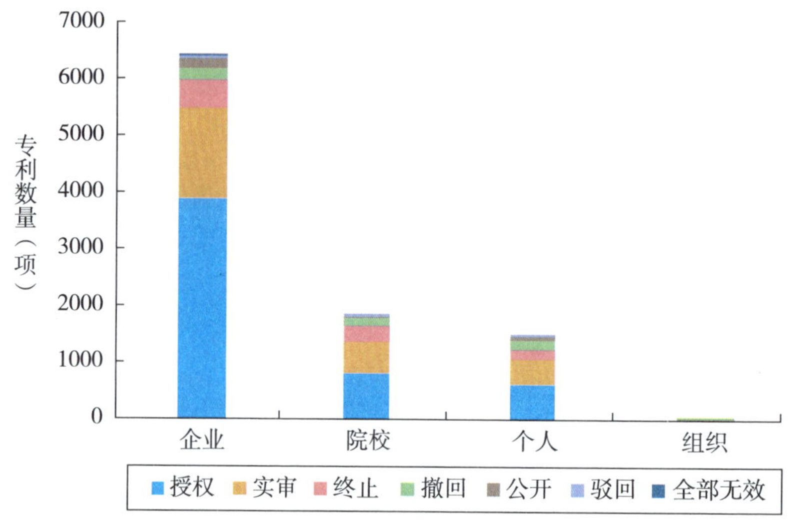

图4－71　无人机专利申请人类别法律状态分析

如图4－72所示，2002—2011年，无人机专利技术刚起步，尚处于导入期；2012—2015年则进入成长期，期间无论是专利申请数量还是申请人数都直线上升，增速明显；2016年起，无人机专利技术的两项指标增长放缓，在只有一年数据的情况下，我们无法判断此技术是否已进入成熟期。

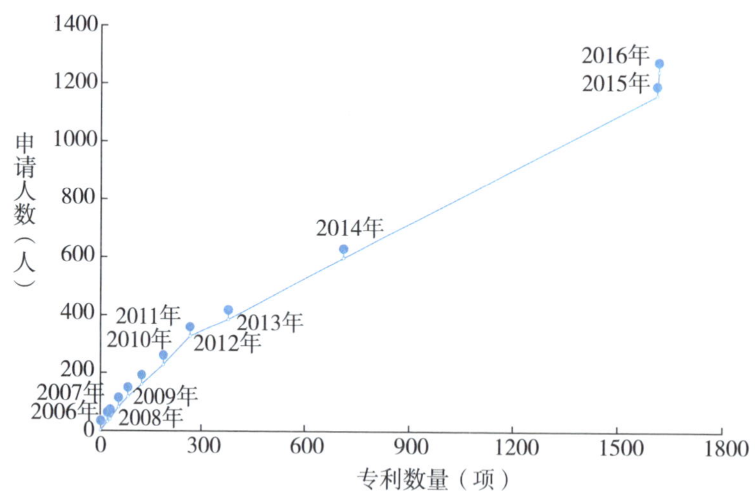

图4－72　无人机技术生命周期分析

在无人机领域，各省市申请数量也明显地划分成三个梯队（见表4－14）。第一梯队是排名第一位和第二位的广东、北京，专利数量分别是1705项和1534项；江苏以

1165 项位列第三，属于第二梯队；第四至第十位的省市为第三梯队，分别是湖北、四川、天津、浙江、山东、上海、安徽，这六个省市间的专利申请数量差别较小。

表 4－14　　无人机专利省市申请量及排名

排名	1	2	3	4	5	6	7	8	9	10
省市	广东	北京	江苏	湖北	四川	天津	浙江	山东	上海	安徽
合计（项）	1705	1534	1165	505	428	419	418	389	387	386

在 2015 年以前，前十位的省市专利数量变化与整体变化趋势基本一致。2016 年，江苏、湖北和天津的申请量较 2015 年有所下降，其余省市增长较小，致使 2016 年整体申请量增幅微弱，但考虑到专利审核周期的因素，2016 年实际申请量应增幅明显（如图 4－73 所示）。

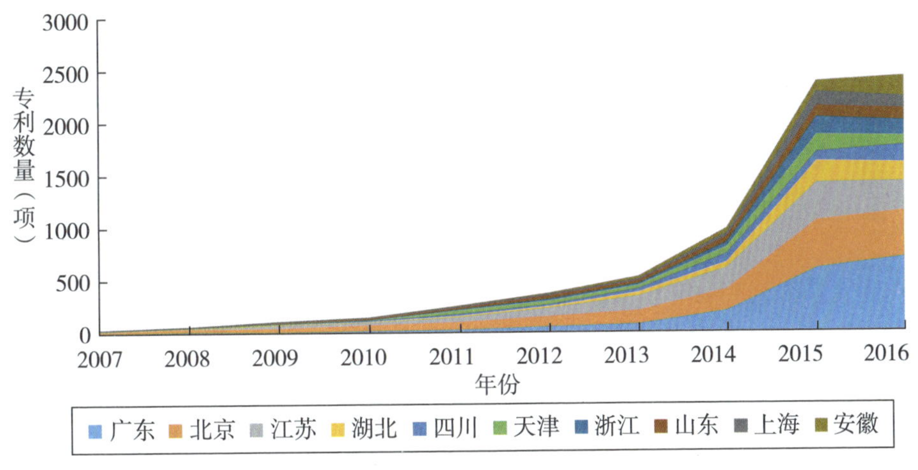

图 4－73　无人机专利省市年度申请量堆积面积图

通过图 4－74 可以看出无人机领域专利分布集中情况，具体分析见表 4－15。

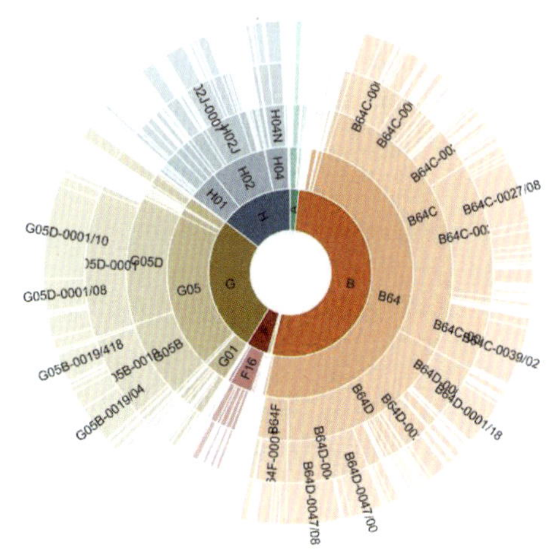

图 4－74　无人机 IPC 光环谱图

表 4－15　无人机 IPC 光环谱图分析表

IPC 分类号	IPC 分类号中文含义	文献数量	百分比
B64C	飞机，直升机	3442	34. 80%
B64D	用于与飞机配合或装到飞机上的设备，飞行衣，降落伞，动力装置或推进传动装置在飞机中的配置或安装	2772	28. 03%
G05D	非电变量的控制或调节系统	2075	20. 98%
G05B	一般的控制或调节系统，这种系统的功能单元，用于这种系统或单元的监视或测试装置	1134	11. 46%
H02J	供电或配电的电路装置或系统，电能存储系统	551	5. 57%
B64F	与飞机相关联的地面设施或航空母舰甲板设施，其他类目不包含的飞机设计、制造、装配、清洗、维修或修理	548	5. 54%
H04N	图像通信，如电视	307	3. 10%
H02G	电缆或电线的安装，光电组合电缆或电线的安装	235	2. 38%
G08C	测量值、控制信号或类似信号的传输系统	191	1. 93%
H01M	用于直接转变化学能为电能的方法或装置，如电池组	148	1. 50%

四、机器人领域专利态势分析

机器人基础理论与关键技术是当前学科交叉领域的研究热点之一，是力学、材料学、结构学、计算机、光电、通信、自动控制、仿生学等多学科交叉和技术综合的结晶。

机器人已从早期的工业机器人发展为种类繁多的现代工业机器人、特种机器人和服务机器人。此次研究选取的是更贴近日常生活的服务机器人。

1. 家务机器人

机器人已经不仅仅局限于实验性的科学研究，而是逐渐走向实用化，进入人们的日常生活，拥有潜力巨大的市场。家用服务机器人是为家庭和个人服务的机器人，往往长时间跟人类在同一个空间进行工作，工作过程中与人类有着密切的交互关系。

在家务机器人版块，初步检索结果为 86084 条，针对得到的检索结果做 DWPI 同族专利合并，并在此基础上筛选出专利权人 PA = CN 或申请人 AP = CN，去重后得到 15863 条。以下结果是对 15863 条记录的分析（如图 4－75 所示）。

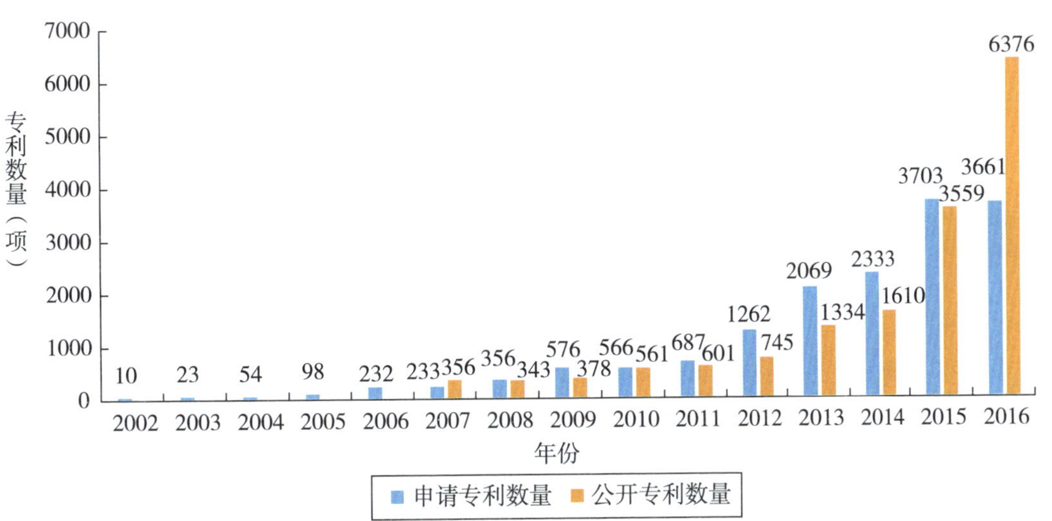

图 4－75　中国专利权人家务机器人领域专利数量趋势

近 10 年，家务机器人专利申请数量稳步上升。2014—2016 年的专利公开数量增幅明显，2015 年增长 121%，2016 年增长 79. 2%。这表明家用服务机器人相关技术受到越来越多关注，研发热度持续上升。

通过同族专利合并后，筛选出家务机器人领域中国专利权人申请数量前 20 名，如图 4－76 所示：高校占据了前 20 名的 14 席，清华大学以 240 项专利排名第一；鸿海精密工业股份有限公司以 2 项之差位列第二；第三到第六位的数量相差甚微。

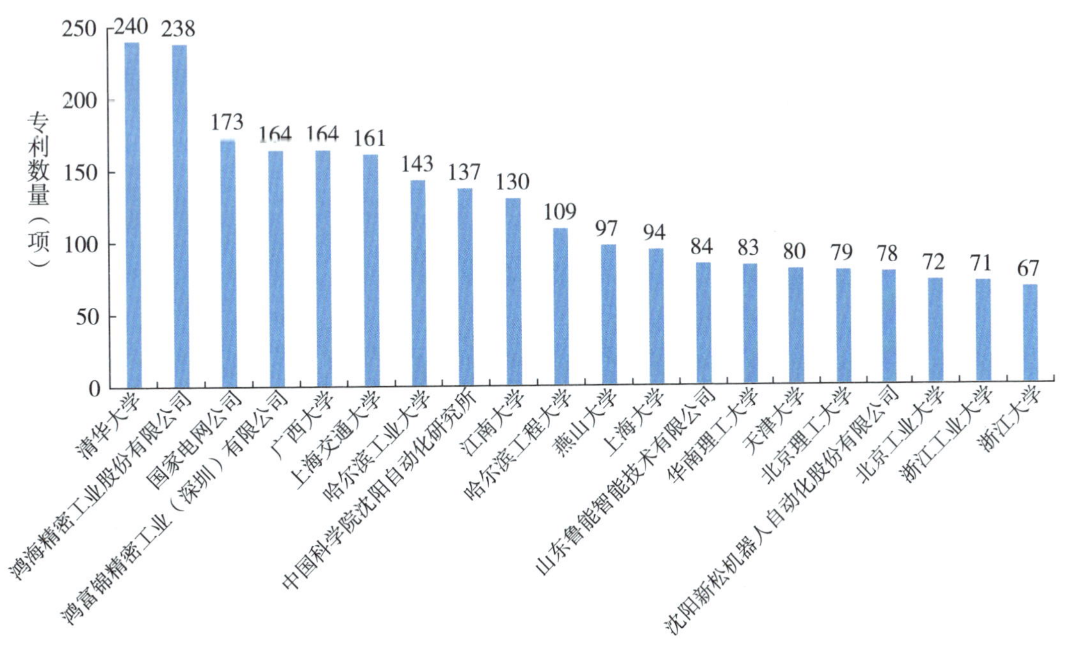

图 4－76　家务机器人领域中国专利权人前 20 名

在家务机器人版块，近10年的专利主要集中在清洁机器人、数字信号处理器、可移动平台、中指、内部通信系统、工业优化、肘关节等领域（如图4－77所示）。

图4－77　家务机器人专利地图

如图4－78所示，2007—2011年的专利数量为1638项；2012—2016年的专利数量激增至13617项，增长7.3倍，在带轮、导轨、焊接枪、坐标系、注塑模具机身等方面都有数量上的突破。

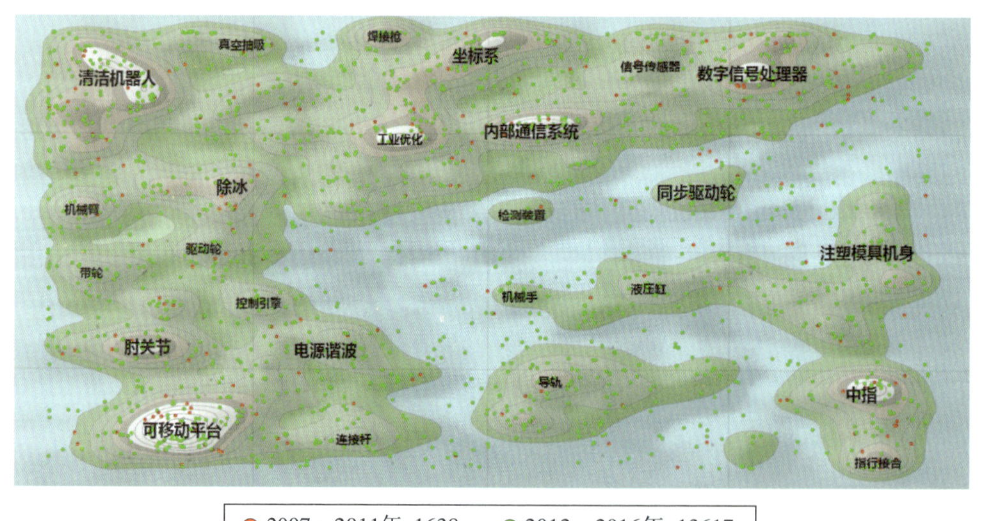

图4－78　家务机器人专利地图（年份图）

从专利地图（图4－79）上看，清华大学的专利主要集中在指行接合领域，其余零星分布在可移动平台等方面；国家电网主攻除冰、数字信号处理器周边领域；排名第五的广西大学的专利则分布于可移动平台周边技术方面。

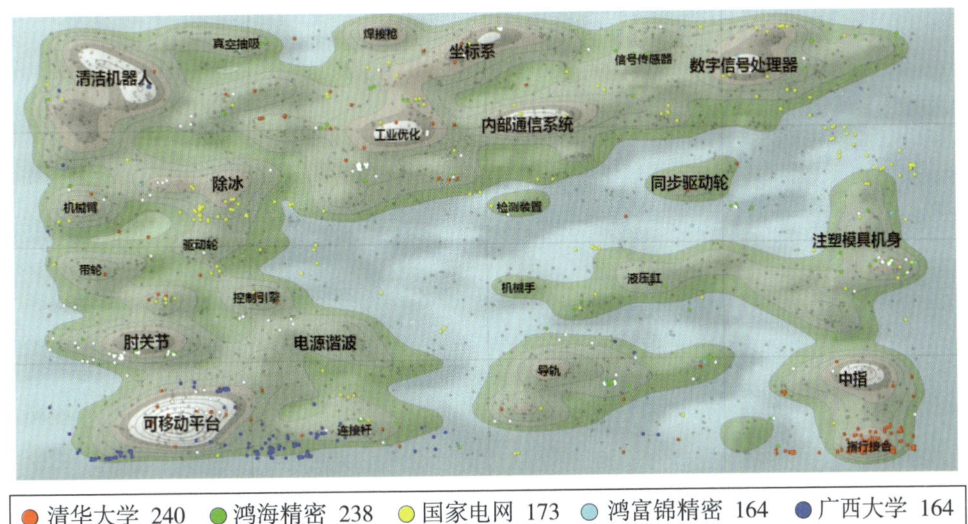

图 4-79　家务机器人专利地图（专利权人）

通过 Innojoy 专利搜索引擎，我们对家务机器人领域前 10 位申请人的专利进行了法律状态的分析，如图 4-80 所示：清华大学在此领域虽然申请量最高，但获得授权的专利占比不高，有大量专利处于实审状态，预计未来 1～2 年内，获得授权的专利数量会有明显增加；国家电网拥有授权的专利数量排名第一，且终止和撤回的数量较少，授权率高，申请质量好。

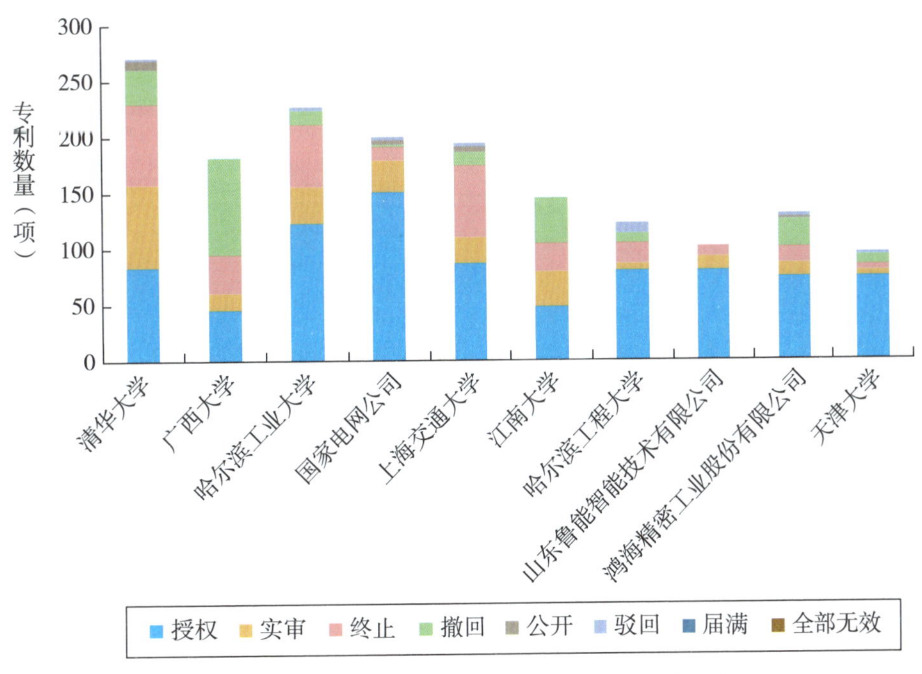

图 4-80　家务机器人专利申请人法律状态分析

企业仍是家务机器人领域申请专利的主体，且有大量实审状态的专利；院校终止状态的专利数量偏高，撤回的数量与企业相差不多，综合比较申请质量与企业相比还有一定差距（如图4－81所示）。

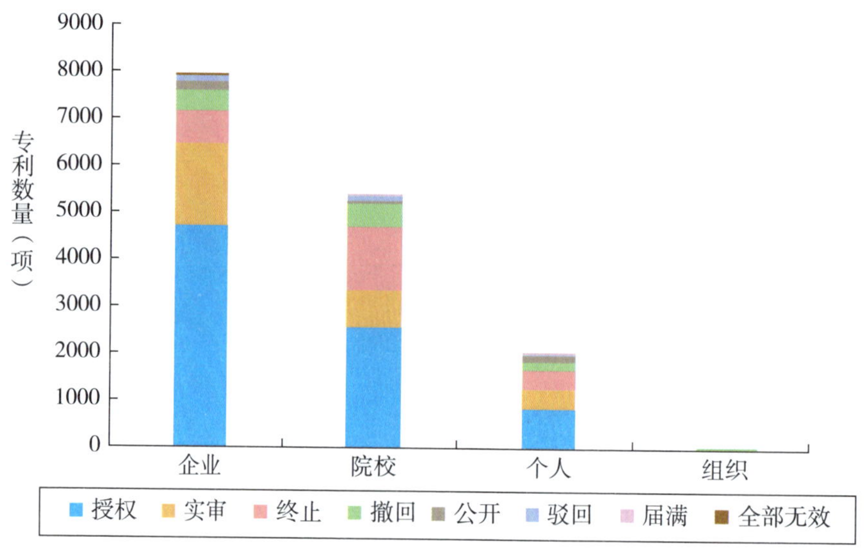

图4－81　家务机器人专利申请人类别法律状态分析

在家务机器人技术领域，2010年以前尚处于导入期；2011—2015年，呈现快速发展态势，处于成长期；2016年与2015年相比，虽然申请专利件数和申请人数都有所下降，但考虑到专利审核周期长的因素，致使2016年度数据不完善，我们不易判断家务机器人技术是否进入成熟期（如图4－82所示）。

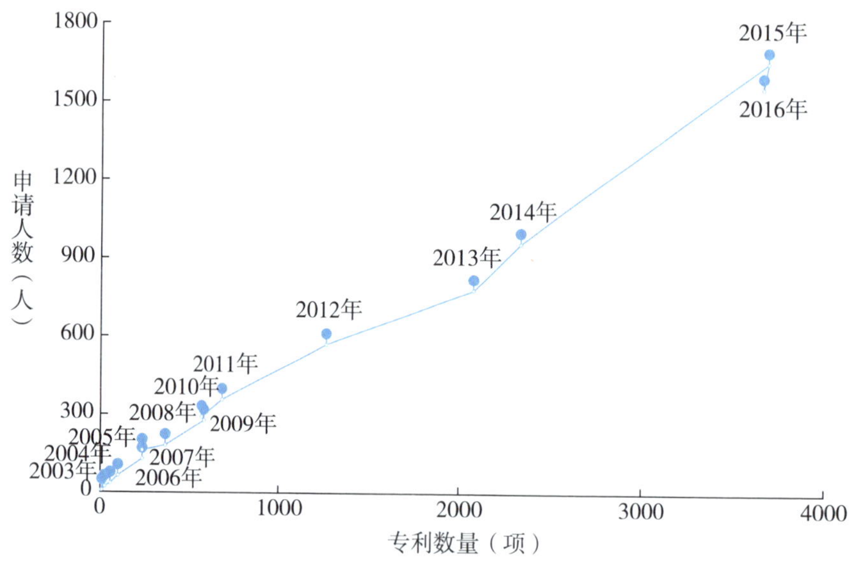

图4－82　家务机器人技术生命周期分析

如表 4－16 所示，江苏在家务机器人领域的申请量排在第一位，共 2555 项；广东以 2275 项紧随其后，排在第二位；北京、上海和浙江分别以 1458 项、1180 项、1151 项位列第三至第五位；第十位的天津申请数量是 492 项，与江苏相比有较为明显的差距。

表 4－16　　家务机器人专利省市申请量及排名

排名	1	2	3	4	5	6	7	8	9	10
省市	江苏	广东	北京	上海	浙江	山东	安徽	辽宁	黑龙江	天津
合计(项)	2555	2275	1458	1180	1151	887	728	601	564	492

排名第一位的江苏年度申请量走势与总体走势有略微出入，主要体现在 2014 年和 2015 年，江苏在 2014 年的申请量有所下降，2015 年增幅较低。安徽 2016 年的申请量与 2015 年相比，增幅较为明显（如图 4－83 所示）。

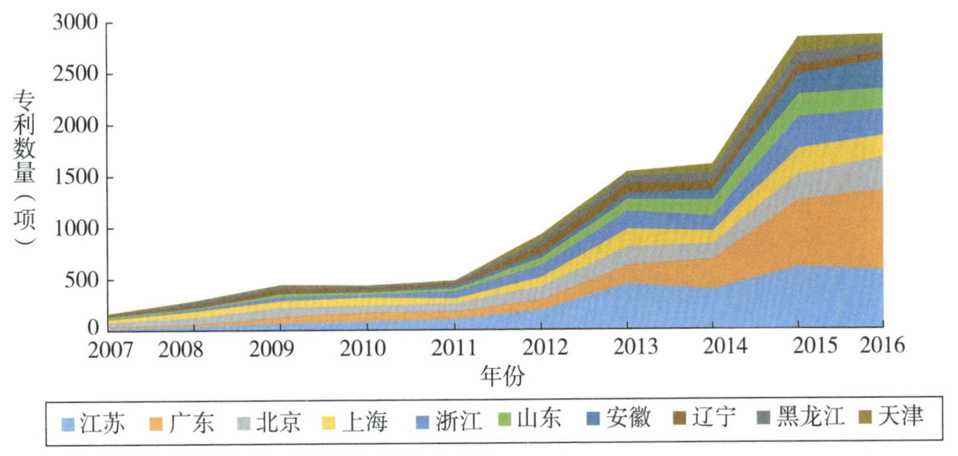

图 4－83　家务机器人专利省市年度申请量堆积面积图

通过图 4－84 可以看出家务机器人领域专利分布集中情况，具体分析见表 4－17。

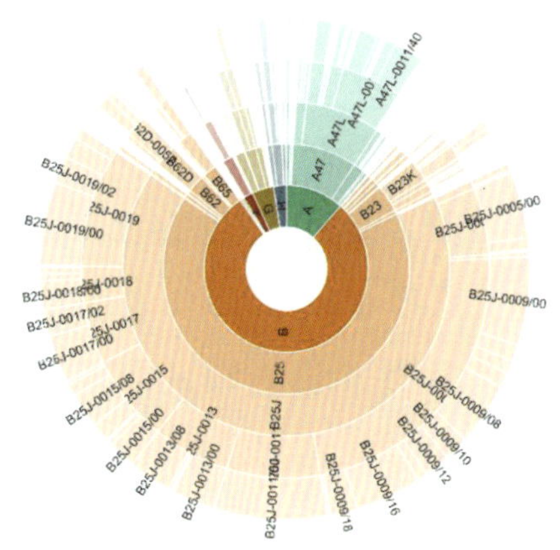

图 4－84　家务机器人 IPC 光环谱图

表 4－17　家务机器人 IPC 光环谱图分析表

IPC 分类号	IPC 分类号中文含义	文献数量	百分比
B25J	机械手，装有操纵装置的容器	13966	88.04%
A47L	家庭的洗涤或清扫，一般吸尘器	1396	8.80%
B23K	钎焊或脱焊；焊接；用钎焊或焊接方法包覆或镀敷；局部加热切割，如火焰切割；用激光束加工	483	3.04%
B62D	机动车，挂车	477	3.01%
B65G	运输或贮存装置，如装载或倾卸用输送机、车间输送机系统或气动管道输送机	406	2.56%
H02G	电缆或电线的安装，或光电组合电缆或电线的安装	222	1.40%
B23Q	机床的零件、部件或附件，如仿形装置或控制装置（在车床或镗床上使用的各类刀具入 B23B 27/00）；以特殊零件或部件的结构为特征的通用机床；不针对某一特殊金属加工用途的金属加工机床的组合或联合	213	1.34%
G05D	非电变量的控制或调节系统	209	1.32%
G05B	一般的控制或调节系统，这种系统的功能单元，用于这种系统或单元的监视或测试装置	192	1.21%
A47J	厨房用具，咖啡磨，香料磨，饮料制备装置	189	1.19%

2. 医用机器人

经过近 30 年的发展，机器人技术已经成功应用于手术、医院服务、康复、疾病诊断等众多医疗领域，医用机器人发展将不断改变传统的医疗方式。

在医用机器人版块，初步检索结果为 97683 条，针对得到的检索结果做 DWPI 同族专利合并，并在此基础上筛选出专利权人 PA = CN 或申请人 AP = CN，去重后得到 16716 条。以下结果是对 16716 条记录的分析（如图 4－85 所示）。

近 10 年的专利申请数量增长平稳，专利公开数量在 2012—2016 年增幅逐年加大，增速明显。2013 年增长 67%，2014 年增长 49.4%，2015 年增长 78.4%，2016 年增长 75.7%。

通过同族专利合并后，筛选出医用机器人领域中国专利权人申请数量前 20 名，如图 4－86 所示：以高校为主体的专利权人占据了前 20 名中 14 席，鸿海精密工业股份有限公司（简称“鸿海精密”）以 296 项专利位列第一，清华大学和上海交通大学位列第二、第三位。

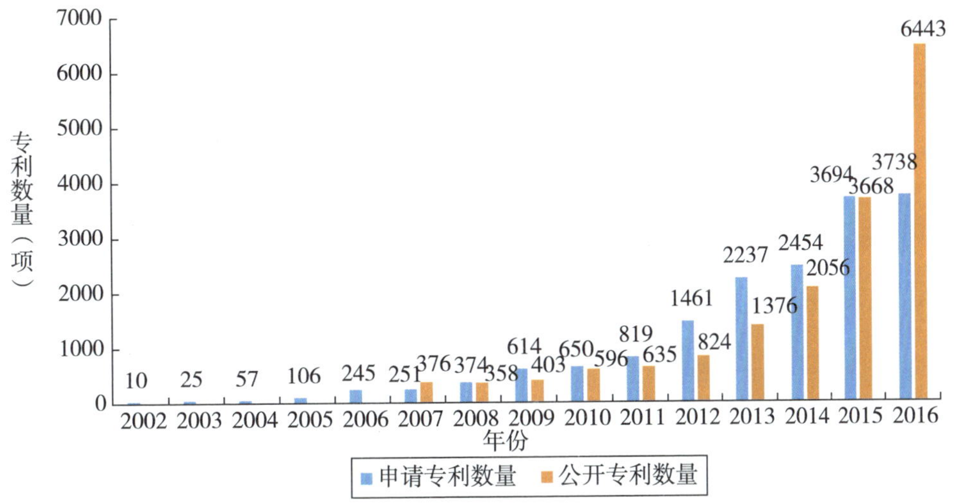

图 4－85　中国专利权人医用机器人领域专利数量趋势

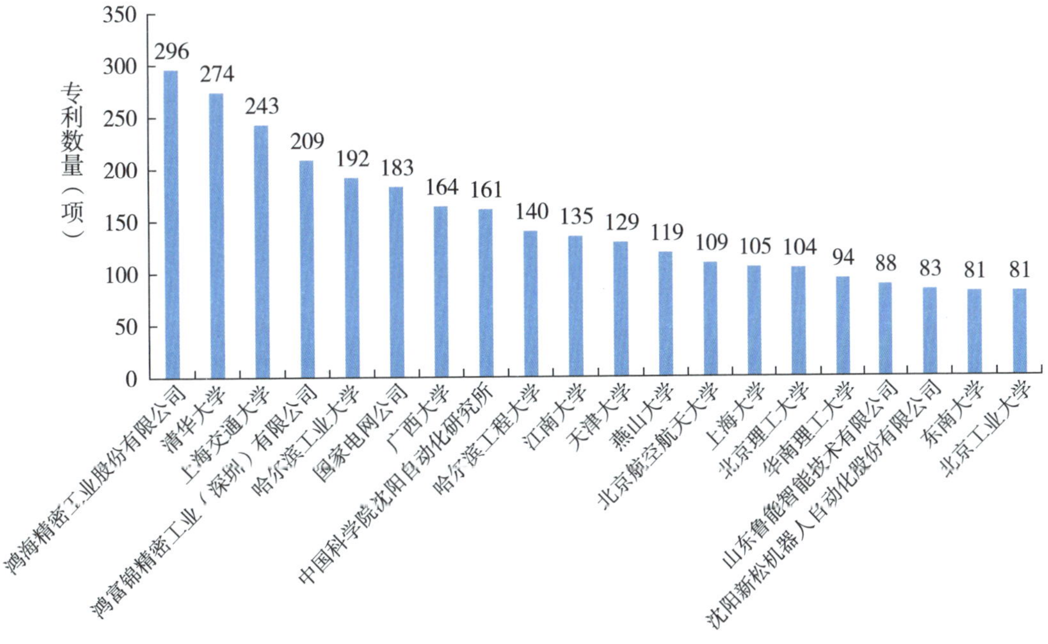

图 4－86　医用机器人领域中国专利权人前 20 名

在医用机器人版块，近 10 年的专利主要集中在复健、气缸、坐标系、控制模块、通信模块、锥齿轮、减速装置、板载、信息传输、卡盘连接、摆臂、可移动平台等领域（如图 4－87 所示）。

如图 4－88 所示，2007—2011 年的专利数量为 2368 项，分布较为分散；2012—2016 年的专利数量激增至 14339 项，较前五年增长 5 倍，技术领域延伸至通信模块、医疗、传动轮、数据处理模块、卡盘连接等方面。

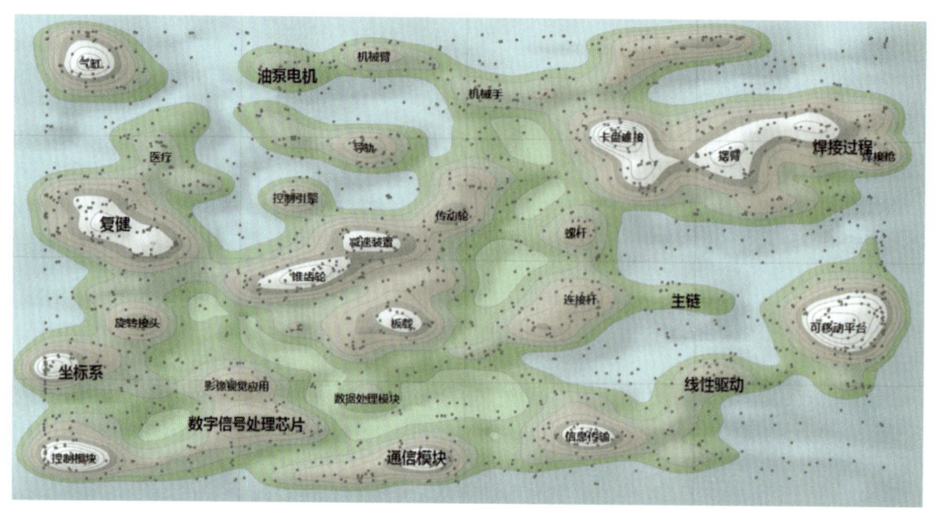

图 4 -87　医用机器人专利地图

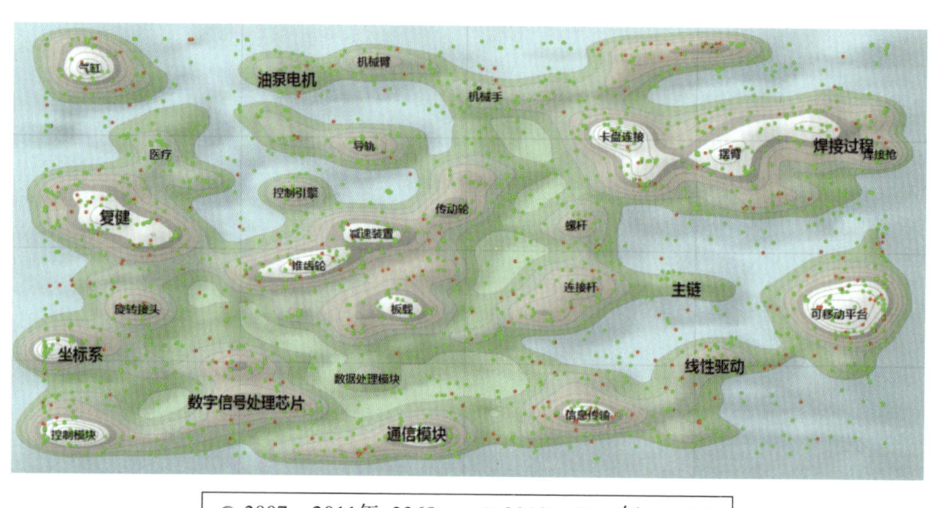

图 4 -88　医用机器人专利地图（年份图）

如图 4 -89 所示，鸿海精密工业股份有限公司以 296 项专利位列第一，研究领域集中在卡盘连接、锥齿轮和数字信号处理芯片及周边技术；排名第二的清华大学的专利技术则较为集中，分布于复健、可移动平台等领域；上海交通大学以 243 项专利位列第三，在信息传输方面的专利数量较多。

通过 Innojoy 专利搜索引擎，我们对医用机器人领域前 9 位申请人的专利进行了法律状态的分析，如图 4 -90 所示：清华大学的申请数量虽然高于上海交通大学和哈尔滨工业大学，但获得授权的专利数量却是哈尔滨工业大学排在第一。

处于实审状态的专利数量占比较高，未来 1 ~ 2 年获得授权的专利数量会有所增长；科研院所和高校在医用机器人领域的授权专利数量虽然与企业性质的申请人相差不多，

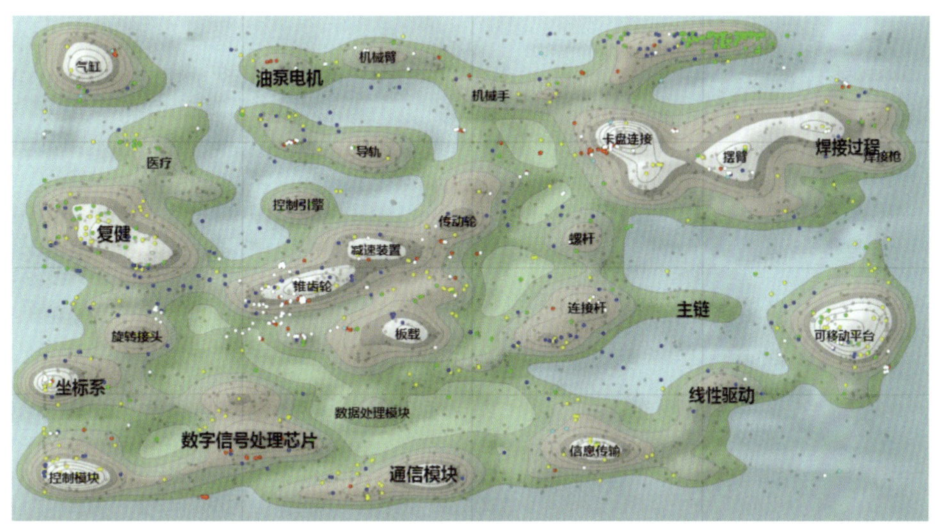

● 鸿海精密 296　● 清华大学 274　● 上海交通大学 243
● 鸿富锦精密 209　● 哈尔滨工程大学 192

图 4 -89　医用机器人专利地图（专利权人）

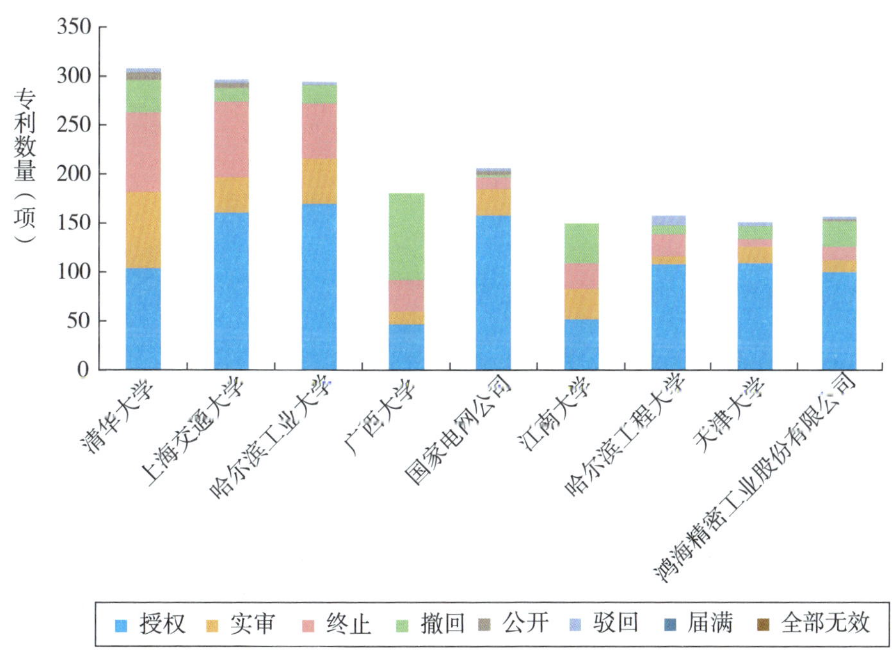

图 4 -90　医用机器人专利申请人法律状态分析

但终止状态的数量却远高于企业（如图 4 -91 所示）。

如图 4 -92 所示，2002—2011 年，医用机器人的专利技术处于导入期，增速较为缓慢；2012—2015 年，进入成长期，专利申请项数和申请人数都快速增长；由于受专利审核周期影响，2016 年的数据并不完善，我们无法判断医用机器人技术是否进入成熟期。

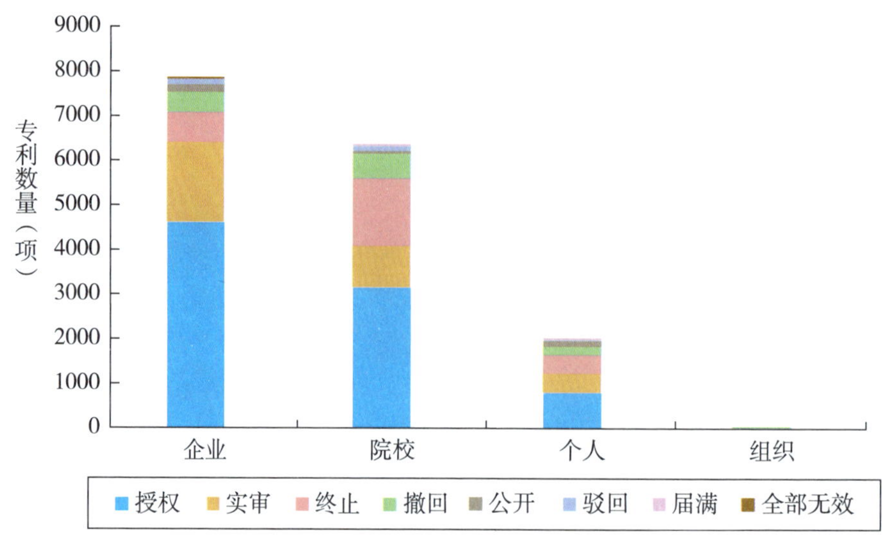

图 4 -91　医用机器人专利申请人类别法律状态分析

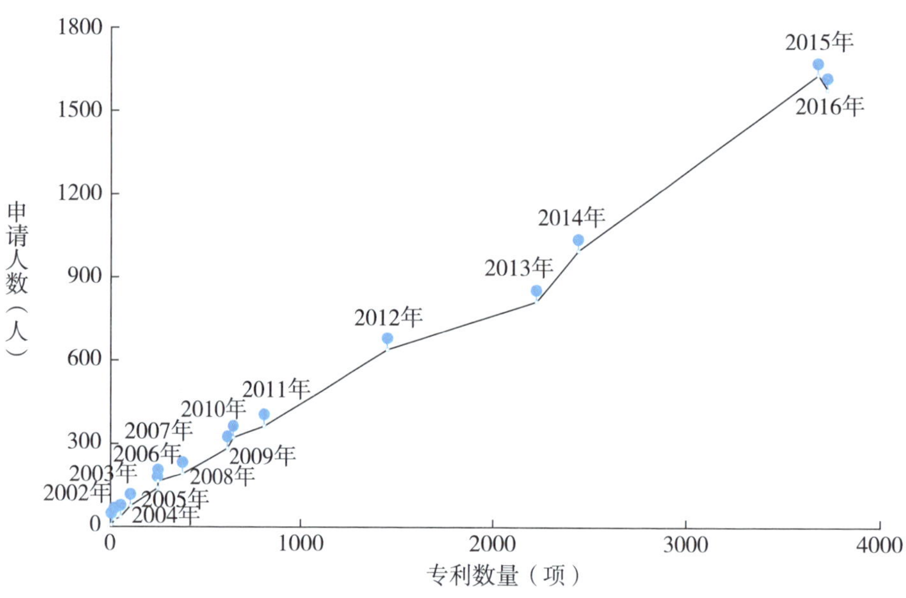

图 4 -92　医用机器人技术生命周期分析

如表 4 -18 所示，医用机器人领域，江苏以 2409 项专利申请量排在第一；广东位列第二，拥有 2256 项；北京、上海、浙江排在第三至第五位，拥有专利数分别是 1713 项、1346 项和 1131 项；第六至第十位的省市之间的专利数量差距较小。

表 4 -18　　医用机器人专利省市申请量及排名

排名	1	2	3	4	5	6	7	8	9	10
省市	江苏	广东	北京	上海	浙江	山东	安徽	黑龙江	辽宁	天津
合计(项)	2409	2256	1713	1346	1131	948	780	703	691	561

医用机器人的省市年度申请量分析图与家务机器人的走势极其相似。2014 年整体走势略微上涨的情况下，江苏、上海、浙江等省市有小幅下降。排名第一的江苏在 2015 年和 2016 年的走势也与整体趋势略有出入，其中 2015 年增幅较缓，广东和安徽在 2016 年的增幅较为明显（如图 4－93 所示）。

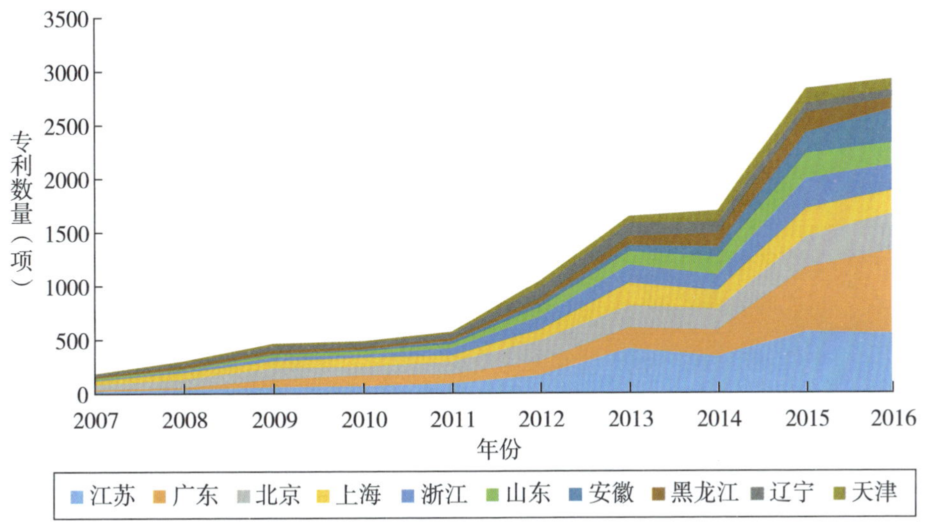

图 4－93　医用机器人专利省市年度申请量堆积面积图

通过图 4－94 可以看出医用机器人领域专利分布集中情况，具体分析见表 4－19。

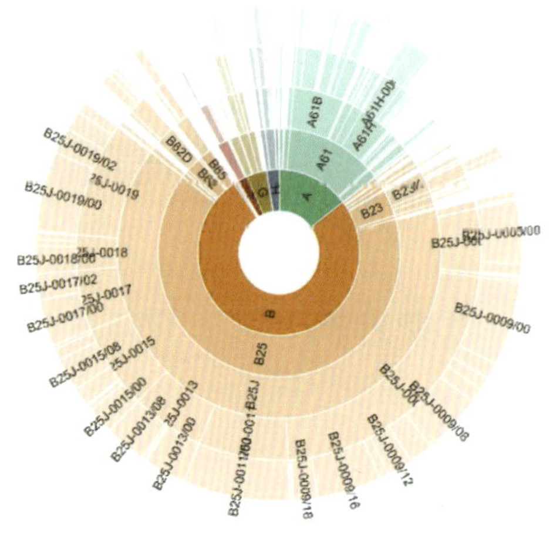

图 4－94　医用机器人 IPC 光环谱图

表 4－19　医用机器人 IPC 光环谱图分析表

IPC 分类号	IPC 分类号中文含义	文献数量	百分比
B25J	机械手，装有操纵装置的容器	14223	85. 09%
A61B	诊断，外科，鉴定	1041	6. 23%

（续　表）

IPC 分类号	IPC 分类号中文含义	文献数量	百分比
A61H	理疗装置，如用于寻找或刺激体内反射点的装置；人工呼吸；按摩；用于特殊治疗或保健目的或人体特殊部位的洗浴装置（电疗法、磁疗法、放射疗法、超声疗法入 A61N）	858	5.13%
B23K	钎焊或脱焊；焊接；用钎焊或焊接方法包覆或镀敷；局部加热切割，如火焰切割；用激光束加工	491	2.94%
B62D	机动车，挂车	453	2.71%
B65G	运输或贮存装置，如装载或倾卸用输送机、车间输送机系统或气动管道输送机	420	2.51%
H02G	电缆或电线的安装，光电组合电缆或电线的安装	228	1.36%
B23Q	机床的零件、部件或附件，如仿形装置或控制装置；以特殊零件或部件的结构为特征的通用机床；不针对某一特殊金属加工用途的金属加工机床的组合或联合	222	1.33%
A63B	体育锻炼、体操、游泳、爬山或击剑用的器械，球类，训练器械	204	1.22%
A61F	可植入血管内的滤器；假体；为人体管状结构提供开口，或防止其塌陷的装置，如支架（stents）；整形外科、护理或避孕装置；热敷；眼或耳的治疗或保护；绷带、敷料或吸收垫；急救箱	202	1.21%

五、新能源领域专利态势分析

中国作为能源消耗大国之一，能源供需矛盾日益突出，环境问题日渐严重，发展新能源产业成为我国发展低碳经济和能源战略转型的迫切需要。近年来，在国家政策大力支持下，以风力发电、核电、太阳能光伏等为代表的新能源产业得到快速发展。

1. 风力发电

风能是一种储量丰富、廉价且清洁的可再生能源，不会带来环境污染问题，储量也不会随着本身的利用和转化减少。风力发电是将风能转化为电能。

在风力发电版块，初步检索结果为 63225 条，针对得到的检索结果做 DWPI 同族专利合并，并在此基础上筛选出专利权人 PA = CN 或申请人 AP = CN，去重后得到 19825 条。以下结果是对 19825 条记录的分析（如图 4 –95 所示）。

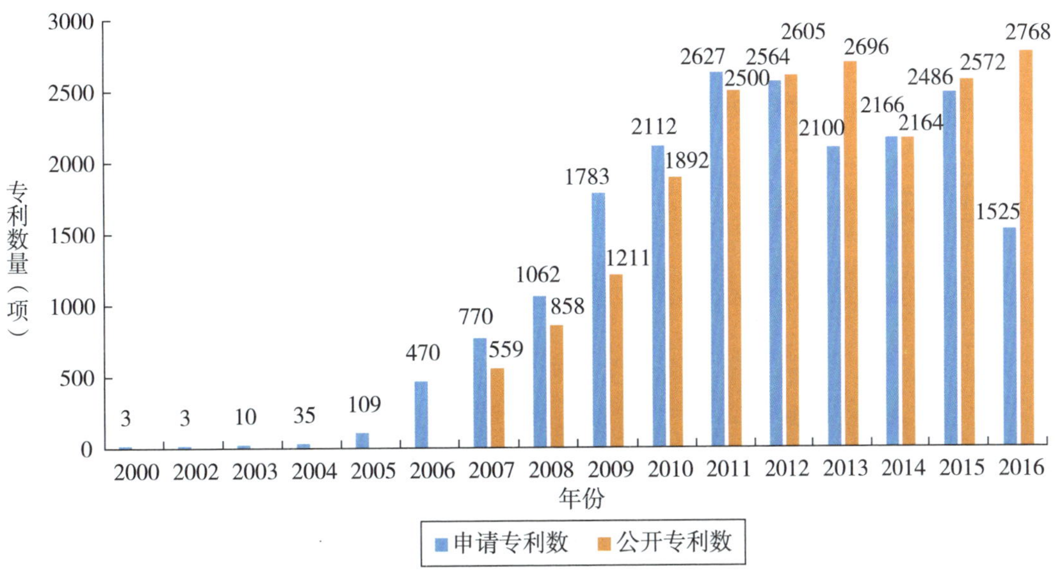

图 4 –95 中国专利权人风力发电领域专利数量趋势

2011 年前，申请数量稳步上升，2012—2016 年出现波动。专利公开数量则呈现波动上升趋势，近 5 年波动不大，较为平稳。

通过同族专利合并后，筛选出风力发电领域中国专利权人申请数量前 20 名，如图 4 –96 所示：国电联合动力技术有限公司（简称“国电联合”）以 268 项专利排名第一，

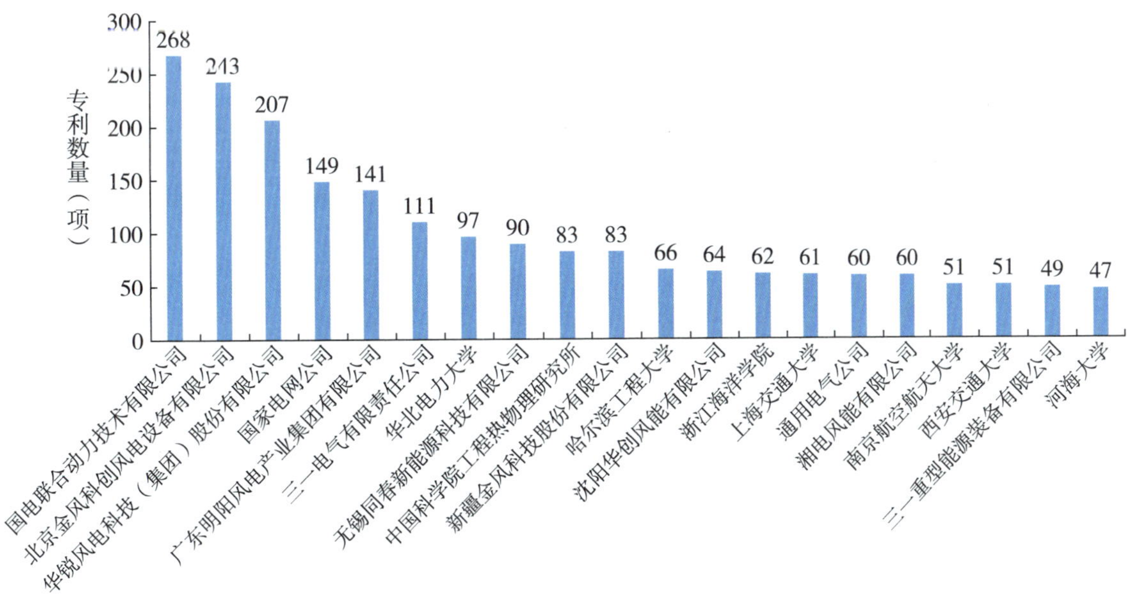

图 4 –96 风力发电领域中国专利权人前 20 名

北京金风科创风电设备有限公司（简称“金风科创”）、华锐风电科技（集团）股份有限公司（简称“华锐风电”）、国家电网公司、广东明阳风电产业集团有限公司（简称“明阳风电”）分列第二至第五位，后15位专利数量差距较小。

近10年风力发电板块的专利主要集中在太阳能、支撑杆、纤维材料、预应力、风轮、空气压缩机、弦长、机舱罩、加热器等领域（如图4－97所示）。

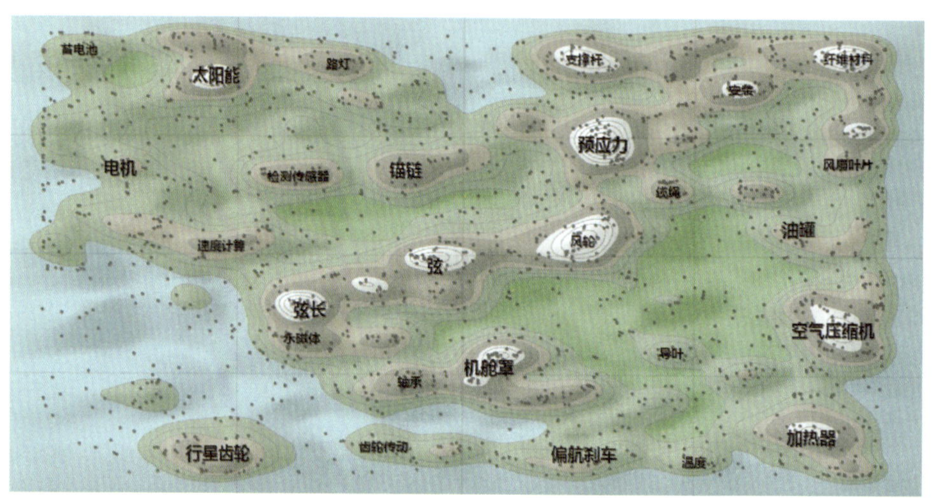

图4－97　风力发电专利地图

2007—2011年的专利数量为7013项，分布较为分散；2012—2016年的数量为12798项，较前5年增长了82.5%，从发展趋势上来看，基本没有拓展新的技术领域（如图4－98所示）。

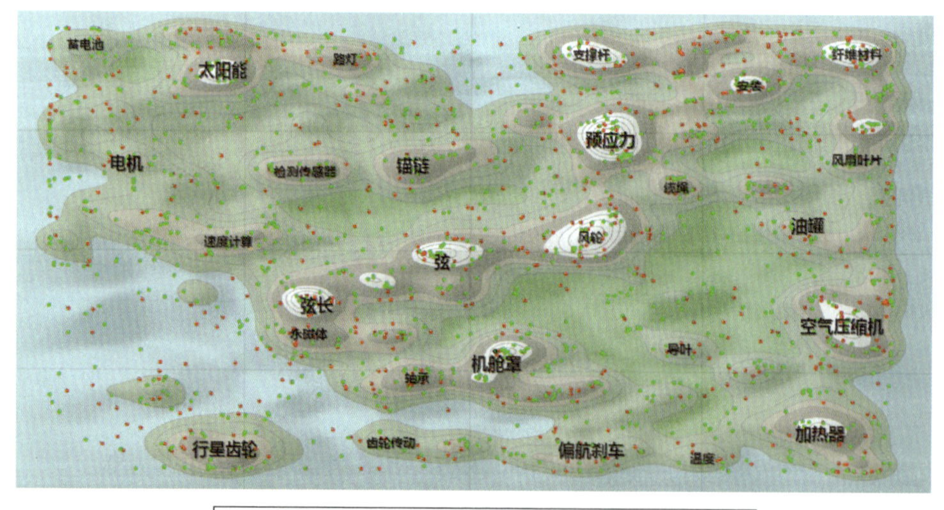

2007—2011年　7013　2012—2016年　12798

图4－98　风力发电专利地图（年份图）

从专利地图（图 4－99）上看，预应力、机舱罩、加热器和速度计算等方向是排名前五位的单位争抢的“高地”，位列第一的国电联合的专利也是主要集中在上述几个方向，排名第二的金风科创在行星齿轮和机舱罩及速度计算周边领域有较为突出的优势。

● 国电联合 268 ● 金风科创 243 ● 华锐风电 207 ● 国家电网 149 ● 明阳风电 141

图 4－99 风力发电专利地图（专利权人）

通过 Innojoy 专利搜索引擎，我们对风力发电领域前 10 位申请人的专利进行了法律状态的分析，如图 4－100 所示：国电联合的申请量排在第一位，但处于终止和驳回状态的专利占比也最高；北京金风科创和国家电网拥有较多的实审状态的专利，预计未来 1～2 年获得授权的专利数量会有所增加；华锐风电的专利授权率较高，申请质量较好。

如图 4－101 所示，个人申请人的专利申请量排在第二位，远高于科研院所和高校，但授权率较低，申请质量较差；院校的实审状态专利数量与个人相比差别不大，大约是企业的一半，预计未来 1～2 年，院校的授权率会有所增加。

如图 4－102 所示，2005 年以前，风力发电技术处于导入期；2006—2010 年，两项指标快速增长，进入成长期；2011—2015 年，申请项数和申请人数的变化不大，该技术处于成熟期；考虑到专利公开周期滞后性的问题，我们无法准确判断未来几年风力发电技术是否进入衰退期。

在风力发电领域（见表 4－20），江苏和北京的申请量遥遥领先，分别以 2804 项和 2614 项位列第一、第二位；广东、浙江、上海排在第三至第五位，专利申请数量分别是 1639 项、1507 项和 1295 项。

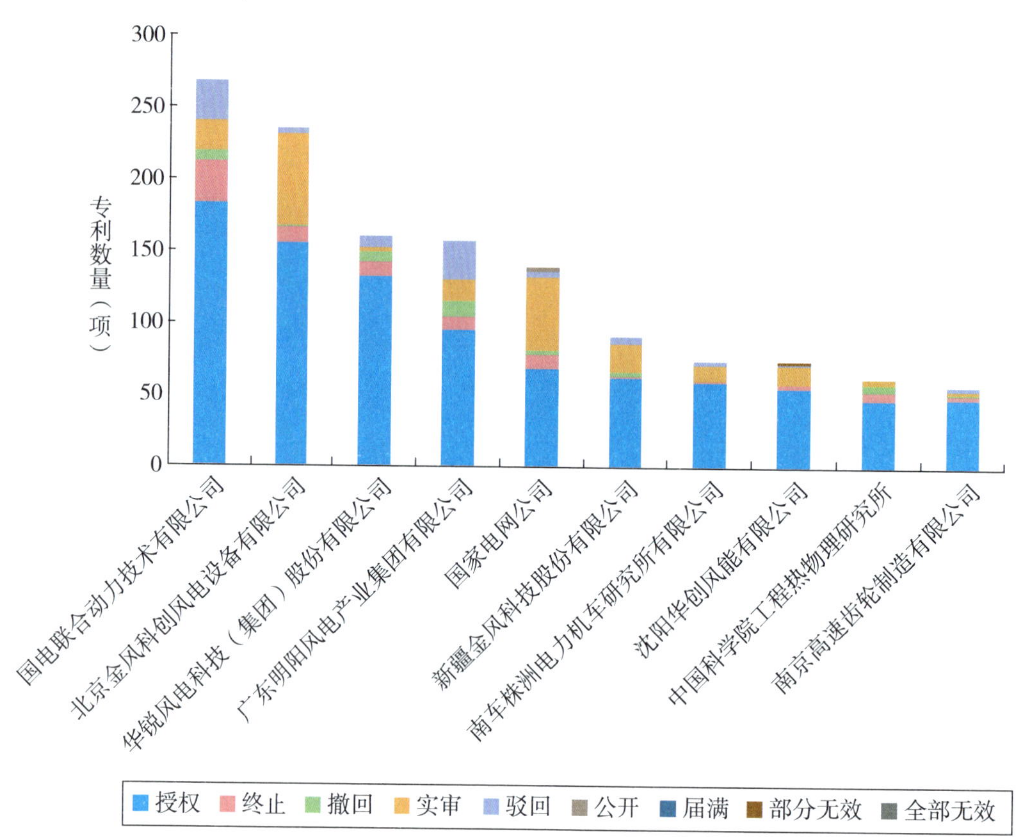

图 4－100　风力发电专利申请人法律状态分析

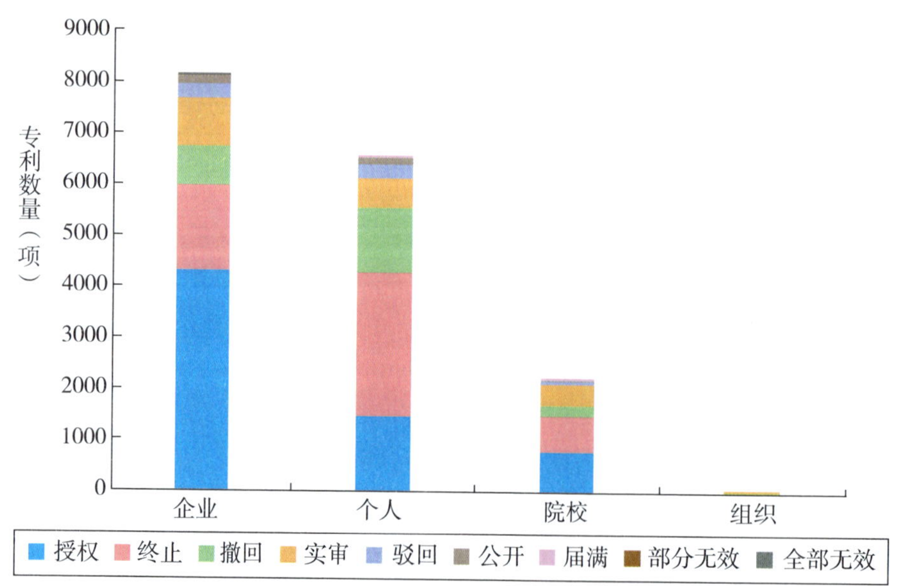

图 4－101　风力发电专利申请人类别法律状态分析

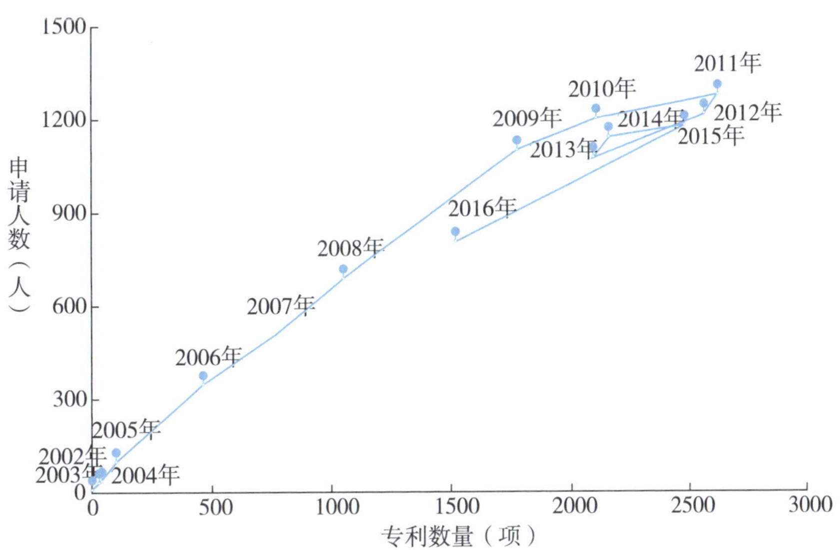

图 4－102　风力发电技术生命周期分析

表 4－20　风力发电专利省市申请量及排名

排名	1	2	3	4	5	6	7	8	9	10
省市	江苏	北京	广东	浙江	上海	山东	辽宁	河北	湖南	天津
合计（项）	2804	2614	1639	1507	1295	1210	958	618	583	563

从堆积面积图（图 4－103）可以更清晰地看出风力发电技术的发展走势：江苏在 2008 年申请量略有下降，2011—2015 年的申请量变化不大；其余省市的年度申请量变化基本与整体走势一致。

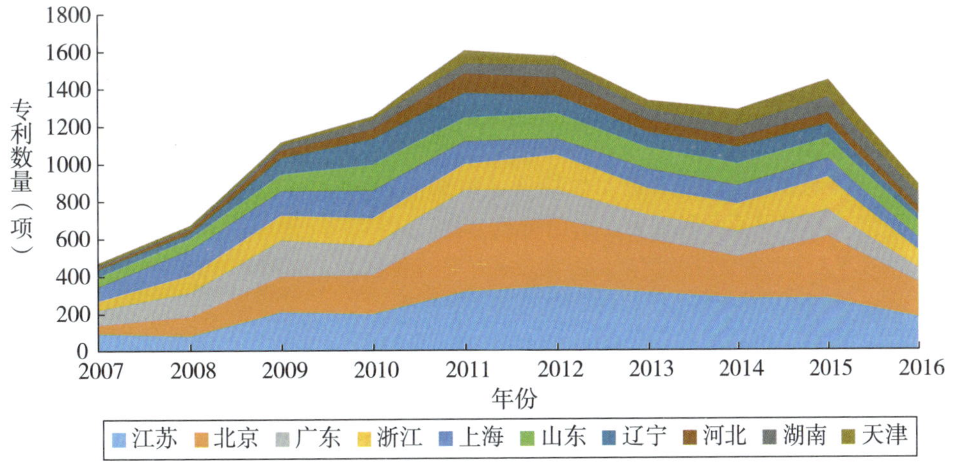

图 4－103　风力发电专利省市年度申请量堆积面积图

通过图4－104可以看出风力发电领域专利分布集中情况，具体分析见表4－21。

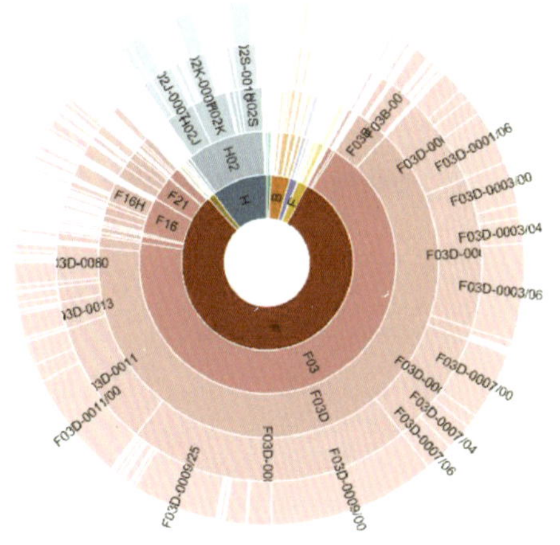

图4－104　风力发电IPC光环谱图

表4－21　风力发电IPC光环谱图分析表

IPC分类号	IPC分类号中文含义	文献数量	百分比
F03D	风力发动机	18027	90.93%
H02J	供电或配电的电路装置或系统，电能存储系统	1122	5.66%
F03B	液力机械或液力发动机	1070	5.40%
H02K	电机	1066	5.38%
H02S	由红外线辐射、可见光或紫外光转换产生电能，如使用光伏（PV）模块	784	3.95%
F16H	传动装置	483	2.44%
F03G	弹力、重力、惯性或类似的发动机，不包含在其他类目中的机械动力产生装置或机构，或不包含在其他类目中的能源利用	427	2.15%
F21S	非便携式照明装置或其系统	347	1.75%
F21V	照明装置或其系统的功能特征或零部件，不包含在其他类目中的照明装置和其他物品的结构组合物	289	1.46%
H02N	其他类目不包含的电机	230	1.16%
F16D	传送旋转运动的联轴器	224	1.13%
F16C	轴，软轴，在挠性护套中传递运动的机械装置，曲轴机构的元件，枢轴，枢轴连接，除传动装置、联轴器、离合器或制动器元件以外的转动工程元件，轴承	214	1.08%

2. 核电

核能是原子核结构发生变化（如核裂变或核聚变）时释放出的能量。核能发电（即核电）是利用反应堆中核反应所释放出的热能进行发电的方式，因为清洁、低碳、可靠，已成为一种重要的民用能源。

在核电版块，初步检索结果为48929条，针对得到的检索结果做DWPI同族专利合并，并在此基础上筛选出专利权人PA = CN或申请人AP = CN，去重后得到4168条。以下结果是对4168条记录的分析（如图4-105所示）。

近10年的专利公开数量则呈现波动上升趋势。专利申请数量于2015年首次出现下降趋势，专利公开存在滞后周期可能是这一现象的原因之一。

图4-105　中国专利权人核电领域专利数量趋势

通过同族专利合并后，筛选出核电领域中国专利权人申请数量前20名，如图4-106所示。可以看出，前三位的专利数量遥遥领先。中国广核集团有限公司以701项专利排名第一，排名第二和第三位的是中国核动力研究设计院和中国核电工程有限公司，专利数分别是584项和579项。

核电版块近10年的专利主要集中在燃料池、冷却、除氧器、聚变反应、燃料组件、分布式控制系统和压力容器等领域（如图4-107所示）。

2007—2011年的专利数量为882项，2012—2016年增长至3274项，增加2.7倍。近5年在聚变反应、除氧器、燃料池、冷却、燃料组件、蒸汽管道、控制杆等领域有数量上的突破（如图4-108所示）。

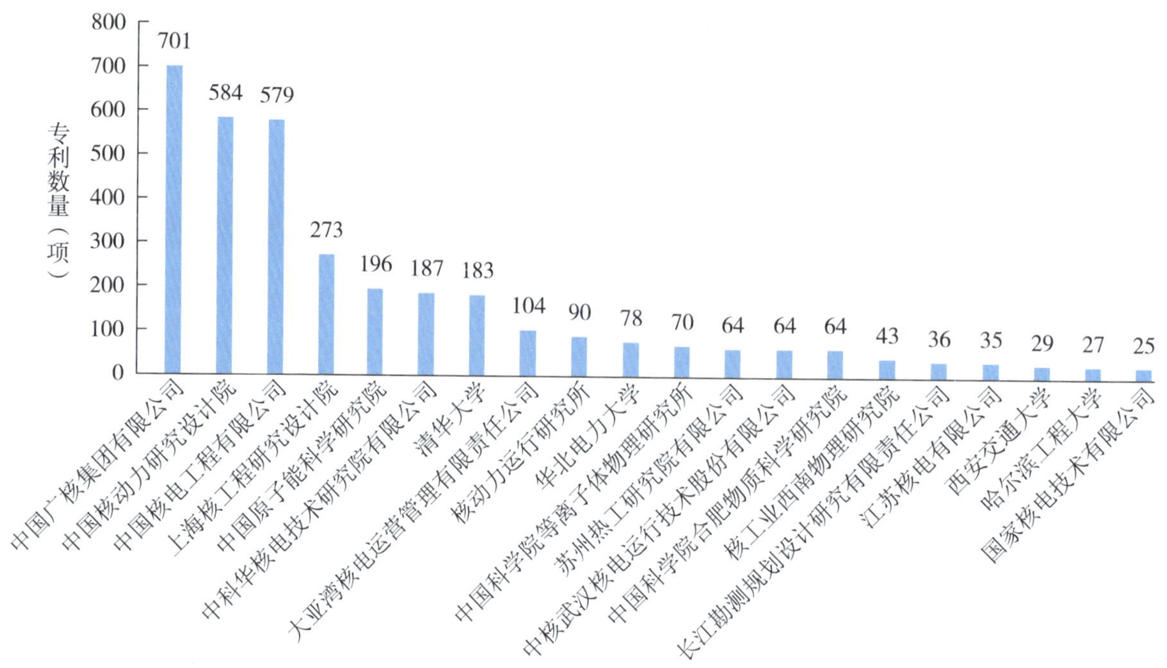

图 4 – 106　核电领域中国专利权人前 20 名

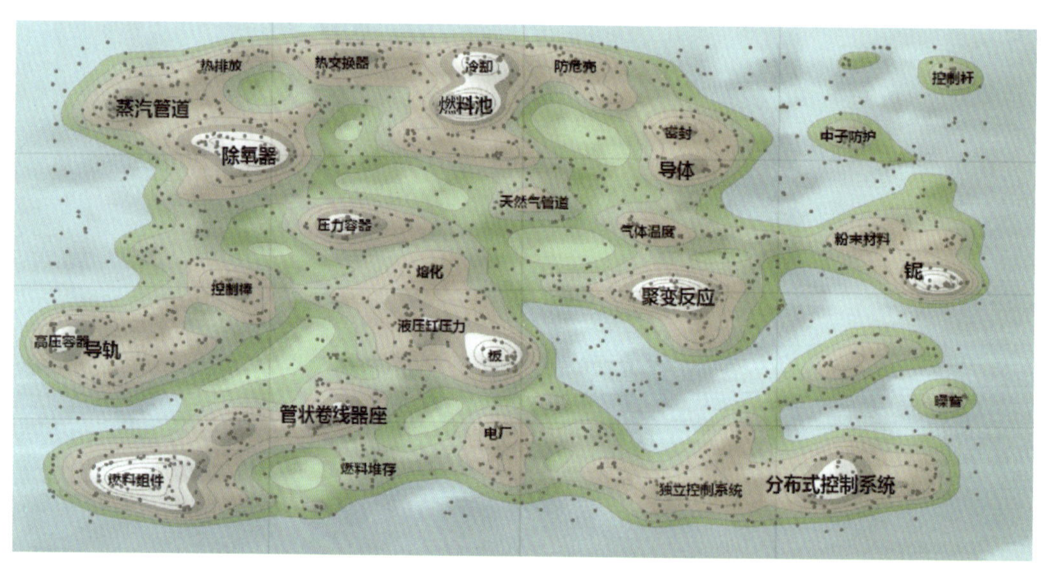

图 4 – 107　核电专利地图

从专利地图（图 4 – 109）上看，燃料组件、分布式控制系统是排名前 5 位的单位争抢的“高地”。排名第一的中国广核集团在高压容器、分布式控制系统的专利数量突出。中国核动力研究设计院在燃料组件、粉末材料、电厂、液压缸压力及周边的专利数量比较突出。中国核电工程有限公司的专利较为分散，相比之下，蒸汽管道方面专利数量较多。

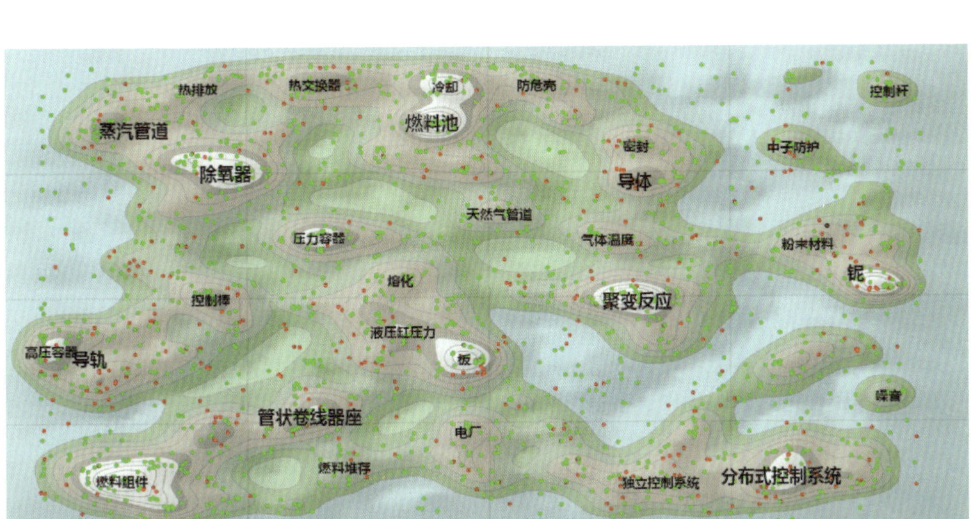

● 2007—2011年　882　● 2012—2016年　3274

图 4－108　核电专利地图（年份图）

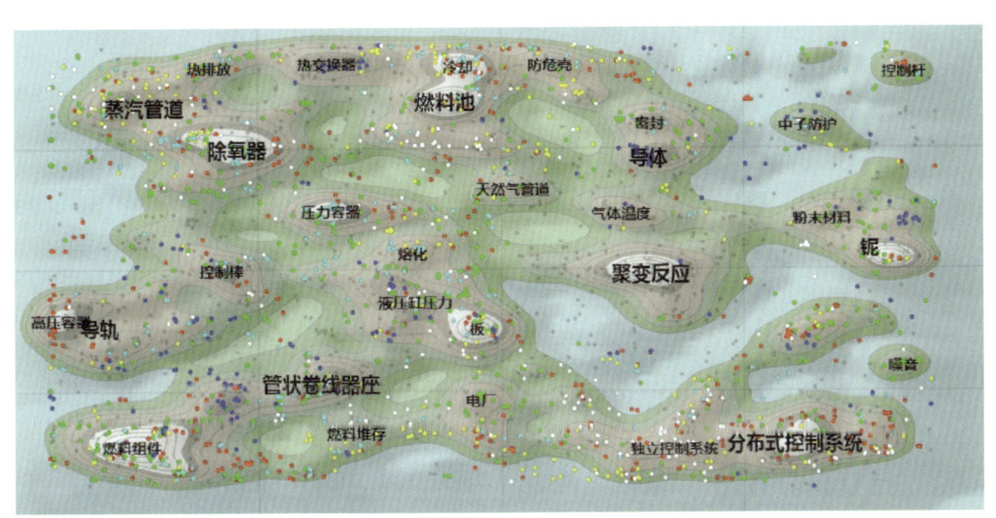

● 中国广核集团　701　● 中国核动力研究设计院　584　● 中国核电工程有限公司　579
● 上海核工程研究设计院　273　● 中国原子能科学研究院　196

图 4－109　核电专利地图（专利权人）

通过 Innojoy 专利搜索引擎，我们对核电领域前 10 位申请人的专利进行了法律状态的分析，如图 4－110 所示：中国广东核电集团有限公司的专利授权率最高，申请质量最好；值得注意的是，上海核工程研究设计院的公开状态的专利数量最大；排名前三位的单位都拥有较多的实审状态的专利，未来 1～2 年授权专利的增幅可能有所加大。

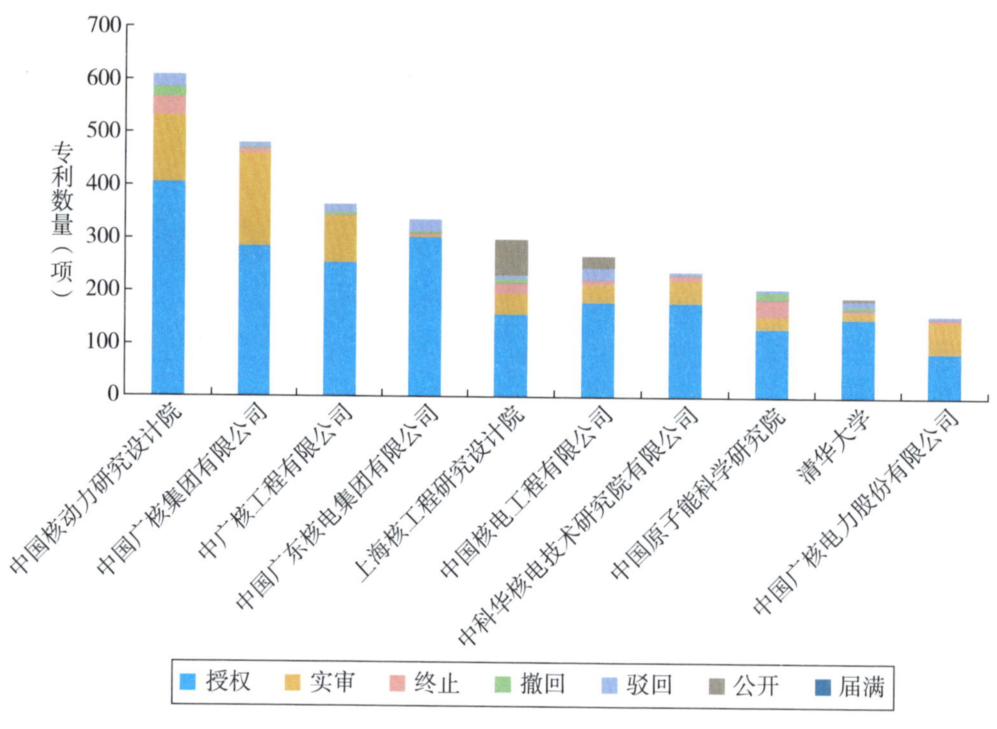

图 4－110　核电专利申请人法律状态分析

如图 4－111 所示，在核电领域，专利申请还是以企业为主体，个人申请人的专利数量微乎其微。企业和院校的终止、撤回、驳回的专利数量占比也较小。可以认为，核电领域的专利申请质量较高。

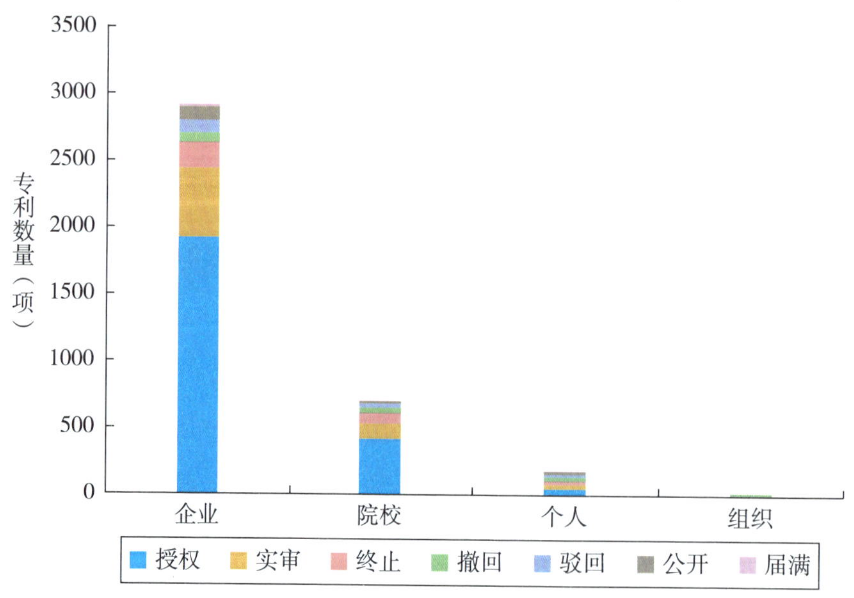

图 4－111　核电专利申请人类别法律状态分析

2004 年以前，核电技术发展处于导入期，申请人数和专利项数均较少；2005—2008 年，虽然专利项数增幅不大，但申请人数增幅明显；2009—2015 年，两项指标呈现波动上升的趋势；2016 年与 2015 年相比，专利申请项数和申请人数均出现断崖式下跌。专利公开周期滞后性可能是导致这一现象的主要原因。由于核电技术的生命周期分析图较为异常，我们无法对应其成长期、成熟期和衰退期（如图 4－112 所示）。

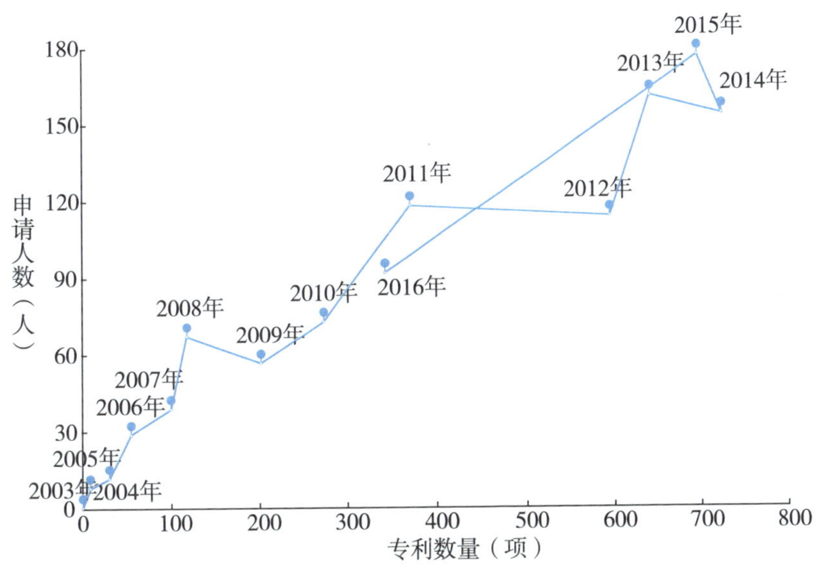

图 4－112　核电技术生命周期分析

见表 4－22，北京、广东、四川分别以 969 项、841 项和 757 项，位列第一、第二、第三位；上海排在第四位，拥有 480 项专利申请量；第五到第八位之间数量差距较小，分别是江苏、安徽、湖北、浙江。

表 4－22　核电专利省市申请量及排名

排名	1	2	3	4	5	6	7	8	9	10
省市	北京	广东	四川	上海	江苏	安徽	湖北	浙江	陕西	黑龙江
合计(项)	969	841	757	480	229	168	168	140	79	54

如图 4－113 所示，核电专利各省市年度申请量变化和整体趋势有较大的不同。其中，排名前两位的北京和广东在 2012 年整体增幅较大的情况下，增长缓慢。2013 年整体增幅较小的情况下，北京申请量下降，广东和上海增幅则较大。2015 年整体申请量下降时，四川和上海逆势增长。

通过图 4－114 可以看出核电领域专利分布集中情况，具体分析见表 4－23。

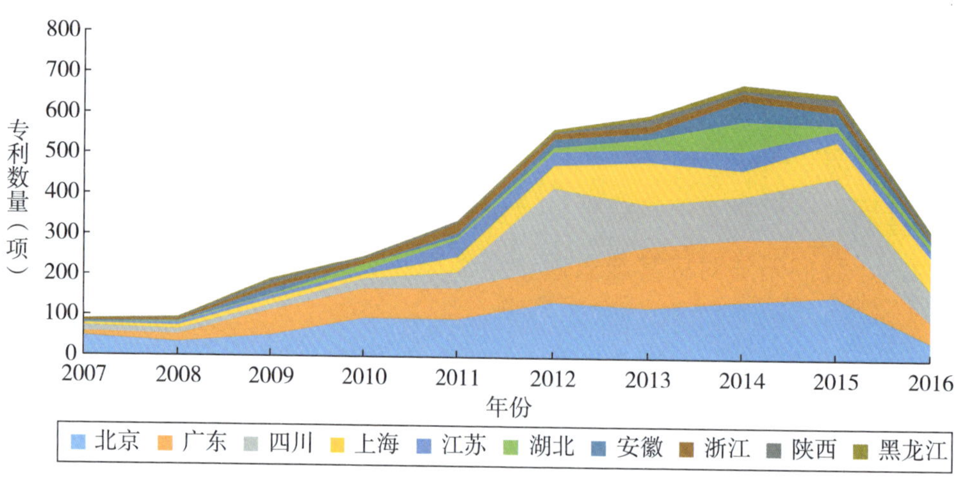

图4－113　核电专利省市年度申请量堆积面积图

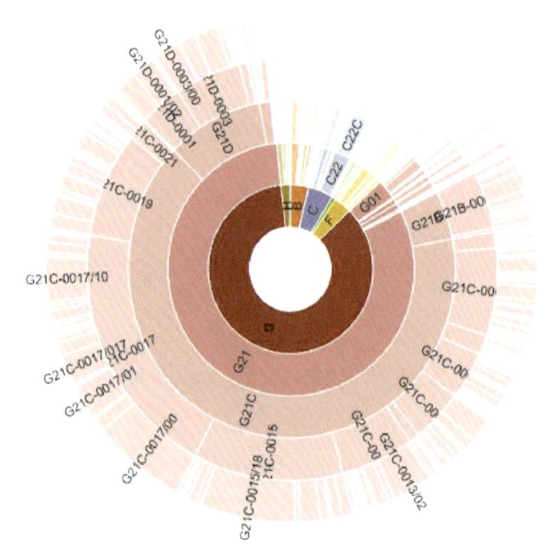

图4－114　核电IPC光环谱图

表4－23　核电IPC光环谱图分析表

IPC分类号	IPC分类号中文含义	文献数量	百分比
G21C	核反应堆	3320	79.65%
G21D	核发电厂	627	15.04%
G21B	聚变反应堆	301	7.22%
C22C	合金	88	2.11%
G21F	X射线、γ射线、微粒射线或粒子轰击的防护，处理放射性污染材料及其去污染装置	76	1.82%
G01N	借助于测定材料的化学或物理性质来测试或分析材料	68	1.63%

（续　表）

IPC 分类号	IPC 分类号中文含义	文献数量	百分比
G06F	电数字数据处理	53	1.27%
G01T	核辐射或 X 射线辐射的测量	41	0.98%
G05B	一般的控制或调节系统，这种系统的功能单元，用于这种系统或单元的监视或测试装置	39	0.94%
F22B	蒸汽的发生方法，蒸汽锅炉	36	0.86%

3. 太阳能

太阳能是指太阳的热辐射能，具有清洁、环保、资源丰富、可再生性等优势，是人类应对能源短缺、节能减排与气候变化的重要选择之一。

在太阳能板块，初步检索结果为 276798 条，针对得到的检索结果做 DWPI 同族专利合并，并在此基础上筛选出专利权人 PA = CN 或申请人 AP = CN，去重后得到 116255 条。其中 2014—2016 年为 56475 条专利。以下结果是对 116255 条专利（10 年）或 56475 条专利（3 年）的分析。（如图 4 – 115 所示）。

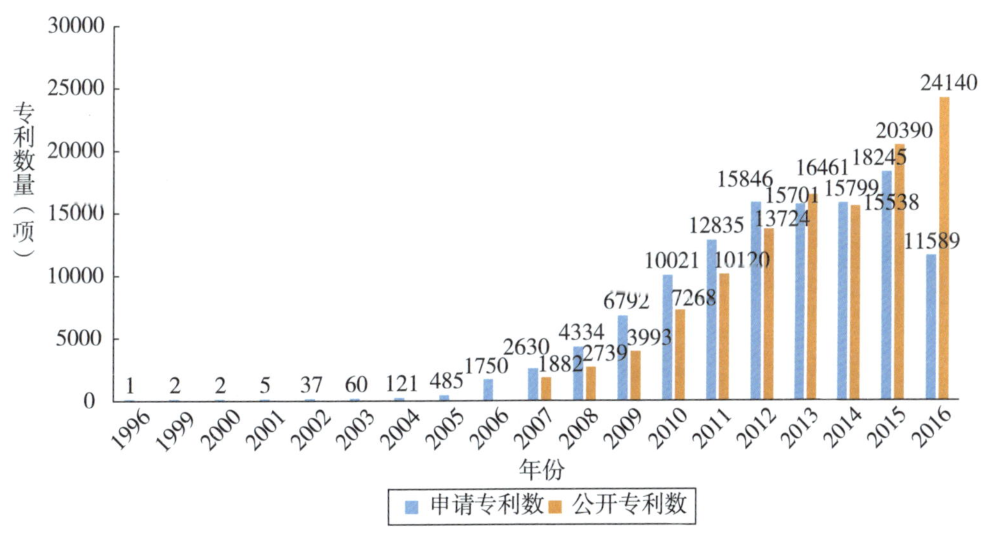

图 4 – 115　中国专利权人太阳能领域专利数量趋势

近 10 年的专利公开数量保持较为稳定的上升态势。

通过同族专利合并后，筛选出太阳能领域中国专利权人申请数量前 20 名，如图 4 – 116 所示：国家电网以 1451 项专利，比排名第二的常州天合光能有限公司多出 4.3 倍的数量遥遥领先，位列第一；第二至第二十位的专利权人之间数量相差较少。

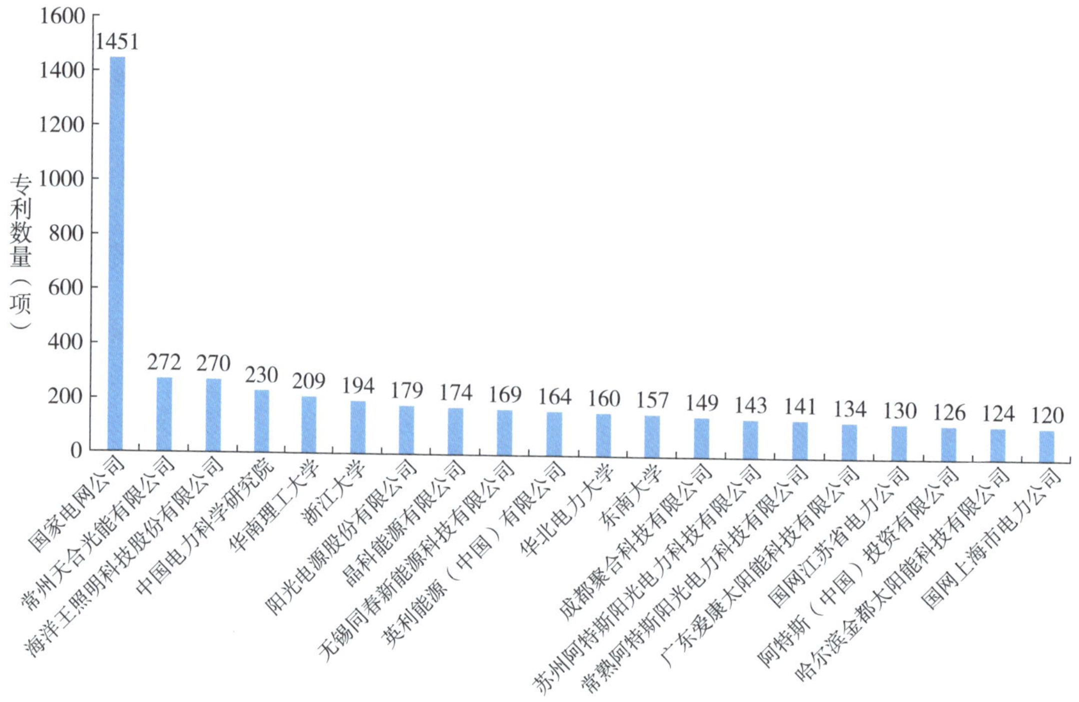

图 4－116　太阳能领域中国专利权人前 20 名

在太阳能板块，近 3 年的专利明显集中于太阳能散热器、水箱、热管及周边领域，制备方法、黏结层、路灯、电流输出和电网连接等方面也有一定的专利聚集（如图 4－117 所示）。

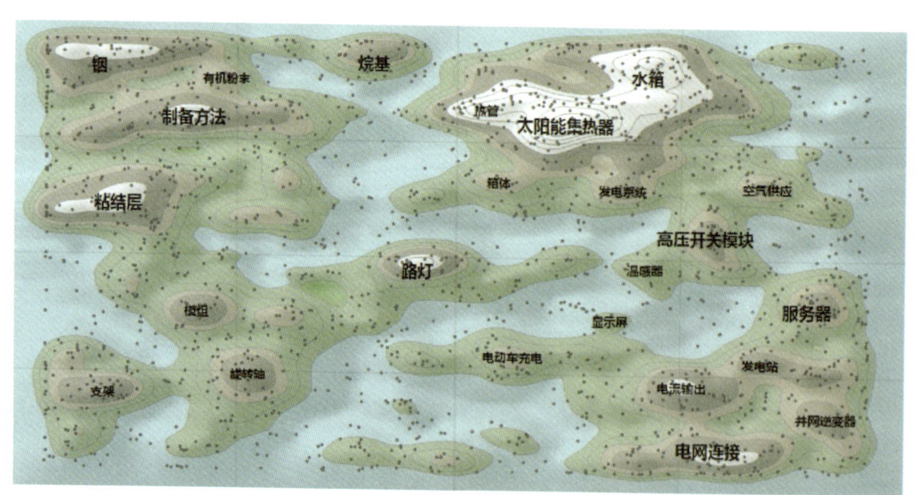

图 4－117　太阳能专利地图

中国专利权人在太阳能方面的专利技术较为成熟，数量庞大。由于 5 年基数过大，系统无法处理，故太阳能领域只分析 2014—2016 年的专利趋势。单从这三年来看，技术方向没有发生明显的变化，只是数量有所增加（如图 4－118 所示）。

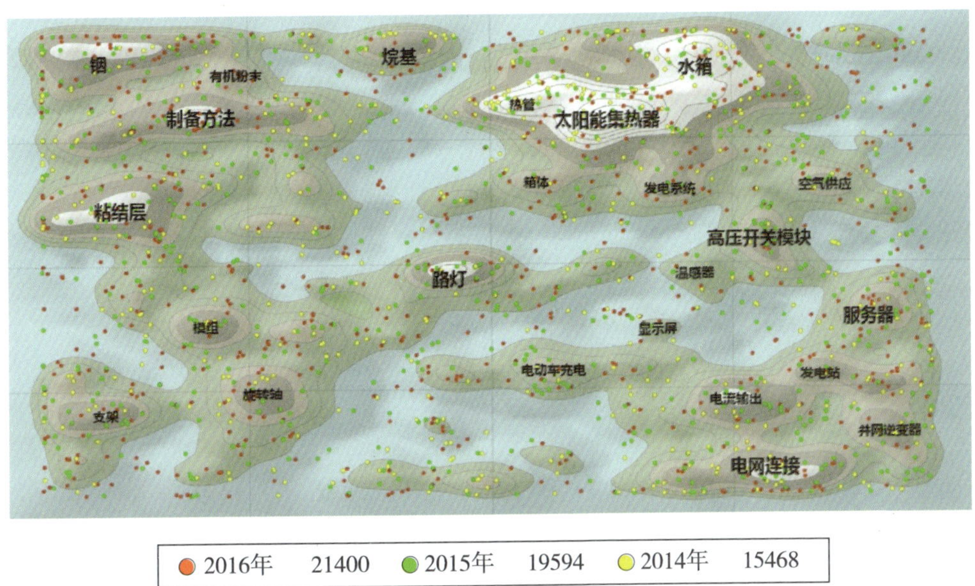

图 4－118　太阳能专利地图（年份图）

从专利地图（图 4－119）中可以清晰地看出，国家电网的专利集中在服务器、电网连接及周边技术领域；排名第二位的常州天合光能有限公司（简称“常州天合光能”）则在制备方法上有突出的表现；第三名海洋王照明科技股份有限公司（简称“海洋王照明科技”）和第五名华南理工大学在烷基方面的专利数量较大。

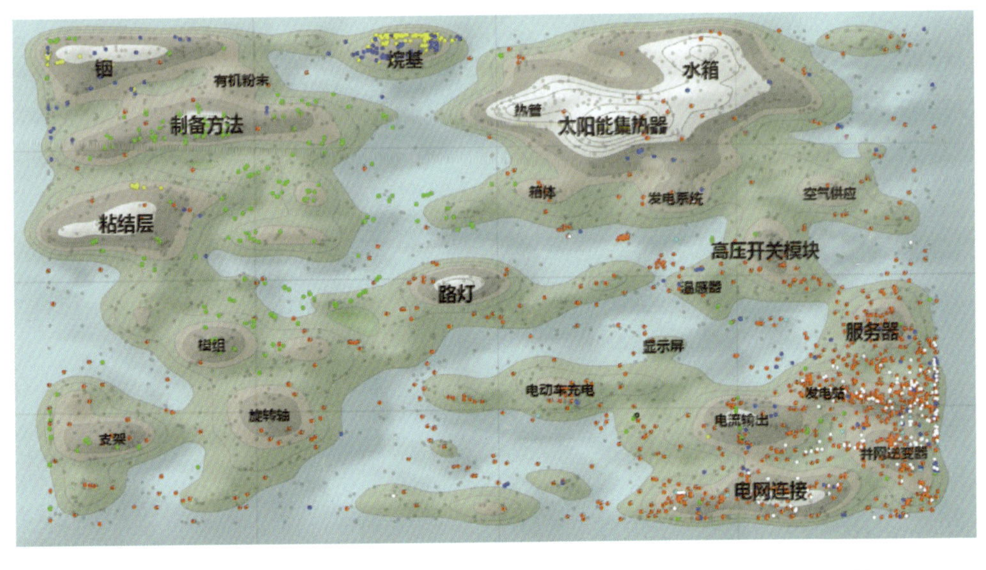

图 4－119　太阳能专利地图（专利权人）

通过 Innojoy 专利搜索引擎，我们对太阳能领域前 8 位申请人的专利进行了法律状态的分析，如图 4－120 所示：国家电网的申请总量遥遥领先，但实审状态的专利数量占比接近 50%；排名第二位的海洋王照明科技的撤回数量占比过高，授权率较低。

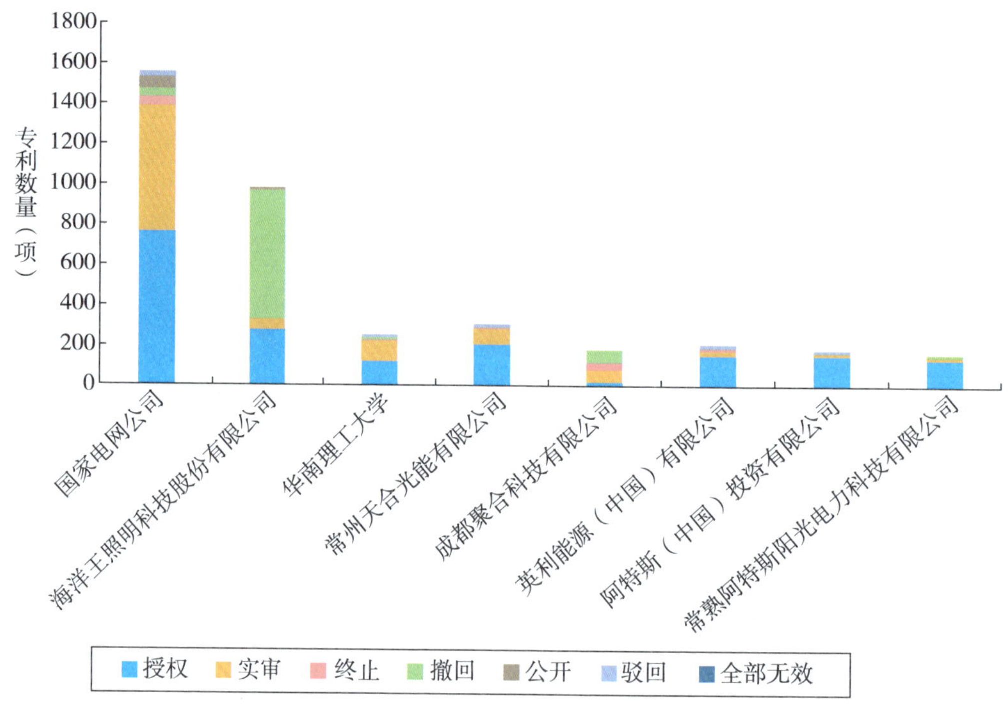

图 4－120　太阳能专利申请人法律状态

如图 4－121 所示，在太阳能领域，企业是申请主体，个人申请人和院校申请人的专利申请量和授权量基本持平；处于实审状态的专利总量较多，预计未来 1～2 年，专利授权数量会有所增加。

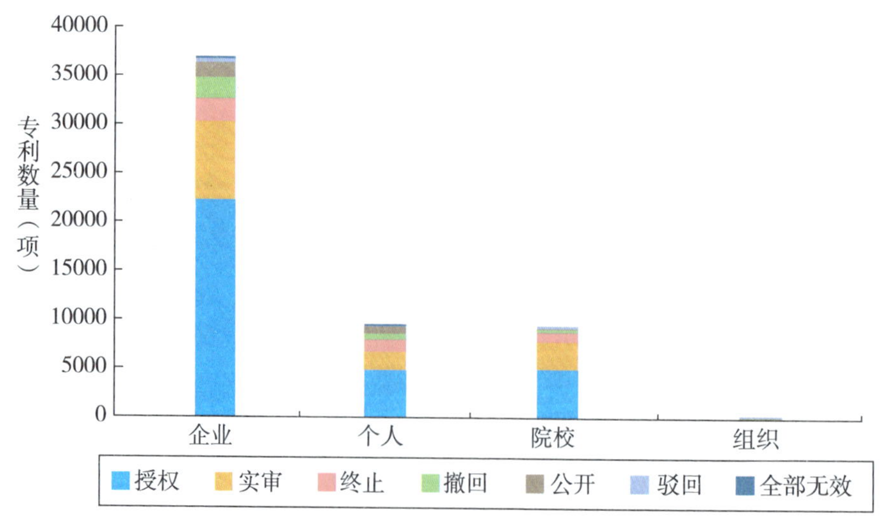

图 4－121　太阳能专利申请人类别法律状态

2010年前，太阳能专利技术发展处于导入期，专利申请件数和申请人数增幅不大。2011—2015年，两项指标呈直线式快速增长，明显处于成长期。限于仅有的2016年的数据并不完善，我们无法准确判断目前太阳能技术是否进入成熟期（如图4－122所示）。

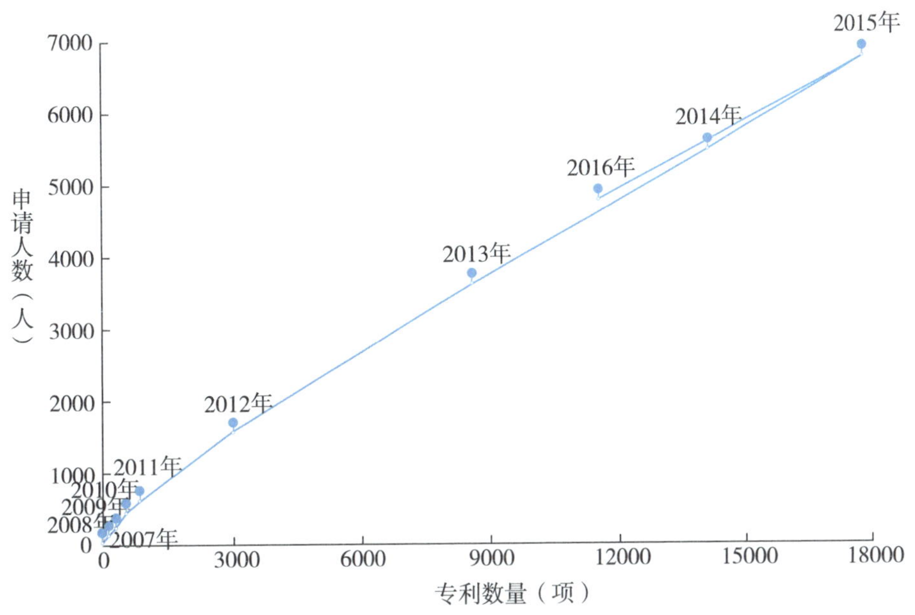

图4－122　太阳能技术生命周期分析

见表4－24，在太阳能领域，江苏以11949项专利申请量遥遥领先，位列第一；排在第二位的浙江拥有5453项，数量不及江苏的一半；第三到第五位是广东、北京、山东，专利申请量分别是4992项、4492项和3415项；排在第十位的天津拥有1650项，与排在第一位的江苏差距巨大。

表4－24　太阳能专利省市申请量及排名

排名	1	2	3	4	5	6	7	8	9	10
省市	江苏	浙江	广东	北京	山东	上海	安徽	四川	陕西	天津
合计（项）	11949	5453	4992	4492	3415	2787	2737	2050	1759	1650

2014年以前，各省市的年度申请量变化基本与整体趋势一致；2015年在整体依旧大幅高速上涨的情况下，排在第一位的江苏和第四位的北京增速放缓，基本与2014年的申请量持平；而2016年整体大幅下降的情况下，江苏下降较为平缓（如图4－123所示）。

通过图4－124可以看出太阳能领域专利分布集中情况，具体分析见表4－25。

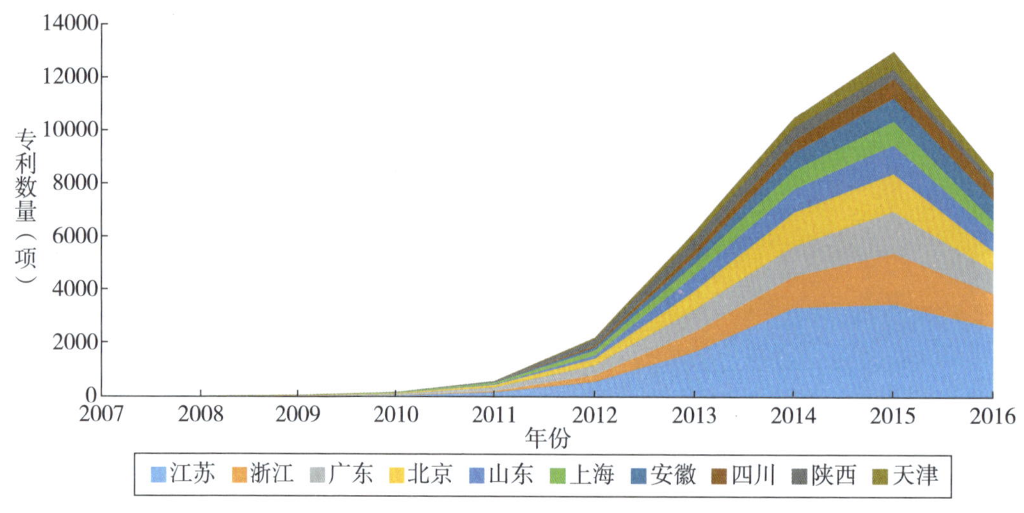

图 4－123 太阳能专利省市年度申请量堆积面积图

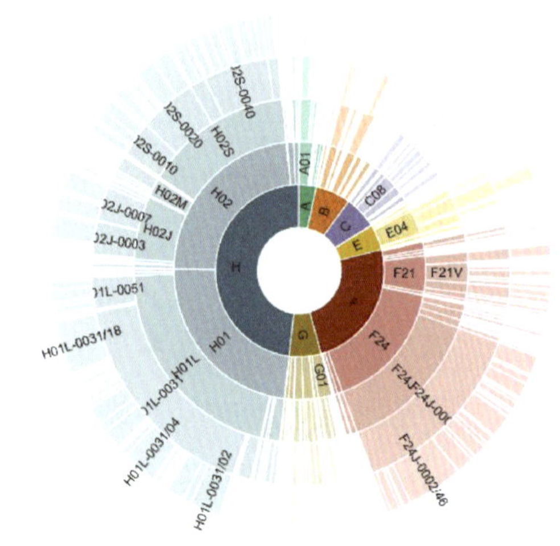

图 4－124 太阳能 IPC 光环谱图

表 4－25 太阳能 IPC 光环谱图分析表

IPC 分类号	IPC 分类号中文含义	文献数量	百分比
H02S	由红外线辐射、可见光或紫外光转换产生电能，如使用光伏（PV）模块	16041	28. 40%
H01L	半导体器件，其他类目中不包括的电固体器件	12122	21. 46%
F24J	不包含在其他类目中的热量产生和利用	10386	18. 39%
H02J	供电或配电的电路装置或系统，电能存储系统	6532	11. 57%
E04D	屋面覆盖层，天窗，檐槽，屋面施工工具	1576	2. 79%
F21V	照明装置或其系统的功能特征或零部件，不包含在其他类目中的照明装置和其他物品的结构组合物	1370	2. 43%

（续　表）

IPC 分类号	IPC 分类号中文含义	文献数量	百分比
H02M	用于交流和交流之间、交流和直流之间或直流和直流之间的转换以及用于与电源或类似的供电系统一起使用的设备，直流或交流输入功率至浪涌输出功率的转换，以及它们的控制或调节	1331	2.36%
F21S	非便携式照明装置或其系统	1235	2.19%
E04H	专门用途的建筑物或类似的构筑物，游泳或喷水浴槽或池，桅杆，围栏，一般帐篷或天篷	1151	2.04%

4. 智能电网

智能电网是传统电网与通信技术、控制技术、现代传感测量技术、新材料技术高度结合的新一代电力系统，目标是实现对电力系统的全方位监控和信息、电能的智能化统一管理。《战略性新兴产业重点产品和服务指导目录》（2016 版）在新能源版块中重点提到了智能电网。

在智能电网版块，初步检索结果为 6099 条，针对得到的检索结果做 DWPI 同族专利合并，并在此基础上筛选出专利权人 PA = CN 或申请人 AP = CN，去重后得到 2225 条。以下结果是对 2225 条记录的分析（如图 4 – 125 所示）。

在智能电网领域，专利公开数量则一直保持着稳定的增长，但专利总量较其他领域相对较低。

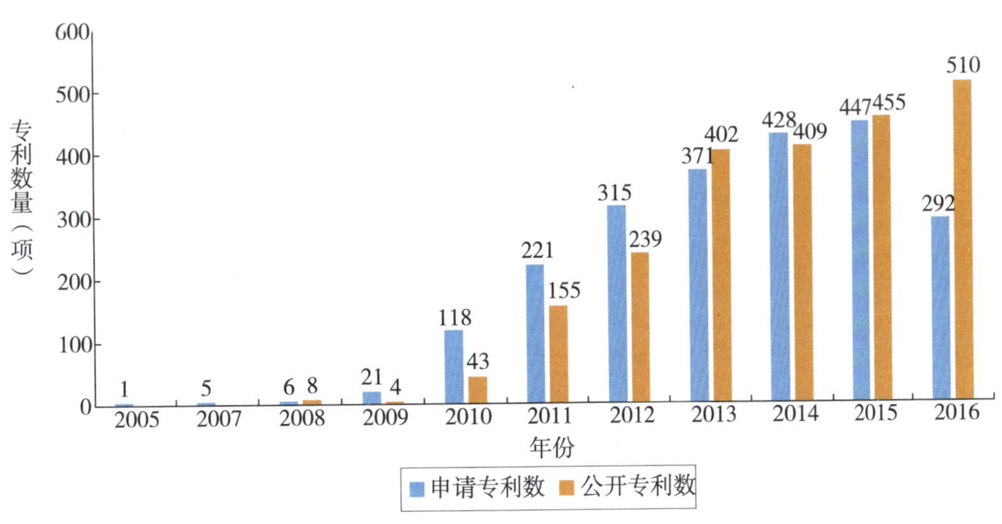

图 4 – 125　中国专利权人智能电网领域专利数量趋势

通过同族专利合并后，筛选出智能电网领域中国专利权人申请数量前 20 名，如图 4－126 所示：国家电网以 495 项专利数排位第一，比第二名中国电力科学研究院高出 391 项，第三至第五位是国网上海市电力公司、国网江苏省电力公司及国网天津市电力公司，第六至二十位之间数量相差微小。

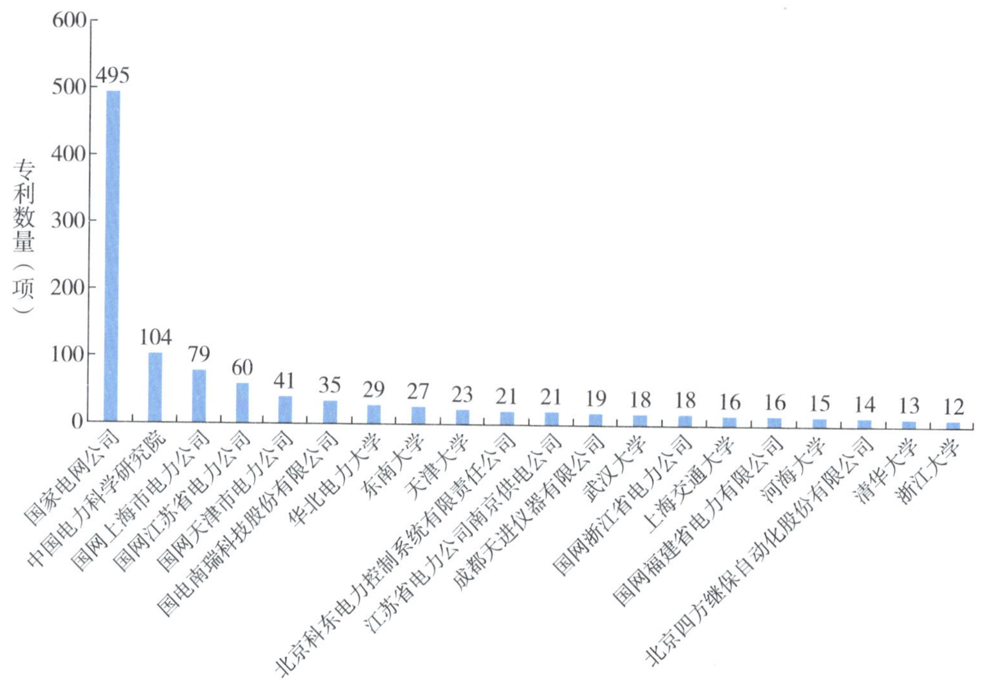

图 4－126　智能电网领域中国专利权人前 20 名

在智能电网版块，近 10 年的专利高地为光伏逆变器、无线传感网络、评定方法、站层级、适应度、光纤、无功功率补偿装置、变电站和故障信息等领域（如图 4－127 所示）。

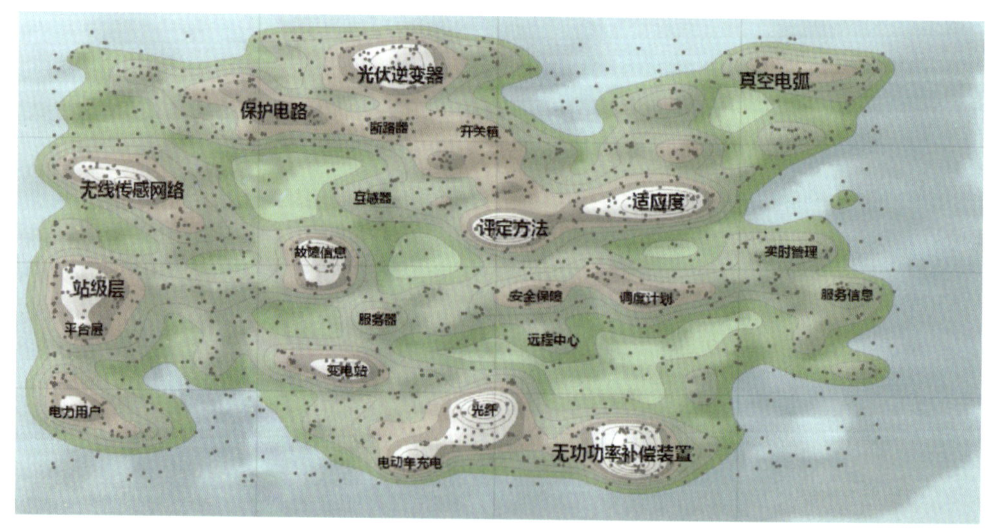

图 4－127　智能电网专利地图

2007—2011 年，我国智能电网概念还未完善，专利数量极少，仅有210 项；2012—2016 年，数量升至2015 项，较前5 年增长8.6 倍，尤其在适应度、评定方法、变电站等技术领域实现了专利数量的突破（如图4－128 所示）。

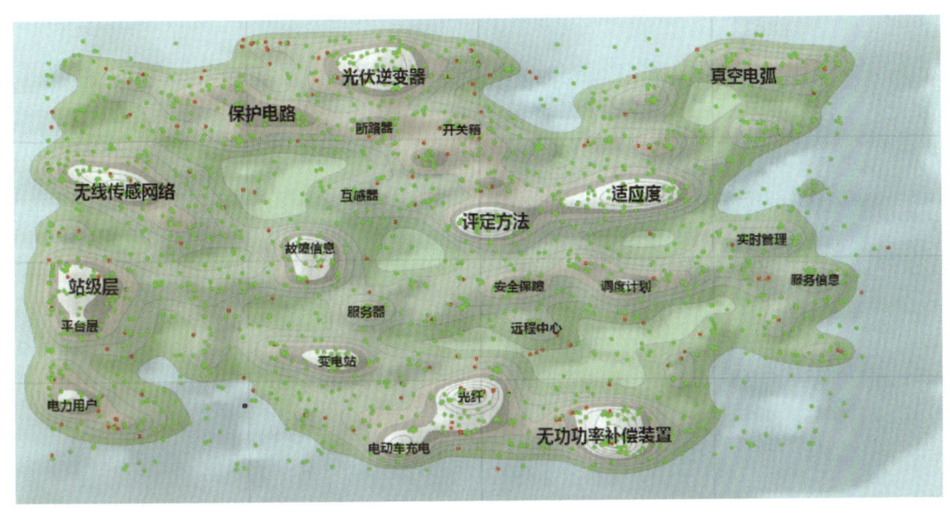

图4－128　智能电网专利地图（年份图）

从专利地图（图4－129）上看，数量前5 位的专利权人成果分布较为分散。国家电网在适应度和评定方法及周边技术上有明显的数量优势，其余四位专利权人由于基数本身较少，在地图上表现并不明显。

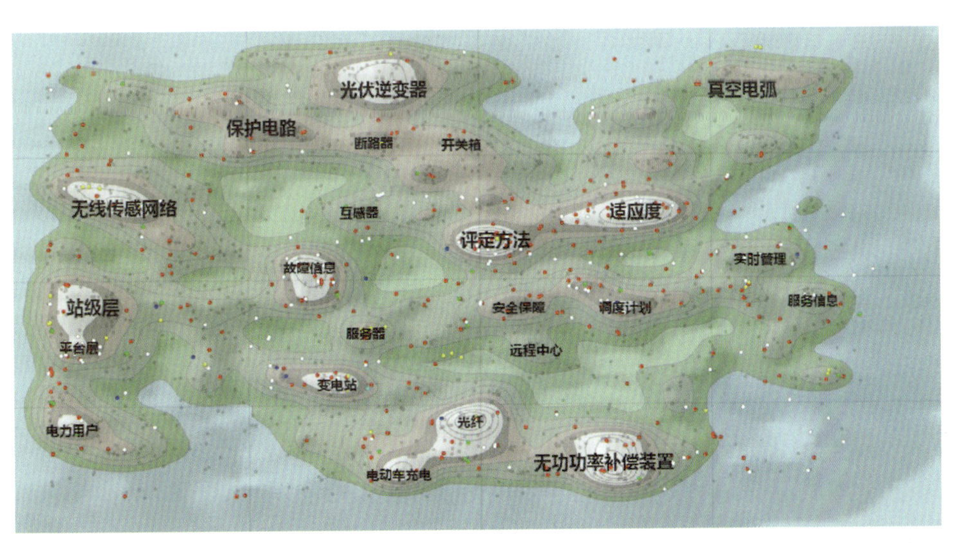

图4－129　智能电网专利地图（专利权人）

通过 Innojoy 专利搜索引擎，我们对智能电网领域前 10 位申请人的专利进行了法律状态的分析，如图 4－130 所示：国家电网申请总量遥遥领先，位列第一，但实审状态的数量高于获得授权的专利数量，授权率较低。整体来看，整个智能电网技术中的实审专利数量偏高，高于授权的数量。预计未来 1～2 年，该领域的专利授权量会大幅增加。

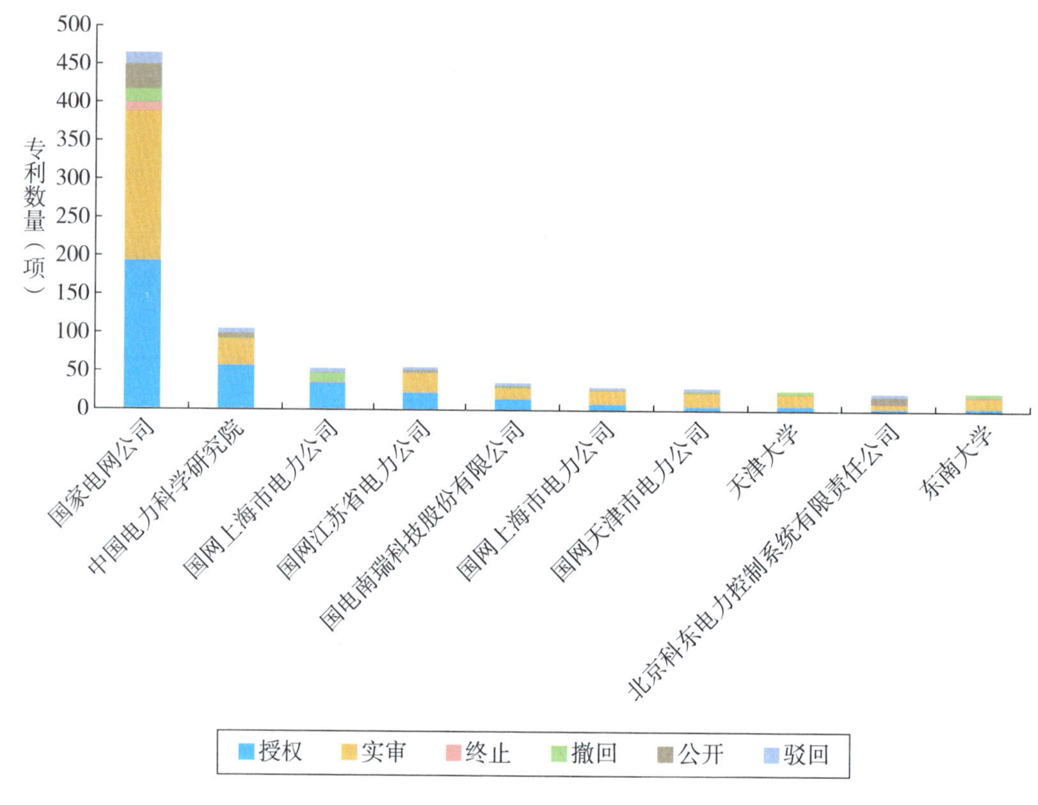

图 4－130　智能电网专利申请人法律状态

在智能电网领域，企业是主要申请人，申请数量远高于院校和个人。就企业申请人而言，授权率接近 50%，实审状态的专利占比较大。院校申请人的实审专利数量高于已获取授权的专利数量（如图 4－131 所示）。

2009 年以前，智能电网技术处于导入期，专利申请项数和申请人数都较少；2010—2015 年，两项指标快速增长，处于成长期；我们无法根据 2016 年一年的数据不完善来推断智能电网技术是否进入成熟期（如图 4－132 所示）。

见表 4－26，在省市申请量分析中，北京以 482 项的专利申请数量排在第一位；江苏位列第二，拥有 333 项；第三到第五位是广东、上海、山东，专利数量分别是 183 项、152 项、137 项，第六到第十位的省市申请数量差别不大。

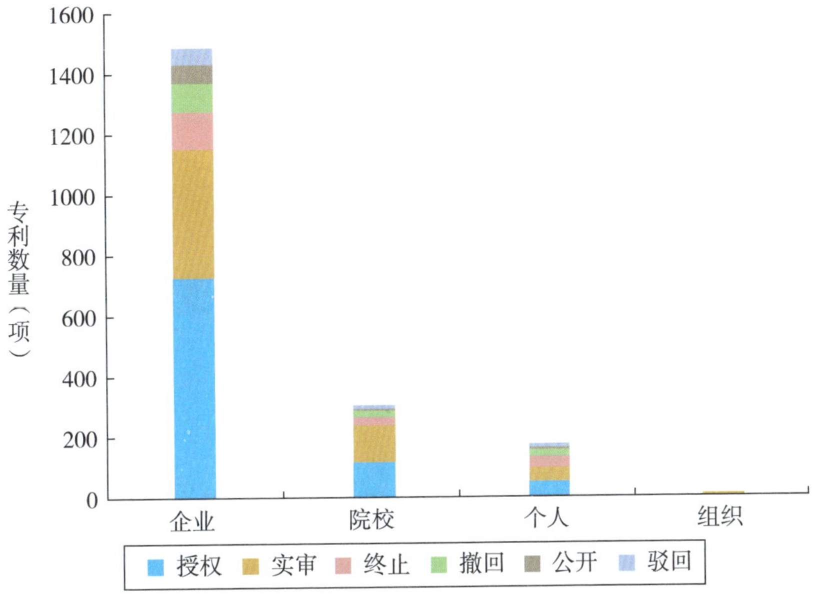

图 4－131 智能电网专利申请人类别法律状态

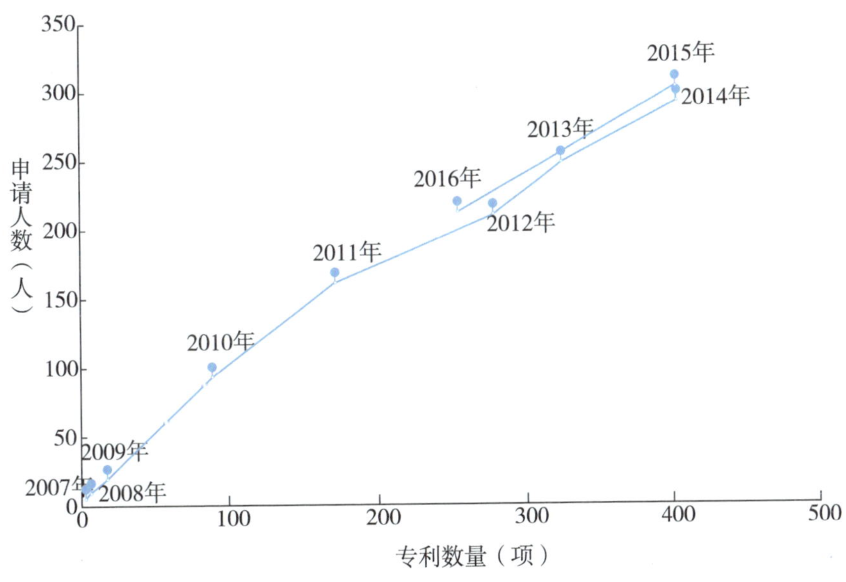

图 4－132 智能电网技术生命周期分析

表 4－26 智能电网专利省市申请量及排名

排名	1	2	3	4	5	6	7	8	9	10
省市	北京	江苏	广东	上海	山东	浙江	四川	天津	河南	陕西
合计（项）	482	333	183	152	137	113	91	89	69	62

如图 4－133 所示，排名前三位的北京、江苏和广东在 2011—2013 年年度申请量的变化和整体趋势略有差异。2012 年与 2011 年相比，整体呈现高速上涨的态势，而北京

在 2012 年增速放缓，广东在 2012 年略有下降。

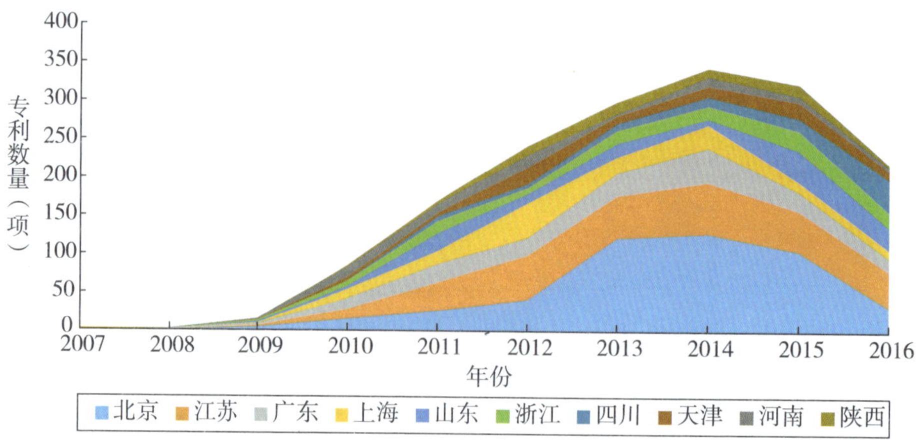

图 4－133　智能电网专利省市年度申请量堆积面积图

通过图 4－134 可以看出智能电网领域专利分布集中情况，具体分析见表 4－27。

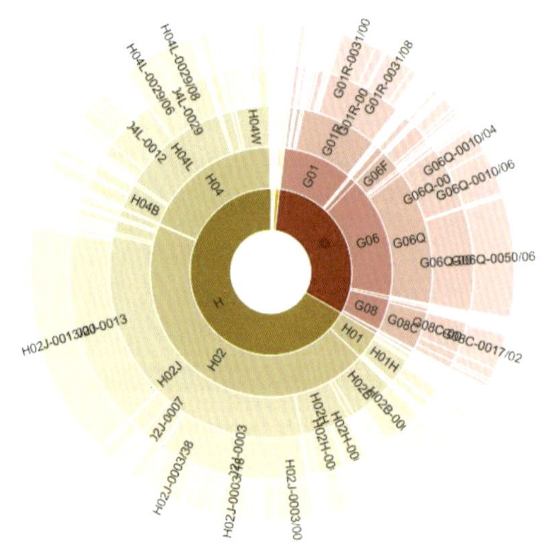

图 4－134　智能电网 IPC 光环谱图

表 4－27　智能电网 IPC 光环谱图分析表

IPC 分类号	IPC 分类号中文含义	文献数量	百分比
H02J	供电或配电的电路装置或系统，电能存储系统	1015	45. 62%
G06Q	专门适用于行政、商业、金融、管理、监督或预测目的的数据处理系统或方法，其他类目不包含的专门适用于行政、商业、金融、管理、监督或预测目的的处理系统或方法	338	15. 19%
H04L	数字信息的传输，例如电报通信	292	13. 12%

（续　表）

IPC 分类号	IPC 分类号中文含义	文献数量	百分比
G01R	测量电变量，测量磁变量	243	10.92%
H02H	紧急保护电路装置	150	6.74%
G08C	测量值、控制信号或类似信号的传输系统	138	6.20%
H02B	供电或配电用的配电盘、变电站或开关装置	120	5.39%
H04W	无线通信网络	92	4.13%
H04B	传输	84	3.78%
G06F	电数字数据处理	80	3.60%

第五章　我国高校创新创业教育发展情况①

深化高等学校创新创业教育改革，是国家实施创新驱动发展战略、促进经济提质增效升级的迫切需要，是推进高等教育综合改革、促进高校毕业生更高质量创业就业的重要举措。2015 年 5 月 13 日，国务院办公厅发布《关于深化高等学校创新创业教育改革的实施意见》（国办发〔2015〕36 号）（以下简称《意见》），对加强我国创新创业教育进行了总体部署和具体指导。通过完善人才培养质量标准、创新人才培养机制、健全创新创业教育课程体系、改革教学方法和考核方式、强化创新创业实践、改革教学和学籍管理制度、加强教师创新创业教育教学能力建设、改进学生创业指导服务、完善创新创业资金支持和政策保障体系九方面的改革，着力解决高校创新创业教育中存在的重视程度不足、体系不健全、教师意识和能力欠缺、教学方式方法单一、实践平台短缺、指导帮扶不到位等问题，力争到 2020 年建立健全课堂教学、自主学习、结合实践、指导帮扶、文化引领融为一体的高校创新创业教育体系，培养起一支规模宏大、富有创新精神、勇于投身实践的创新创业人才队伍，为建设创新型国家、实现“两个一百年”奋斗目标和中华民族伟大复兴的中国梦提供强大的人才智力支撑。②

自《意见》发布以来，各高校在原有创新创业教育基础上落实改革措施，通过完善体制机制、健全培养体系、强化实践训练、丰富课程内容、创新教学实践、强化师资

① 本章执笔人：葛菲、杨雅珺。

② 摘自 http：//www. gov. cn/zhengce/content/2015 －05/13/content_ 9740. htm。

队伍、改进指导帮扶、加大资金支持等措施，不断推进教学、科研、实践协同融合，加强高校、企业、政府等社会联系，打造高校学生创新创业的良好生态环境，努力造就“大众创业、万众创新”的生力军。

一、创新创业人才培养

根据《意见》指导，高校落实立德树人的根本任务，通过创新人才培养机制、推进素质教育等规划设计，不断提高人才培养质量，为学生创新创业搭建平台。

制度机制方面，积极探索跨院系、跨学科、跨专业交叉培养创新创业人才的新机制，深入实施系列“卓越计划”、“科教结合协同育人行动计划”等，逐步建立校校、校企、校地、校所以及国际合作的协同育人新机制，积极吸引社会资源和国外优质教育资源，建立创新创业学分积累与转换、创新创业档案和成绩单、弹性学制、创新创业奖学金等学生鼓励制度。

课程教育方面，开设研究方法、学科前沿、创业基础、就业创业指导等创新创业教育专门课程群并纳入学分管理，向启发式、讨论式、参与式的教学模式和注重考查知识分析、解决问题能力的考核方式转变，推出慕课、视频公开课等开放资源的在线课程及学习认证，组织编写创新创业教育重点教材，聘请知名科学家、创业成功者、企业家、风险投资人等各行各业优秀人才充实创新创业导师队伍，并建立教师到行业企业挂职锻炼制度，鼓励老师带领学生创新创业。

实践培训方面，积极组织学生参与“创青春”（原“挑战杯”）、“互联网＋”等大学生创新创业类竞赛，持续进行大学生创新创业训练计划等，加强专业实验室、虚拟仿真实验室、创业实验室和训练中心建设，并扩大实验教学平台开放共享，设立创新创业学院、联合办学及实验班，举办创新创业讲座论坛及对接活动等。

现选取全国211高校中的代表成果予以展现（如表5－1所示）。[1]

表5－1　重点高校创新创业培训体系建设情况

黑龙江	哈尔滨工业大学 ＊创新创业课程：2016年共有创新思维、创新方法、沟通能力与领导力、创新创业实践等类别的33门课程获得创新创业课程立项。

① 根据教育部网站、高校官方网站、社会知名媒体网站（新浪、凤凰、搜狐等）等公开资料整理。

（续 表）

黑龙江	东北林业大学 * 开展科技沙龙、创新创业论坛、创业讲堂活动，举办 SIYB（创业培训，是国际劳工组织为帮助微小企业发展，促进就业，专门研究开发的一系列培训小企业家的培训课程）、KAB（了解企业，是国际劳工组织为培养大学生的创业意识和创业能力而专门开发的教育项目）创业培训班。 哈尔滨工程大学 * 创业教育学院：利用校团委的创新创业平台，使学生在规定时间内依次修完创业课程模块、创业竞赛模块、创业实训模块及创业孵化模块四大模块的内容，并为学生配备“双导师”指导学生创业实训。
吉林	吉林大学 * 实训平台：成立生命科学学院创新创业实践基地、商学院移动电子商务技术创新创业实习实训基地、地学部学生创新创业实训平台、西区农学就业创业实训平台、体育学院就业创业实训平台（中心校区体育馆）等多个实训平台。 * 创新创业课程：2016 年共开设创业基础、创业指导、创业实训、学科前沿及研究与学习方法等类别共 26 门创业课程。 东北师范大学 * 开展 GCDF（全球职业规划师）、TTT（国际职业训练协会的培训师认证课程）、KAB、EET（创新创业教育）培训班，与香港中文大学联合开展“就业创业师资高端培训”课程。 * 开设了 SIYB、KAB 系列创业课程，并配有专业指导教师 57 名，为学生授课，并进行创业实践指导。 * 选拔在校学生中的创业佼佼者组建“大学生创业精英班”。
辽宁	大连理工大学 * 创新创业学院：开展创新创业教育、举办创新实践班、组织各类创新创业竞赛和实践活动等。 * 创新实践班：设机电、数学建模、软件工程、媒体技术、创业教育、ACM（国际大学生程序设计竞赛）、创造发明、人形机器人 8 个创新实践班。 * 创新机构：设智能车实验室、DUT－3D 打印工坊、智能硬件工坊、互联网＋创意工坊、奇点虚拟现实工坊、金融量化对冲研究室等机构。 大连海事大学 * 大连海事大学——赛伯乐投资集团创新创业人才培养中心：与赛伯乐投资集团、大连市人力资源和社会保障局三方建立，旨在立足大连辐射全国培养创新创业管理高端人才。
北京	清华大学 * 创新创业领导力学位：在管理学工商管理专业第二学位开设创新创业领导力方向，由清华 x－lab（清华大学创意创新创业教育平台）与经管学院共同设计并组织实施。 *《创新与创业：硅谷洞察》：与 Facebook（美国的一个社交网络服务网站）公司在经济管理学院联合推出的全校性选修课程。 * 清华大学学生创新力提升证书项目：由清华大学研究生院、清华 x－lab 共同设计并组织实施。

（续 表）

北京	北京大学 * 创业训练营：利用教育资源、校友资源、课程培训体系、企业导师计划及创业服务联盟，综合帮扶创业者解决企业创建和发展期的战略规划设计及实际经营问题。 * 新青年创业学堂：共青团北京市委员会与北京大学创业训练营合作举办，依托全市500家社区青年汇工作平台网络直播教学。 中国人民大学 * 创业学院：创新创业教育教学和科学研究组织，组织创新创业教育课程，普及创新创业知识，组织开展创业训练，提升创新创业能力，支持学生开展创新创业实践，服务创业企业孵化，搭建创新创业教育公共平台，打造创新创业教育生态圈。 * 创新创业教育平台：开设在线创业基础精品课程26门、行业深度解读课程14门及互联网创业专题课程8门。 北京工业大学 * 依托工商管理学科开设全校首个创新创业方向辅修专业，面向本科生跨专业招生。 * 在2015版培养方案中，全校针对36个专业共开设了59项综合设计类课程。 * 面向全体学生，开设了创业基础、就业指导、职业生涯规划等慕课12门、视频公开课15门、微课1门，共开发创新创业类课程共计2936学时。 北京交通大学 * 创新创业种子培养计划工程：采用无形学院方式每年招收30名左右学生，配备导师，课程结业后本科生可获得工商管理辅修学习证明，符合条件的可以获得双学位。 北京航空航天大学 * 创业管理培训学院：搭建创业平台，加强创业意识，提升创业技能，为社会广大学员提供职业技能培训和实践机会，在其基础上成立教育培训学院。 * 各级各类重点实验室全面对本科生开放，国家级科技创新基地同步建设国家级教学基地。 * 建立创业案例库、创业名师库、创业项目库、创业人才库，建设创业实验管理平台、创业金融终端系统、虚拟证券交易所，组织创业竞赛、创业实验室、创业训练营、创业沙龙等活动，开发了全国第一套“学习、训练、评测”一体化模拟教学训练系统。 北京外国语大学 * 成立北京外国语大学国际商学院创新创业中心。 对外经济贸易大学 * 未来五年计划推出20门学校MOOC（大型开放式网络课程）课程群。 * 出版《对外经济贸易大学校友创业案例集》，到2020年，组织编写10部具有学校特色的创新创业教育典型教材和经典案例集。 * 开展创新创业大讲坛、对话名企高峰论坛、创新创业者分享沙龙等活动；开发“创新创业+”系列讲座课程，设立互联网金融、跨境电商、连锁经营、微商经营、医疗健康、影视传媒、社会公益、国际化八个方向的系统讲座。 中国政法大学 * 创业学院：作为学生创业教育综合平台，具体负责学校创业教育规划及重大创业决定的落实。 * 依托学生KAB创业俱乐部和创新协会，开展大赛、沙龙、大讲坛、创新论坛、创业先锋报道等活动。 * 成立“中国政法大学国家创业创新发展与规范研究中心”，有针对性地开展相关研究。

（续　表）

天津	天津大学 ＊创业学院：成立天津大学宣怀学院（中科创业学院），开设工商管理（创新创业方向）双学位。 南开大学 ＊开设创业班，将学生的学习过程分为创业构思、创业计划、创业实践、创业加速等阶段，通过“课程库”“讲座库”“案例库”“导师库”“私董会”等模块为创业学生提供个性培养和创业实践方案。 河北工业大学 ＊创新创业教育学院：由校长担任院长，下设科技创新服务中心、创业指导中心和创业园，虚拟学院，实体运作。 ＊与全球模拟公司联合体（中国）中心合作，举办大学生创业实训培训班。 天津医科大学 ＊在网络教学平台上开设“大学生创新创业（精华版）”“大学生创业基础”“网络创业理论与实践”“品类创新”等142门课程。 ＊开展“大家”讲堂，请诺贝尔获奖者、名医进入校园演讲。
山东	山东大学 ＊成立创新创业学院，建设“创业教育与创业计划”“机电产品创新设计”等10个校级创新平台，开设课程253门次、培训项目251个。 中国海洋大学 ＊在通识教育课程体系中设立职业发展、创新创业类课程，在各专业培养方案中开设职业规划类课程。 ＊引进“大学生职业生涯规划”“职业素质的养成”“大学生创业基础”等网络课程。
安徽	合肥工业大学 ＊《创新创业理论与实践》期刊：2016年创办，主要刊登师生在创新创业中的成果、方法和经验，搭建创新创业教育交流平台。 ＊加强创业大讲堂、KAB创业俱乐部、创业论坛、创业人生访谈、网上创业、创业导师团等工作，邀请国内知名专家、企业家和创业成功的校友与师生交流、探讨。 ＊创新学院：实施卓越班、英才班和博雅班的“英才计划”，分别培养具备国际竞争能力的高素质工程人才、科学研究领军人物和杰出的精英人才；推进学校“卓越工程师培养计划”；组织与管理学校大学生创新实验计划、大学生科技竞赛；建设与管理学校创新基地及校企联合培养等。 中国科学技术大学 ＊与百度签订《联合建设大学生创新创业培养体系的战略合作框架协议》，双方将从专家、比赛、课程、实践、金融服务等方向展开培训，全方位建立互联网人才创新培养体系，打造“百度大学生创业家成长计划训练营”。
上海	复旦大学 ＊创新创业学院：紧密连接学生团体和业界团体，提供学生与校友创新创业实践和实训机会。

（续　表）

上海	上海交通大学 ＊创业学院：开设创业教育通识课；开展大学生创新计划（PRP 计划）；举办创业计划大赛；进行创业训练营指导；提供创业苗圃预孵化和资金支持。 ＊燧石星火创业训练：与深圳证券交易所联合举办、赛富投资基金赞助，包括创业讲座模块（移动互联网＋，智能设备、健康、医疗等科技领域发展趋势，创业机会的识别，商业模式的设计，股权配置，创业服务与政策等）和创业实践模块（创业大咖、创业项目路演、创业企业考察、创业导师一对一辅导、创办公司等）。 同济大学 ＊每年举办 50 余场创业经历、创业想法、盈利模式、经营管理、财务、税务、法律等创业讲座。 东华大学 ＊开办“创新创业精英俱乐部”高级研修班，邀请创业成功企业家、开业指导专家、工商税务专业人士及风险投资人等担任教师，带领学生考察企业和创业园区，进入实训基地。 ＊成立“启点大学生创业咨询工作室”。 上海财经大学 ＊创业学院：开设创业通识课程、大学生创新创业计划训练、创新创业大讲堂、创业大赛、创业咖啡等活动；吸收少部分有强烈创业意愿的学员进入匡时班，在提供创业模块课程基础上，给予企业导师团辅导、创业实验室众创空间的创业机会检验、创业资金的培育孵化以及创业媒体的助推放大。 ＊“五位一体”课程体系：本科生创业型人才培养模块课程、本科生通识教育创新创业模块课程、研究生创新创业课程、MBA（工商管理硕士）创新创业课程和创新创业实验课程。 ＊与美国加州大学伯克利分校哈斯商学院合作开设设计思维与创新实践选修课，与剑桥大学贾奇商学院合作推出中小企业创业模块选修课。 ＊依托实验室建设实验课程教学体系，包括“ERP（企业资源计划）沙盘模拟”“创业实验”等多门创新创业实验课程。 ＊自主编写《创业学》《创业管理》《商业模式创新》等教材，组织校内外师资共同编写并出版《创新创业教育蓝皮书》等系列丛书。 上海外国语大学 ＊“上外—利欧数字创业学院”：与利欧集团合作，共同开展就业实习、联合培养、课题研究、合作项目等方面创新创业教育，培养数字传播领域高端创新型人才。
江苏	南京大学 ＊南京创新创业学院：与纽约大学理工分校合作创建，进行涵盖本科、硕士和博士的学位教育，提供高层管理、南京市委市政府各级领导干部和来华学生培训，进行创新创业科学研究和推进创新创业的实验及孵化。 ＊“十三五”期间，学校将建立 10 个左右的“四创融合”实践平台，600 位各行业专家组成的创新创业导师库，目前已招募了 100 名行业创业导师。 江南大学 ＊三级创业课程体系：面向全校学生的“创业概论”“创业融资”等 52 门公选课程群，面向商科学生的专业课程及面向创业学院学生的提升课程。

（续　表）

江苏	* 组建了全程陪伴的创业导师团队，通过“选、引、聘、挂”等方式聘任164名创业导师，指导大学生创业训练、实践、孵化。 * 打造“创江南”大讲堂、“企业家导师面对面”“创业工作坊”等创业讲座、沙龙以及“本科生创新论坛”等品牌活动。
浙江	浙江大学 * 开设“创业教育”“创业与创新基础”“技术创新创业”等课程30余门。 * 开设“创新与创业管理强化班（ITP）”辅修专业。 * 设立亚洲首个创业教育博士点。 * 通过企业家创业论坛、创业总裁说、企业家结对等方式，实施“大学生创业导师计划”，邀请200余位知名企业家、投资人、行业专家等担任创业导师，累计培养学生1000余名。
江西	南昌大学 * 创业与就业培训学院：专业从事创业与就业培训，下设大学生创业就业指导站、IT（信息科技和产业）人才实训基地、服务外包人才实训基地、轨道交通人才培训基地、职业技能鉴定中心、国际合作交流培训中心、资格证培训中心、企业咨询服务中心、乘务员培训中心、潜力发掘与素质拓展中心、UP教练文化研究中心等。
福建	厦门大学 * 厦大中科创业学院：与中科招商集团共建，依托管理学院设立，与中科创大创业教育投资管理有限公司共同为学生提供创业课程、创业实训等创业辅导，建立科研项目孵化和成果转化基地，学生可获得校内老师与企业专业人员的“双导师”支持并获得实习机会。 福州大学 * 依托“创业管理”二级学科硕士点开设跨专业。 * 开放67个国家级、省级创新创业实践平台，建立354个大学生实践教学基地。 * 强化创业拓展培训，开展创业论坛、创业集市等活动。 * 与厦门航空等53家知名企业实施“预就业”人才培养，与紫金矿业集团等6家大型企业联合创办学院或专业。
广东	中山大学 * 创业学院：以管理学院为依托，面向中山大学在校全体大学生进行创业教育培训工作。 * 创业黄埔班：招收30位有志于创办企业的同学，学习商业知识和锻炼商业技能，由创业方面的专业教师和企业家、风险投资专家共同组成的创业导师组将具体指导学生专业学习与创业实践。 * 创业教育培训系列活动：中山大学科技园与校就业指导中心合作组织，举办“中山大学大学生创业教育系列讲座”“创业大讲堂”“创业会客厅”等活动。 * 中山大学科技园提供“创业·生存·发展”系列讲座、各类专业论坛及相关培训服务，包括创业团队管理、法律知识、财税政策、人力资源、知识产权、项目申报、高新技术企业认定等。

（续 表）

广东	华南理工大学 * 创业教育学院：以工商管理学院为依托，专门负责全校的创业教育，设置培养创业意识（通识教育课程 + 创业讲座）、培育创业技能（创业训练营 + 创业竞赛）和实行创业实践（建立“创业班”）三层次创业人才培养模式。 华南师范大学 * 创业学院：广东省高校成立的第一所创业学院，进行创新创业研究、课程体系建设、师资队伍培养、实践基地建设、创新创业培训、团队项目孵化、创新创业比赛、社会服务等。 暨南大学 * 创新创业基地邀请了多名成功企业家担任创业项目的实践导师，并将依托咖啡馆平台举行创业讲座。 * 2016 年新增设光电信息科学与工程及“钱伟长创新班”两个本科生“创新班”。
广西	广西大学 * 创新创业学院：开设创新创业课程，遴选校内外创新创业导师，筹集各方资金和投入，开展创新创业活动和竞赛。 * 邀请校友举办“创想家”大讲堂，举办 MBA（工商管理硕士）校友创业讲座、“中国梦，创业梦”讲座等。
山西	太原理工大学 * 成立创业培训中心，现有 21 名 SIYB 创业培训师，并在校内聘请了 32 名专家教授作为首批导师，对全校学生进行创新创业教育指导。 * 启动“就业创业大讲堂”，邀请成功创业的校友指导学生创业。
河南	河南大学 * 建立由职业规划师、创业指导师、企业培训师等 130 余人组成的校内外就业创业师资队伍。
湖北	武汉大学 * 面向全校学生开设创新创业基础知识课程模块（创新思维与方法、创业学、创业管理、机会识别与企业创意等）；面向特定专业学生开设与专业相结合的创新创业课程模块（技术创业概论、新产品开发、新能源领域创业、IT 与互联网创业、文化传媒创意创业、公司创业等）；面向具有创业特质、已发现特定领域创业机会的学生开设创新创业实训指导课程模块（创业金融、创业团队组建、创业营销、创业风险管理、创业与法律等）。 华中科技大学 * 面向全校高年级本科生和研究生开设“科技创业”选修课，包括“科技创业”“科技创业—创业概论”“科技创业—商业计划”“科技创业专题—商业模式”等系列课程；建设科技创业网络平台；修订《科技创业》讲义，《科技创业》一书已正式出版。 * 完善创业课程体系，开设“创业基础”“创业概论”“商业计划”等选修课，开展创业大讲堂、创新与创业论坛、创业咖啡沙龙，与腾讯科技、省市科技产业园区等共建大学生创新创业实训基地。

（续　表）

湖北	华中农业大学 ＊实施“创新创业课程建设计划”，着力建设“百门科研案例课”“百门创业案例课”“百门精品实践课”“创新性实验教学项目（课程）”和校企合作课程；组织知名教授、校友、行业企业高管联合编写创新创业教育案例集；引进一批优质创新创业教育在线开放课程，建设一批校本创业案例在线课程，目前已建成各类创新创业课程 470 余门。 ＊聘请 50 余名有关部门专家、企业家等组建大学生创业导师团，近 70 名创业成功校友担任大学生企业家班主任，指导学生创新创业。成立就业创业教研室，开展就业类课程的研究与教学。 ＊邀请校外创新创业教育专家和企业家举办“名师讲坛”“悦创讲坛”“创业沙龙”39 期，连续 13 年举办企业家论坛。 华中师范大学 ＊青桐计划创业学院：青桐三部曲（青桐计划、青桐汇、青桐学院）的重要一环，杨宗凯校长受聘为青桐学院首届名誉院长。 ＊中科创业学院：与中科创大合作，设计和建设了一整套大学生创新创业的培训课程、学分课程和实习实践体系，聘请了 150 位校内外兼职教师和导师，开设了 8 期大学生创新创业专题培训，其中两期在加州大学伯克利分校、新加坡南洋理工大学创业学院进行。 武汉理工大学 ＊以创业学院为实施单位在普惠式创业教育和小班化创业教育二学位的基础上进行创业专门人才的培养：面向全校学生开展创业基础教育；对本科生将实施“0＋4”、跨学院转入、辅修二学位的培养方案，对硕士研究生将实施“0＋3”、跨学院转入培养方案；对自主创业的学生进行创业实践指导。 中国地质大学 ＊开设“创业管理学”“大学生 KAB 创业基础”“创业心理训练”“大学生创新创业导论”等公共选修课；举办“大学生创新创业教育宣传活动月”，围绕创业模块培训、创业案例教学、创业实务训练开展 SYB（Start Your Business，意为“创办你的企业”）创业培训。 ＊将有创业意愿的学生纳入“大学生特殊专长支持计划”，提供配套资金支持，开展“一对一”跟踪指导服务。 中南财经政法大学 ＊创业学院：通过“实战”模式培育能够“摸得着、长得壮、活下来、走出去”的大学生创业项目和创业团队；面向有创业意愿和潜能的本科二年级学生开设“创业经济”“创业管理”两个辅修双学位专业。 ＊湖北青年创业学院：与共青团湖北省委共建。
湖南	中南大学 ＊创新创业教研室：挂靠公共管理学院，主要承担教授“创新创业导论”“创新创业管理”“互联网创业理论”等相关课程，组织创新创业教学研究团队，筹建创新创业虚拟仿真实验室，参与《创新与创业教育》杂志编辑工作，举办全国性创新创业高端会议以及建立创业电子案例库等工作。 湖南大学 ＊虚拟创业学院：开设社会创业、研究生创业课程、研究生创新课程、创业课程和辅助课程等线上与线下课程。

（续　表）

新疆	石河子大学 ＊启动卓越人才培养计划，开展创业意识教育和创业计划培训课程，成立校级“创新创业教育教研室”。 新疆大学 ＊将12门就业创业类公选课整合为新疆大学生职业发展与就业指导课程，立项为校级精品课；制订低年级慕课、高年级课堂开授的必修课实施方法。 ＊与中科招商集团签署战略合作框架协议，协议包括双方在新疆共同建设创业学院，学院逐步开展创业学历和非学历教育培训。
内蒙古	内蒙古大学 ＊创业学院：与社会投资方合作的一所本科层次的独立学院，设有6个教学部，开设了24个涵盖理、工、文、经、艺等方面的学科专业，初步形成了相对集中于现代传媒、文化创意等专业的学科专业体系。 ＊内蒙古大学中科创新学院：与北京中科创大创业教育投资管理有限公司共同创建。
陕西	西安交通大学 ＊创新创业学院：负责建设创新创业教育教师队伍、全校创新创业教育课程体系和学科交叉创新平台。 西安电子科技大学 ＊与企业联合编写《创业管理》等系列教材27种，编写《校友创业案例集》。 ＊建设创业乐园、创意市场、项目研究室等平台，以项目制方式组建学生团队，建设宿舍工作坊、口袋实验室等，支持学生参与各类科技创新活动。 ＊聘请110余位企业负责人担任创新创业导师。 西北农林科技大学 ＊依托农林、经管学科优势，建立创业项目研发技术导师队伍；通过选拔中青年教师、学工干部外出进修创业理论知识，形成创业基础教育教学队伍；对外聘请以吴一坚为代表的商界领军人物、知名企业家、创业成功人士等创业名人导师队伍。 ＊开设创业模块培训、创业案例教学和创业实务训练等方面的10余门专业培训课程。 ＊搭建大学生创业者交流平台，举办“创业大讲堂”系列报告会、“启航”系列创业沙龙、创新创业论坛、“NLC青年”创业实践团队集中展示等活动。 陕西师范大学 ＊面向师范专业本科生开展“卓越教师培养计划”，面向非师范专业本科生启动“拔尖创新人才培养计划”。 ＊大学生就业指导课程采取“8＋10”（8课时课堂教学＋10课时“就业创业大讲坛”）模式讲授，将职业生涯与规划课改为讲坛形式进行，增设国外著名大学创新创业类国际优质网络视频公开课程。 ＊与陕西省人力资源和社会保障厅、省工商局等政府部门合作，举办“创业政策解读厅局长校园行”“SYB”创业培训专题班等。

（续　表）

陕西	西北大学 ＊激励教师投入大学生创新创业中，除了奖金以外，如果获得国家级创新创业奖，等同于国家成果教学奖最高的荣誉。 长安大学 ＊建立创业教育师资库，积极聘请创业企业家、专家学者担任兼职创业导师，聘请能力、贡献突出的竞赛指导教师为创新导师。 ＊开展职业生涯规划、就业观念教育活动，开展“创业英雄进校园”活动，举办高层次的创业报告会。
宁夏	宁夏大学 ＊创新创业学院：主要负责组织实施大学生创新创业训练计划项目，宁夏大学创客空间的运营及管理，开展全校性创新创业教育讲座和竞赛活动，宁夏大学创新创业类课程的理论教学、指导和研究工作，师生创新创业项目孵化以及搭建校内外实践平台等。 ＊开设“大学生职业发展与就业指导”“创业基础”“专业导论”等课程，举办大学生职业生涯规划、模拟招聘、创业计划等比赛，就业创业大讲堂、团队和个体咨询等活动。
四川	电子科技大学 ＊创新创业学院：聚焦电子信息产业领域创新创业成果，并聘请成都市市长唐良智博士担任名誉院长，形成学术研究型＋创业探索型＋创业实践型的“3＋X”教育课程体系。 四川大学 ＊万门课程建设计划：构建了学术研究型、创新探索型、实践应用型三大类课程体系，学校已开设创新创业型和实践应用型课程2506门。 ＊实习实训教学：每年投入2000万元专项资金用于实习实训基地建设，目前校内外实习实训基地已达496个。 西南财经大学 ＊设立近50门创新创业类课程，特别注重财经类“实验型”课程建设，重点建设了“衍生金融工具”示范性实验课程和“软件训练”综合性实验课程。 ＊引进企业高管及实务界精英开设创业实务课程，目前已有招商银行开展的“最新实务”、国信证券开展的“最新资本市场与证券业务”等数十门课程，采用创业案例进行教学。 ＊邀请创业成功人士、企业家等开展职业人生系列讲座，开设“创业成都”励志课堂，举办青年创业大讲堂。 ＊引入社会培训，与国际劳工组织、美国国家创业指导基金会、牛津大学等合作开设社会创业培训课程，目前已有近千名有志创业学子参加培训。 ＊打造“西财玩创”系列活动，包含“西财玩创汇”（项目路演）、“西财玩创营”（创业训练营）、“西财玩创趴”（创业沙龙）和“西财玩创派”（创业故事汇）四个子活动。

（续　表）

四川	西南交通大学 ＊创新创业学院：以西南交通大学学生为主体，面向全社会开展“1+2+2”模式创新创业教育。 ＊第一课堂开设创新创业课程12门，第二课堂设置“学术科技与创新创业”模块；建立创业工程双学位课程体系和培养机制；引入SYB、KAB创业培训项目。 四川农业大学 ＊84个专业实验室、7个国家级、省级实验教学示范中心、24个虚拟仿真实验教学中心、4个国家级大学生实践教育基地和135个大学生校外实习实训基地为学子提升创新创业实力提供“演练场”。 ＊成立大学生创新创业培训中心，并获取了国家SYB创业培训资质，已在全校范围内普遍开展创业培训相关工作。 ＊在农学院等22个学院成立了大学生创新创业俱乐部学院分中心，以创业沙龙、创业大赛等创业实践活动为载体搭建平台。
重庆	重庆大学 ＊成立重庆大学创业之友暨KAB创业俱乐部，邀请已成功创业的在校学生作为俱乐部会员，聘请57位校外知名人士担任俱乐部荣誉会员，导师团队定期为创业青年们提供创业指导，每年开展创新创业沙龙20余场，覆盖学生1.5万余人。

二、创新创业实践服务

2015年3月11日，国务院办公厅发布《关于发展众创空间推进大众创新创业的指导意见》（国办发〔2015〕9号）（以下简称《意见》），指出通过构建众创空间等新型创业服务平台，有效整合资源，集成落实政策，完善服务模式，培育创新文化，发挥其为大学生创业提供场所、公共服务和资金支持及以创业带动就业方面的作用。[①] 2017年3月5日，李克强总理代表国务院在十二届全国人大五次会议上作《政府工作报告》时指出，要新建一批“双创”示范基地，鼓励大企业和科研院所、高校设立专业化众创空间，加强对创新型中小微企业支持，打造面向大众的“双创”全程服务体系，使各类主体各展其长、线上线下良性互动，使小企业铺天盖地、大企业顶天立地，市场活力和社会创造力竞相迸发。[②]

根据《意见》指导，各高校通过完善创业平台建设和学生创业指导服务，强化和

① http://www.gov.cn/zhengce/content/2015-03/11/content_9519.htm.

② http://www.gov.cn/guowuyuan/2017-03/16/content_5177940.htm.

保障创新创业实践。

平台建设方面，完善或启动大学科技园、大学生创业园、创业孵化基地和小微企业创业基地建设，扩展校内外实践教育基地、创业示范基地、科技创业实习基地和职业院校实训基地，更新创客中心、创客咖啡、创吧等高校众创空间形式，支持高校学生成立创新创业协会、创业俱乐部等社团。

创业服务方面，建立健全学生创业指导服务专门机构，进一步落实机构、人员、场地与经费“四到位”，着力实现公共设施、咨询服务、政策信息、中介代理、投资贷款、导师指导等方面的持续帮扶、全程指导与一站式服务，与政府、企业等协同合作，不断完善创新创业信息平台建设，搭建商务洽谈、项目对接、机构辅导等社会互动渠道，提升学生科技成果转化及中小企业成长速度。

现选取全国211高校中的代表成果予以展现（如表5－2所示）。[①]

表5－2　重点高校创新创业基地建设情况

黑龙江	东北林业大学 ＊大学生创新创业基地：专注于大学生创业及就业的专业培训和市场拓展，重点扶持以科技成果转化为核心技术的创业项目。 ＊大学生创业园：划分为创新创业人才培训区、创客空间、创意区、实践区、管理办公室及咨询区，对入孵项目提供“一站式”免费服务；提供创业实践教学平台和创新创业教育课程；邀请优秀企业家、公司高管、高校学者组建专家顾问委员会指导；引进创业、风险投资基金。 东北农业大学 ＊科技园：以发展现代化大农业为己任，以学校农业生物、信息、工程等高新技术创新成果为基础，重点培育和孵化涵盖良种开发、农畜产品生产、农畜用生物制剂、肥料、农药、饲料、兽药、农业设施、农用装备、农畜产品加工和农业物料循环利用、农业防灾减灾技术开发等科技企业。 哈尔滨工程大学 ＊科技园：黑龙江省电子信息产品研发、销售、生产一体化的高科技园区，发展方向定位在海洋科技设备、能源设备等船海技术研发领域；搭建创业服务中心、教育培训中心、网络中心、科技产品交易中心、投融资中心、商务服务中心和一个博士后科研工作站的创业孵化体系，拥有工商、税务、法律、融资、专利代理等中介机构。 ＊“创立方——大学生创新创业实践训练基地”：划分为“五区一厅”，即意识普及区、创客培养区、产品研发区、创业苗圃区、创业街区及创业咖啡厅，连接创新创业教育教学和创新创业企业孵化。

① 根据教育部网站、高校官方网站、社会知名媒体网站（新浪、凤凰、搜狐等）等公开资料整理。

（续　表）

吉林	吉林大学 ＊孵化平台：将净月校区改造为吉林大学学生创新创业园和“互联网＋”产业聚集园。 ＊管理学院 i. FlameJLU 创客空间：构建校内实验平台、校内专业导师团队、校内管理类、法律类导师团队、校外企业家导师团队、省内孵化机构、风险投资对接、省内主管机构等一站式创业服务。 ＊文学院“创客文苑”：组织学生进行头脑风暴、创业沙龙等活动，定期举办“创业经验交流座谈会”，建立创业信息中心，提供模拟创业的场所及创业项目选择指导、项目可行性评估、风险评估等服务，开展创业素质测评和创业素质拓展，引进创新思维训练系统，开展职业生涯规划，进行成果展示。 延边大学 ＊科技园：依托延边大学和延吉高新技术产业开发区建立，以食品、药品和信息技术为特色的科技成果转化基地、科技企业孵化基地和创新创业人才培养基地。 ＊延边州中小企业创业孵化基地与延边大学农学院食品科学与工程专业签订大学生创新创业实践基地合作协议，开展创新创业培训、创业项目诊断、一对一辅导等服务。
辽宁	大连理工大学 ＊π 空间：官方唯一创客基地，隶属于大连理工大学创新创业学院，提供财务代理、开业指导、法律咨询、创新实验室技术支持、新闻发布会、企业合作、创业培训、专利申请、人力资源、投资人对接、投融资服务、大赛指导、房屋租赁、投融资路演、创业政策咨询和工商注册等创业服务。
北京	清华大学 ＊清华 x－lab：由 14 个院系合作共建的新型创意创新创业人才发现和培养的教育平台，为本校学生、校友和老师的创新创业项目提供实践场所；与清华科技园、清华控股和清华企业家协会建立战略合作伙伴关系；开展创新工作坊、驻校企业家和驻校天使咨询服务、北极光系列创新讲座等活动。 北京大学 ＊参与建设北京海淀、房山、大兴，天津，横琴，青岛海尔，大连和江苏 8 处孵化基地。 ＊北京大学科技园联合北大及社会相关单位发起成立北大创业家俱乐部，建立“创启未来”创新创业服务品牌，开展“国际青年科技创业大赛”“北大创业孵化营”“企业百家行”“创业大学堂”等系列服务产品。 ＊北大创业孵化营：由北大孵化器联合北大・清华 TMT（科技、媒体、通信）校友创投联盟联合运营，打造京城顶尖众创空间。 中国人民大学 ＊文化科技园：涵盖了出版发行与版权贸易、文化艺术、广播、电视、电影、软件、网络及计算机服务、广告会展、艺术品交易、设计服务、旅游、休闲娱乐、其他辅助服务等文化创意产业的全部业态。 ＊大学生科技创业实习基地：定位为全国首家依托大学建设的专门针对文化创意产业的大学生科技创业实习基地，培育依托人文社会科学成果开展科技创业的学生创业企业。

（续　表）

北京	北京交通大学 ＊科技园：与北京市工商行政管理局海淀分局共建了“大学生自主创业指导中心”和“大学生创业园”，搭建了主要有企业管理平台、行政人事管理平台、风险投资对接平台、技术转移平台、信息发布平台、资源共享平台、咨询服务平台、管理培训平台、宣传网络平台、企业综合信息数据库以及专家人才信息数据库等多项服务平台和数据库。 ＊科技孵化器：与北京泰华创业投资管理有限公司共同投资设立，致力于建设成为“以轨道交通为主线，以智能交通、通信与信息技术、光机电为重心”的专业孵化器。 中国农业大学 ＊以海淀区上庄镇农业科研实验站为基地，租用3亩（约2000平方米）耕地，建立大学生农艺创业园，为大学生自主创业团队提供农业科技创业平台。 北京化工大学 ＊科技园：东校园区中有5000平方米的科技产业、项目孵化用房及8000平方米的办公用房（安华大厦）；西校园区中有8000平方米的孵化、办公用房（荣茂楼），2000平方米的实验、科技开发用房（教学楼西半楼）；昌平园（中试孵化基地）主要承担学校生物资源、医用新材料、高分子材料、绿色化工、节能减排新技术等优势学科创新平台重大成果的中试孵化；密云园（产业化示范基地）主要承担生物制品、新材料项目的孵化及下游日化产品、高分子材料的加工与生产；园内设立学生创业风险基金和科技创新基地。 北京理工大学 ＊科技园：建有理工园、密云园、宁波分园、云南分园、赤峰园及房山石楼医药化工孵化基地；园区内有留学人员创业园、孵化器公司、共享实验室服务平台、学生创新创业基地等机构形成的孵化平台；突出学校国防技术特色，开拓为国防工业发展的产学研新模式，拓展军民两用产业，同时在信息技术、光机电一体化、生物医药、新能源环保等方向聚集了企业群体。 ＊孵化器：与北京高技术创业服务中心共同建立，孵化的方向主要是机电、信息、控制、新材料、医疗器械、医药、节能产品和环保产品等高新技术。 北京科技大学 ＊科技园：初步形成了以科技园公司为龙头，以方兴孵化器、留学人员创业园、北京市新材料技术转移中心、北京科大分析检验中心、新兴产业技术研究院等为支撑的科技园建设体系，形成以新材料和制造业信息化为特色的科技园区。 北京林业大学 ＊科技园：“创业苗圃”即北林科贸楼创业基地，是高校师生创业实战的演练基地和创新创业项目的选拔基地；“孵化器”即皓客众创空间，主要提供低成本的办公空间，孵化已落地注册企业的早期创业项目；“加速器”即北林学研中心内的中关村生态环保创新园，集聚了生态环保行业龙头企业的研发总部；产业园即北林东升科技园，是北林科技园的区域合作拓展项目，建有中关村生态环保企业总部基地和中关村创业花园，以及以花卉、苗木新品种新技术等为主的圃园一体化产学研示范基地。 北京外国语大学 ＊科技园：与北京市政府共创，在数字出版、多语服务、国际教育和文化创意等方面形成了自身产业发展定位。

（续 表）

北京	北京邮电大学 ＊科技园：以信息科技为特色，搭建具有信息通信为特色的专业孵化体系；分别与园区内多家相关企业共同筹建了多个学生创业就业实践基地；与就业指导中心签署共建学生创业就业实践基地协议。 ＊创业孵化服务平台：平台网站旨在提供基础入口，使基地的服务与资源能通过互联网的形式传播，并加快整个服务过程，同时也起到收集项目、反馈信息的作用。 华北电力大学（北京） ＊科技园：注重形成电力、能源行业的园区特色，潜心打造“中国电力智慧科技园”，已拥有科技创新创业实习基地、小企业创业基地服务、展示平台等系列服务设施；全面启动华北电力大学国家大学科技园创新创业平台，为创业企业解决基本的设施保障问题并提供创业导师。 中国传媒大学 ＊文化创意园：中国传媒大学下属的集创新人才培养、创意项目孵化、文化公司聚集、国际国内文化交流合作等为一体的文化创意园区，由中国传媒大学文化产业孵化器、创新人才培养基地、文化产业集聚区、高端影视制作区、传媒精英总部五大功能区组成，中国传媒大学 MBA 学院、文化发展研究院、新媒体研究院、培训学院、亚洲传媒研究中心、国际传媒教育学院、区域经济研究院、国家文化创新实验区中国传媒大学推进办公室等单位已入驻。 对外经济贸易大学 ＊在建成“求索创客”空间的基础上，成立“求索创客”俱乐部，为校内优秀创业团队搭建创新创业学习和实践活动的空间。 中国政法大学 ＊与中科招商投资管理集团股份有限公司举行了共同打造创新创业实践基地、构建众创空间。
天津	天津大学 ＊“搭伙”众创空间：为天津大学在册的全日制本科生、研究生以及毕业 5 年内的校友进行创业实践提供资金、入驻办公场地、创业咨询、辅导、孵化、培训、宣传、融资及产学研对接等服务。 南开大学 ＊玑瑛青年创新公社：青年创新创业实践基地；GENS TIME 琢璞创业茶坊为大学生搭建创新交流共享空间，配合茶饮、沙龙、创业培训、场地租用等服务；GENS TIME 琢璞沙龙通过创新公社系列活动提升创业就业综合能力、匹配资源；GENS TIME 琢璞时间提供导师团一对一咨询；提供校内办公空间、主题创业实践和已创业团队招募服务；举办创意市集、玑瑛嘉年华等活动；GENS MAKER 创客空间展示创客成果、传播创客文化、举办创客活动。 ＊南开大学首个校友创新创业基地在空港经济区创新创业中心成立，该基地下设孵化器及投资基金，为创业者提供创业孵化、创业服务、创业融资等服务。 天津医科大学 ＊“天医执信”众创空间：与执信（天津）科技企业孵化器有限公司合作完成建设；从苗圃、孵化、实践基地三层为学生创业者提供创业服务，空间内很多昂贵的医疗设备和书籍免费提供给创业学生使用。

（续　表）

山东	山东大学 ＊科技园：开展创新、创业和投资活动，重点领域是电子信息技术与应用软件开发、新材料、生物技术、新药开发、精细化工、新能源与环保技术、机械、现代物流、智慧城市等。 ＊盈创空间：山东大学学生就业创业体验中心，为大学生提供就业创业测评与咨询、创业教育、模拟实训、项目路演、创业融资、创业孵化等综合服务。 ＊创新创业俱乐部：构建基于“O2O”（线上到线下）模式的新型创业服务机构，线下定期开展职场精英荟、创业英语角、大学生创业沙龙、周日创业下午茶、创业嘉年华等品牌活动。 ＊“创 e 家”“山东大学创客实验室”：按照“互联网＋”理念，构建便利化、开放式的众创空间。 ＊建成校内创业基地，与中科招商集团合作开展创业指导、项目孵化工作。 ＊依托北京、深圳、苏州等地研究院，以及建设中的山东工业技术研究院、青岛—山东大学中美国际科技创新园等，推进校外实践基地建设。 中国石油大学 ＊科技园：先后建成创新园、东营园、克拉玛依园；先后构建了黄河三角洲可持续发展研究院、博士后科研工作站、院士工作站、泰山学者岗、海外留学人员创新创业基地、黄河三角洲青年创业基地等高端人才平台。
安徽	中国科学技术大学 ＊创客中心：位于先进技术研究院未来中心大楼，内设展示区、轻操区、重操区、休闲交流区四大功能区域，配有光纤激光切割机、3D 打印机和台式车床等设备和工具，并与先研院四大研发与评测中心及中科大各大实验中心、众多合作企业实现设备、人才等资源共享。 安徽大学 ＊青年创业基地：与合肥高新区和安徽大学校友企业家协会共建，主要培育和孵化起步阶段的科技型创业企业。
上海	复旦大学 ＊复旦科技园创业中心：涉及 IT（信息科技和产业）、新材料、环保、能源、光机电等诸多行业，为企业提供融投资、项目申报、中介平台、培训、市场开拓、优惠政策落实等孵化服务。 上海交通大学 ＊孵化器：上海慧谷高科技创业中心，与上海市科学技术委员会及徐汇区人民政府联合组建的社会公益性国家级科技企业孵化机构，立足于为科技企业技术创新创业提供全程服务；浙江秀洲慧谷科技创业中心，国家级科技企业孵化器，位于上海交大嘉兴科技园内，是公益性科技服务机构，采用“联络员＋辅导员＋创业导师”和“创业导师＋专业孵化＋风险投资”的二级服务模式；上海交大金桥科技园孵化器，市级科技孵化器，由创业苗圃、综合型科技孵化器、科技加速器和总部园区组成，入驻企业以 IT 创新创业、智能电网用户终端系统产品、低压电器上下游合作产业链以及各类工业设计创意服务企业为主；上海新慧谷科技产业园，上海市科技企业孵化器，旨在培育初创阶段以及成长期的科技型中小企业和企业家，在孵企业所从事的技术领域以信息技术为主。

（续 表）

<table>
<tr><td>上海</td><td>* 创业苗圃：上海慧谷高科技创业中心科技创业苗圃，为创业者提供即来即用的办公条件、基本公共设施、基本创业服务（公共秘书、公共财务、法律和会计咨询等），配备专门的服务团队，建立创业项目信息数据库全程跟踪，按照一定比例推选优秀科技创业计划；上海新慧谷科技产业园科技创业苗圃依托上海新慧谷科技企业孵化器，向已有创业项目而尚未注册公司且符合入苗圃条件的创业团队免费提供办公场地，提供专人跟踪服务、配备创业导师进行创业“预孵化”服务，为已有创业项目而尚未注册公司且入驻创业苗圃的创业团队提供创新创业环境，最终能够依托创业项目成立公司；上海交大金桥科技园科技创业苗圃为创业团队提供免费的办公场地，促进创业项目产业化，为所有创业项目配备创业辅导员全程服务，已吸纳附近多所高校的大学生创业项目。
同济大学
* 创业谷：举办“大师面对面”创业谷讲堂、“梦想成真”招标答辩会、“答疑解惑”政策咨询日、“讲述我的故事”团队路演秀、“3 分钟的我”公共社区大聚会、“看看我的创业路”下午茶时间等活动；专职教师、兼职教师、特聘企业导师、客座政策分析师等全程指导；与区域政府、企业联合，项目团队进行实战经营、研究实践和推介展示；与社会力量互补对接。
* 科技园：先后建立了赤峰路孵化基地、国康路创业基地、邯郸路基地（同济晶度）、同济大学沪西园区、常熟基地、浙江产业园、南通产业园以及苏州基地，在建的宝山国际设计产业园。
东华大学
* 众创空间：上海首个高校众创空间。一期建设拟以东华大学工程训练中心、实验室等为载体，在提供 3D 打印机、数控机床、智能切割机等实体加工制造资源的同时，还规划建设云桌面服务，通过校园局域网将常用设计工具、计算资源、素材资源等，开放提供给全校在校生。同时通过互联网，引导学生积极获取全球创客资源，包括可共享的产品设计、模型素材、在线知识库、开源软件等，为学生实现创意提供多元服务。学校还将改造工程训练中心，升级设备、场地，将众创空间打造成为集成化、跨学科的创新教育、创新实践与创新孵化平台。
华东理工大学
* 科技园：重点聚焦信息产业、生物医药、新材料及科技服务业，以“R&D 环境提供商”为市场定位；先后参与建设或负责管理的园区有华泾基地（一期至四期）、龙华基地、梅陇基地、浦原基地、G7 软件基地、凌云基地等；园区内初步形成了科技项目转化的产业链，既有初创期的孵化企业，也有成长期的中小型科技企业，还有全球 500 强企业以及大型企业的研发机构。
华东师范大学
* 创客空间：设有团队入驻区、创客活动区、成果展示区、创客咖啡吧以及创客技术吧，主要面向在校大学生及校友开放；邀请上海市首家以“创客空间”为字号的国家级众创空间——上海鼎创汇创客空间管理有限公司（IF GEEK SPACE）作为运营支持方；空间具有展示成果作品、孵化创业团队、开设创业课程、运作创客咖啡、展示创客技术五大功能。</td></tr>
</table>

（续　表）

上海	上海财经大学 * 科技园：现代产业金融服务园，以促进区域成长，服务社会，促进高校就业为目标兼具产业孵化功能，又突出以投融资创新服务为特色，主营业务包括战略管理咨询、园区投资开发、园区运营管理、企业综合服务、金融增值服务等多个板块。财大园区内已集聚近2500家企业，已被园区纳入创业实践基地，为学校创业学生提供一线的创业实践。 上海外国语大学 * 互联网创新创业实践基地：国际工商管理学院与蚂蚁创客空间联合搭建，使学院学生（尤其是充满创业热情的MBA学生）拓宽创新创业思路并开展互联网创新创业实践。
江苏	南京大学 * 南大科技园：创新创业教育园面向仙林高校实施创新创业通识教育，面向华东地区提供高层管理教育培训，面向国际知名大学提供来华学习培训，进行创新创业的研究、实验及孵化；空间科学技术园创建具有国际影响的天文与空间科学技术研究机构；智慧园重点发展以物联网为核心的新一代信息技术、新一代现代通信技术和新一代光电技术，着力于射频识别（RFID）、传感器、智能芯片、无线传输网络和智能电网等关键技术的研发；文化产业园重点发展语言服务外包、出版、艺术创作、工业设计等文化产业；新兴产业基地聚焦高端装备、精密工程、新能源、新材料、环保服务等新兴产业，建立产业研发、孵化基地。 东南大学 * 科技园：在南京分别建有长江后街园区、栖霞园区、高新园区、建邺园区、下关园区、江宁园区六个分园区，在江苏省内还建有苏州园区和扬州园区。 * 学生创业中心：孵化服务包括“工商和税务特别通道”“财务托管”“创业导师”“企业特别联络员”“学生创业基金”和“基金专员”等。 中国矿业大学 * 科技园：以“能源、环保、循环经济”为重点发展领域，徐州市乃至淮海经济区高层次人才集聚、科技成果转化和战略新兴产业培育的重要基地。 *“太阳谷创新驿站”：矿大科技园打造的众创空间，包括展示区、苗圃区、创新工坊、太阳谷创新创业实战训练营、上海股权托管交易中心矿大科技园企业挂牌孵化基地、公共技术服务中心等；提供创业教育、创业实践、创业实践三层次创业培训，项目路演，成果转化，公共服务和创业指导；创业项目涉及软件开发、网络信息技术、智能机器人制造、煤矿地球物理勘探技术、新材料、管理咨询等领域。 江南大学 * 科技园：A区为大学科技园创业孵化区，以托管为主，主要以孵化光电子、精密机械自动化、仪器装备和软件为主，建立了风险投资、产权交易、信贷融资、信用担保、改制上市等全方位、多元化的科技投融资服务平台；B区为传感网络特色园区，主要围绕物联网产业，重点转化引进物联网技术应用成果项目，培育技术型公司，投资政产学研合作的物联网企业，共建江南能源研究院、教育部物联网应用技术工程研究中心；C区位为生物医药、文化创意特色园区及大学生创业园，主要以公共技术服务平台支撑，提供生物医药、食品技术、数字媒体、创意设计等服务，促进科技成果转化，同时打造大学生创业模拟、培训、孵化、融资、信息、交流六大平台。

（续 表）

江苏	＊大学生创业基地：与无锡山水城科教产业园、江南大学国家大学科技园三方合作共建；主要面向江南大学三、四年级本科生和研究生以及毕业两年内的毕业生开放；正在积极筹划成立“江苏省无锡大学生创业联盟”，为大学生企业搭建经验交流、信息共享的平台。 南京航空航天大学 ＊创业孵化中心：以南京紫金立莘创业投资有限公司为载体，以溧水经济开发区南航大学生科技创业中心与江宁经济开发区南航大学生创业园为拓展平台；建成近5000平方米的学生发展中心，专门用于大学生科技创新以及创业项目孵化，该中心还建成了大学生创业孵化办公区、创业事务运营服务区、创业培训指导区、创客空间交流区等6大功能区；建立了网络信息服务平台。 ＊先后建立了南航溧水大学生科技创业中心、南航江宁大学生创业园等一批校外大学生创业基地，行业领域主要以电子信息、新材料、机械技术为主。 南京理工大学 ＊先后建成由大学生创业孵化园、国家大学科技园内大学生创业园、紫金常春藤大学生创业园组成的大学生创业实践基地。 ＊科技园：以军转民与军民两用高新技术为优势，重点发展“光电与电子信息、机电一体化与先进制造、新材料、环保与节能、军转民与军民两用”等领域中的高新技术和高科技产品。 苏州大学 ＊科技园：形成了技术创新区、科技创业区、高新技术产业区，搭建了科技创新创业服务体系、科技中介服务体系、投融资服务体系和创新创业人才培育体系，为入园企业提供基础服务、投融资服务、市场平台服务及专业的技术服务平台。 中国药科大学 ＊“阿里云创客＋基地”与中国药科大学理学院签约大数据实训基地，从大数据双创中心、大数据课程培训、大数据科研项目三个方面进行深度合作，未来将推出以“创业扶持、科研合作、人才培养”为目的的一系列合作项目。
浙江	浙江大学 ＊杭州市大学生创业园：与西湖区政府联合建立（西湖·浙大科技园），已创办大学生创业企业300多家。 ＊e－WORKS创业实验室：由浙江大学国家大学科技园管委会牵头，联合浙江大学党委研究生工作部、浙江大学管理学院、浙江大学创新技术研究院有限公司、浙江大学科技创业投资有限公司等单位共同打造建立，以500万元种子基金、免费孵化场地、1对1企业家导师指导及相关政策优惠孵化扶植极具潜力的在校大学生创业团队。 ＊紫金众创小镇：浙大与西湖区联手规划建设，依托浙大紫金港校区、玉泉校区、西溪校区，紫金创业园（留祥路国际创业创新街）、西湖科技园、浙大科技园等技术力量，打造创新创业社区。紫金创业园作为小镇的核心区、先导区和示范区，将包括科技企业孵化机构群、技术研发机构群、高校科技产业群、创新创业培训机构群、中介服务机构群和配套服务机构群，集写字楼、高星级酒店、商业、文化等多种业态。 ＊义乌创业育成中心：与义乌市政府全面合作的成果之一，由义乌市提供办公与厂房设施，浙江大学派出专职教授、副教授、博士等10多人常驻育成中心，开展企业孵化、项目对接、技术研发、融资代理、品牌策划、培训项目、创业实践基地、两创大学堂、院士沙龙等服务项目。

（续 表）

江西	南昌大学 * 汇智创客空间：与江西移动公司共建，建立双方资源引入、双导师指导服务、学分培训、路演教学和实操对接、外部资源引入、校地保障服务、创业竞赛指导服务等机制。 * 星火众创空间：星火汇吧、星火众台、星火工坊、星火路演、大学生创业指导站五位一体。
广东	中山大学 * 科技园：珠园区重点发展电子信息及数字电视、生物医药、新材料及环保新能源等产业；大学城园区划分为3C设备制造研发区、数字家庭软件研发区、SP内容服务及创意产业研发区；南沙园区由中山大学与广州市政府合作建立，重点发展新材料、生物医学工程技术、生物医药、高端新型电子信息、节能环保技术和海洋技术创新；深圳园区入驻深圳市虚拟大学园；设立“中山大学大学生创业园”“中山大学虚拟大学科技园”“中山大学学生科技创业实习基地”和“中大科技园青年跨界众创空间”，为高校学生提供全方位实习实训和创业就业服务。 暨南大学 * 创业学院：引导和组织社会基金进入校园，与学生的项目进行对接；综合的商科研究群所在地；内设了“大学生创业实验园”，在珠海校区设了“创业学院珠海分院”。 * 与广东冠昊生命健康科技园有限公司共建“We创空间”，由“赢在创新”大赛、创业训练营、创新创业孵化基地三大板块构成。
海南	海南大学 * 创业孵化基地以“三个体系”为主要建设内容：创业教育体系，将系统化的SYB、KAB创业培训和常态化的创业沙龙、创业咖啡相结合，普及化的创业讲堂和专业化的创业模拟实践相结合；创业服务体系，为创业大学生提供关于运营空间、企业运行、资本运作、风险规避等创业实务的咨询和培训全方位服务；创业团队孵化体系，设立“种子计划”和“阳光计划”。
山西	太原理工大学 * 现代科技学院“胜溪创领”众创空间：借助于“胜溪创领”提供创业教育、拓展实训、导师对接、创业竞赛、项目孵化、项目路演、创业研究等一站式服务。
河南	郑州大学 * 积极推进校企、校地合作，建立星火众创空间、河南三优创业孵化器、河南省国家大学科技园等众创空间和创新创业实训基地。
湖北	武汉大学 * 科技园：以地球空间信息产业（主要指卫星定位系统GPS、地理信息系统GIS和遥感遥测RS，简称3S产业）为主，物联网、汉语推广、生物医药、光电子、节能环保、新材料、新能源等产业为辅，拥有国家地球空间信息武汉产业化基地和武汉大学汉语国际推广教学资源研究与开发基地两个国字号基地。

（续 表）

湖北	＊孵化器：构筑以科技为核心的综合服务体系，形成信息、人才、金融等十大服务内容，为大学生免费提供见习、实习场所和创业环境。 华中科技大学 ＊华中科技大学科技园：分为科技企业孵化区、科技企业加速区及科技企业产业化区，以光电子产业为主导，先进制造业和新材料、软件产业同步发展。 ＊创业苗圃：由“大学生创业社区”和“科技企业创业苗圃”组成，提供创业导师服务、项目申报服务、商务服务、人力资源服务、培训服务、会展服务、投资对接等孵化服务。 华中师范大学 ＊华中师大大学生创业特区：与武汉市科技局、洪山区人民政府联合建设成立的武汉市首个大学生创业特区，已经形成教育培训、信息技术、文化创意及现代服务业等创业产业品牌。 ＊科技园：形成了以数字内容、数字教育、数字出版、创意设计、书画艺术为特色的文化科技创意产业格局，致力于文化科技企业孵化器和文化创意产业园区建设；目前有武汉文化科技创新研究院、华中师范大学国家文化产业研究中心华师科技园基地、国家数字化学习工程技术研究中心华师科技园基地、长江教育研究院和武汉光谷数字家庭研究院5家研究机构；打造了“数字内容产业中小企业公共服务平台”“文化资源数字化应用工程平台”“教育数字内容服务营运平台”等服务平台。 武汉理工大学 ＊创业园：与社会知名企业共同投资建设，一期园区面向大学生创新创业者提供创新空间、办公场地及配套创新创业服务，设有创业办公区、公共服务区、创业产品交易区、管理办公区等。 中国地质大学 ＊建设“一街、一园、两器”校级大学生创新创业基地。 ＊发挥“武汉光谷创意产业”“中地大科创咖啡”国家级创新型孵化器作用，设立一批涵盖地矿油企事业单位和新农村建设示范点的创业就业实践基地。
湖南	湖南大学 ＊科技园：以先进装备制造、新材料、新能源和电子信息为主导产业，着力引进研发机构、检测中心、工程技术中心、培训机构等；园区包括工程孵化大楼、大学生创业大厦、工程研究中心和部分工业厂房；建立公共创业服务平台；引进、建立“汽车轻量化国家重点实验室湖南大学分中心”“汽车电子与控制技术教育部工程研究中心”“湖南省激光增材制造工程技术研究中心”“长沙市发动机动力总成技术及对标检测分析公共技术服务平台”等多个高水平的研究开发机构。 ＊长沙城投集团与湖南大学、湖南师范大学利用“两山一湖”（天马山、凤凰山、桃子湖）物业来发展“双创”产业。湖南师范大学将利用“两山一湖”北区A组团物业约6650平方米打造“桃子湖文化创意产业园”，湖南大学将利用“两山一湖”南区、中区及北区C、D组团约30000平方米打造“创新创业中心”。

（续　表）

四川	电子科技大学 ＊创新创业园区：由电子科技大学创新创业中心、电子科技大学教育发展基金会、博恩集团等7家单位联合共建，提供“E学堂”“E训营”“E创帮”“E天使”等专业服务。 ＊E创空间：联合相关政府部门、创投机构共同发起的“E计划”中为了给电子信息领域创客提供线上线下融合全要素服务而打造的专属孵化器。 西南财经大学 ＊在原有的学生实验超市、学生广告实验公司这两个基地的基础上，在柳林校区建设“创业苗圃”，打造众创空间；在光华校区建设“孵化园”，为学生、西财校友、兄弟高校的学生、老师提供场地使用、资金帮扶、技能培训、专家指导、财务咨询、法律援助等公益性服务。 西南交通大学 ＊科技园：大学生创业服务中心配备专业创业导师逾百人，提供全流程创业辅导和创业培训服务；设有创新创业教育基地、创新创业成果展示区域、学科竞赛基地、科创项目交流室、创新创业报告厅、大学生企业或工作室入驻区域、园区管理办公室以及交流休息室8项功能性区域。 ＊英特尔—西南交通大学大学生创客活动中心：旨在为西南地区创客群体提供培训、交流及开展创客马拉松的空间和机会，推动创客文化、培养创新人才。 ＊与成都市人民政府签署战略合作框架协议，打造“环交大智慧产业城”，建设环交大“科技一条街”“文化一条街”“创业一条街”，共同举办“创业天府·菁蓉汇·西南交通大学”专场活动。 ＊落成面积60000平方米的创新大厦，集科创活动、创新工场、创业咖啡、项目路演、微创企业孵化等功能于一体。 四川农业大学 ＊以学校创业孵化园、张家坪茶园、梨园、农场药材地、温室大棚、鱼池以及院级大学生创业苗圃为主要基地，为学生提供创业企业孵化服务。
重庆	重庆大学 ＊大学生创业园：与重庆科技金融集团有限公司、重庆市青年创新创业基金会、重庆市沙坪坝区创新生产力促进中心共同发起成立，遴选优秀创新创业团队为其提供专业指导和支持。 ＊沙坪坝区众创空间联盟：协同重庆市沙坪坝区牵头成立的重庆市首个众创空间联盟。
云南	云南大学 ＊云大启迪科技园/云大启迪众创空间：与清华启迪控股股份有限公司签署合作协议共同建设，科技园重点建设科技、教育和文化产业的孵化园，打造针对云南大学的创业综合体，众创空间形成创业成果展示、创业成果转化、创业项目孵化、创业培训服务综合体。

（续　表）

贵州	贵州大学 * In One 创客空间：与经开区共同打造，为创业者构建了包括“团队招募”“孵化＋创投”“团队注册”“团队企划”等在内的综合服务模式。
新疆	石河子大学 * 科技园：已建成涵盖科技企业孵化、产业化技术创新公共服务平台、大学生创业实习实训基地、科技投融资及中介服务机构等创新创业要素资源的综合孵化空间 2.38 万平方米，建成“新疆生产建设兵团特色果蔬加工国家地方联合工程研究中心”“新疆生产建设兵团特色经济作物收获机械国家地方联合工程实验室”，引进了“石河子大学新农村发展研究院”“国家遥感中心兵团分中心”“石河子市农业信息化工程技术中心”等高水平创新服务机构。 * 大学生虚拟创客空间：开展线上、线下相结合的创业辅导和培训，搭建学生创业就业和科技型小微企业互动交流平台。 新疆大学 * 就业创业实训基地：包括创业培训、图书资料、创业模拟、企业孵化四大功能区，已经建成涵盖创业教育、政策实验、理论研究、师资培训、创业就业实训、企业孵化、项目对接、职业培训等多元一体、立体发展的综合性实训基地，并专门成立了创业指导中心。
陕西	西安交通大学 * 科技园：以信息技术、新材料技术、生物医药技术和以信息技术为核心的其他高新技术为重点发展领域，中国西部地区科技成果转化、高新企业孵化和创新创业人才培养的重要基地。 * 与西安高新区共建 2000 平方米众创空间。 西安电子科技大学 * 科技园：由西安电子科技大学科技园、新疆科技园、立人科技园以及西安电子科技大学科技成果转化中心 4 个部分组成。 * 星火众创空间：打造具有电子信息行业特色的众创空间，以大学生活动中心“创业苗圃”为主阵地，连接创新实验室、创客空间、创业咖啡、24 小时创新创业工作坊等，形成“1＋N 的创新创业共同体”，搭建起一个具有导师帮扶、资本对接、技术交流、创业咨询等服务功能的“创业苗圃”和具有全产业链服务能力的大学生创新型创业“校园预孵化器”。 西北工业大学 * 科技园：建设围绕高端装备制造、新兴信息产业、新材料、新能源四大战略性新兴产业发展为重点的军民结合产业聚集区（集群）。 * 在西北工业大学创新中心的基础上，构建了“学院苗圃＋学校孵化器＋校外加速器”创业孵化培育体系。 西北农林科技大学 * 将 5000 平方米的独立建筑改造为大学生创业园，并与杨凌示范区共同携手将创业园打造成具有培训、训练、孵化、服务等功能为一体的创业实践园区。 * 先后与陕西省创业促进会、西安市生产力促进中心合作成立“大学创业服务站”和“大学生创业训练园”，整合创业优势资源，帮扶大学生创业项目成功孵化。

（续　表）

陕西	＊设立 YBC（中国青年创业国际计划）西北农林科技大学创业服务站，从资金、场地、导师和课程培训等方面为创业青年提供全面系统的支持。 陕西师范大学 ＊建设大学生创业孵化基地“创客之家”，建成大型仪器设备共享平台，建设就业文化墙、网络招聘室。 西北大学 ＊建立大学生“创意创新创业”空间孵化基地；建立现代学院大学生创新创业孵化中心，提供办公场地、资金支持、技术指导、设备使用、人员配置等支持。 长安大学 ＊科技园：建设以总部办公写字楼、企业孵化器、重点工程实验室及相关配套为一体的科技产业综合园区，为高新技术企业科研研发、人才培育、科技成果转化提供发展空间和专业服务，在浐灞生态区发展成集创业苗圃、创客空间、创业交流平台为一体的“众创空间”孵化基地。 ＊建立以创业咖啡、创业驿站、创业俱乐部等为载体的创业体验平台，以校企联合创新创业实验室、实践基地为载体的创新创业模拟实践平台，以大学科技园为依托的创新创业孵化实战平台，形成能为学生创新创业项目提供信息服务、项目对接、资本支持的三位一体的平台机制。
甘肃	兰州大学 ＊“三颗豆”大学生创业平台：以兰州大学优秀学生为主体的创业大学生综合创业服务平台。 ＊创新工场：通过新型互联网孵化模式，为兰大创业者提供在线孵化支持和新媒体服务，国家相关政策指导和高价值潜在合作伙伴介绍等服务，安排全面导师指导，提供天使基金。

三、创新创业资金保障

为破除制约高校学生创业的资金桎梏，各地区多渠道统筹、安排、使用、管理资金，为高校创新创业保驾护航。

高校层面，优化经费支出结构，增加创新创业资金投入，通过启动资金、创业经费、奖学金等方式对大学生创业计划与创业项目予以支持和鼓励，激发创新创业热情，推动项目成果落地转化。

政府层面，不断完善政策保障体系，进一步整合财政和社会资金，加大大学生创业奖励、担保贷款、贴息贷款等支持力度，联合机构、高校等共同设立创新创业基金等。

社会层面，机构、企业、校友会等与政府、高校通力合作，通过设立基金、捐资等方式支持高校创新创业发展。

现选取全国211高校中的代表成果予以展现（如表5－3所示）。①

表5－3 重点高校创新创业资金保障情况

黑龙江	＊黑龙江省大学生创业贷款担保有限公司：由黑龙江省人民政府出资并批准设立的全国首家为大学生创新创业提供专业融资担保服务的省级政策性担保机构，注册资本为1亿元人民币。 哈尔滨工业大学 ＊哈工大科技园以无偿资助、资本金注入等方式对在孵企业和项目进行扶持，目前累计金额已近1500万元。 东北林业大学 ＊投入400万元支持大学生创新创业，设立“创青春”大赛、全国大学生创业大赛专项资助基金。 东北农业大学 ＊大庄园大学生创业创新基金：与民进黑龙江省委员会和黑龙江大庄园集团共同发起成立，大庄园集团出资200万元人民币作为大学生现代畜牧业创业创新奖励基金。 哈尔滨工程大学 ＊创业教育学院的成立得到了“一手店”董事长孙军先生首捐500万元和校方500万元配套资金支持，专门用于大学生创业平台建设和项目孵化。
吉林	吉林大学 ＊晨星创新创业基金：由北京同创九鼎投资管理有限公司与吉林大学共同设立，北京同创九鼎投资管理有限公司将在3年内完成投资3000万元基金计划，专项用于吉林大学在读学生个人发展、创新及创业项目支持。 ＊创新创业专项资金：用于创业教育及培训、创新创业理论研究、创新创业实训平台建设（软、硬件）、各类创新创业竞赛、学生创业孵化基地建设及创新创业信息化建设。
辽宁	＊辽宁省大学生创业资金：2007年辽宁省政府设立5000万元大学生创业资金，按照无息借款、股份投资、贷款贴息三个方向对创业大学生提供扶持，截至2015年累计发放资金近600万元。 ＊辽宁省大学生创业联合基金：辽宁省大学生就业局与辽宁百家创业投资有限公司签署战略合作协议，组建首只大学生创业联合基金，将专门针对大学生创业者提供投融资服务。

① 根据教育部、人力资源社会保障部等部委网站，高校官方网站，社会知名媒体网站（新浪、凤凰、搜狐等）等公开资料整理。

（续　表）

辽宁	＊沈阳市政府拨出专项经费用于设立沈阳市大学生及青年创业就业发展基金，基金总额为5000万元：其中1000万元用于政策性创业贷款，为在沈创业青年创建的小微企业提供零门槛的公益性免息创业贷款；4000万元用于引导性创业股权投资，以政府资金撬动社会资本，截至目前已吸引斯迈夫、盐商集团等社会资本近3亿元，成立了多领域的专项创业投资基金。 大连理工大学 ＊大连皓天科技有限公司捐赠设立创新创业学院教育发展基金。 ＊校友设立“斯嘉丽创新创业基金”专项奖学金。 大连海事大学 ＊辽宁省高校首个百万元大学生创新创业基金落户大连海事大学，大连凌峰科技发展公司出资100万元设立大连海事大学“大学生凌峰科技创新创业基金”。
北京	清华大学 ＊水木清华创业投资基金：国内首家专门用于支持学生和校友创业的投资基金，专注支持校友创业，投资总额一般不超过100万元、股份一般不超过10%，联结其他校友基金形成天使期项目的合投机制，合投金额一般为300万～1000万元。 ＊清华x－lab创业DNA基金：在清华控股和启迪控股直接支持下创立的创业基金，为从“0”到“1”阶段的创新创业项目提供实质性的支持，收益主要用于支持清华x－lab的高效运营。 北京大学 ＊北大创投基金：由北京大学校友会二级分会组织北京大学企业家俱乐部联合北大产业研究院发起并全权管理。 中国人民大学 ＊文化科技园设立500万元创业投资基金，对优秀企业直接投资。 北京交通大学 ＊神州高铁创新创业基金：由杰出校友神州高铁科技股份有限公司董事长王志全出资500万元设立，为在校学生及青年校友提供创业支持。 北京师范大学 ＊“实践创新之星”学生奖励基金：基金规模在300万元或以上，为期10年，每年资助品学兼优、在实践与创新方面取得突出成绩的学生（团队）开展一项社会实践与创新活动。 中国农业大学 ＊校友股权投资基金：由母校企业家校友联谊会发起，首期启动资金10亿元，为有潜力成为中国未来大农业类商业领袖的创业校友提供股权投资、项目孵化、知名企业家校友深度辅导的平台，致力于扶持处于成长期的优秀校友企业“禾中青年创新创业”基金：禾中控股向中国农业大学捐赠1000万元人民币设立。 ＊投入335万元建设4个本科生创新实验室。 北京航空航天大学 ＊歌尔集团董事长姜滨校友代表企业向北京航空航天大学提供2亿元人民币捐款，主要用于三个领域：设立“智能创新技术研究院”，支持开展前沿科学研究及成果转化；设立“歌尔卓越青年学者访学奖学金”，每年支持10名北航优秀青年学者赴国外一流机构访问留学；设立学生奖学金以及以北航名誉校长命名的“沈元基金”，用于资助和奖励优秀学生、“沈元奖章”获得者、“北航榜样”人物等。

（续 表）

北京	＊成立北京航空航天大学校友企业家俱乐部，深圳市强华科技发展有限公司董事长黄永强校友捐赠人民币500万元、深圳市金百泽科技集团董事长武守坤校友及夫人林鹭华校友捐赠人民币100万元用于教育基金会设立“航空强国中国心”基金，北京泽泰科技有限责任公司董事长施雷校友捐赠100万元人民币用于支持学校学生科技创新活动，多彩科技集团有限公司董事长夏炜捐赠100万元人民币用于校友发展基金。 北京林业大学 ＊北林科技园设立了首期5100万元的生态发展创投基金和总额20亿元的生态产业并购基金。 北京邮电大学 ＊九鼎投资晨星成长计划联合《创业家》杂志社在北京邮电大学启动了总额3000万元的北邮专项基金，为在校学生提供创业、留学、游学、培训等一切成长性的资金支持。 华北电力大学 ＊科技园与中国银行、北京银行、光大银行、交通银行、招商银行签订战略合作协议，初步为园区企业提供6亿元的授信额度。 中国传媒大学 ＊天洋创新专项基金：由天洋控股集团向中国传媒大学捐赠5000万元人民币设立，将用于支持中国传媒大学师生的创新性研究和自主创业项目，支持中国传媒大学的人才引进及自主聘请国内外知名学者来校讲学及任教，资助传媒大学师生影视作品和其他文艺作品的创作活动，资助师生继续深造及参加国内外学术会议等。 中央民族大学 ＊2016年投入经费630万元资助大学生科学研究训练和创新创业训练等项目。 对外经济贸易大学 ＊对外经济贸易大学—经纬学生创新创业基金：全国政协委员、香港经纬集团董事局主席陈经纬设立，分期5年，每年200万元，共计1000万元，支持学生的创新创业活动。
天津	天津大学 ＊汇集了数十亿元基金的创业资金池：“宣怀基金”300万元、中科招商集团投资基金30亿元、天津大学北京校友会“1895创业基金”1亿元、天津市和平区等7个区政府和其他7家企业创业基金2亿元。 ＊与中科天大新英科技有限公司合作设立300万元的种子基金。 南开大学 ＊每年500万元经费给学生进行创新和创业方面的专项支持。 ＊针对创业校友设立的创业引导基金，首期1000万元份额已被有投资意向的校友认领一空。二期计划是3000万元，由南开深圳商会创业发展委员会发起设立，并委托专业基金管理公司进行管理。引导基金面向南开校友企业家进行募集，用于支持并帮扶南开师生、校友创始或发起的优秀创业项目。 河北工业大学 ＊设立180万元的创新创业基金，创新服务中心对科技创新项目给予1000元到2万元不等的资助，教务处创新创业训练计划项目给予2000元到1万元的资助。 ＊学校陆俭国教授拿出100万元作为大学生科技创新基金，支持学生创业。

（续 表）

山东	＊泛海扬帆山东大学生创业行动：由中国西部人才开发基金会、泛海公益基金会会同省委统战部、省人力资源社会保障厅共同发起，自2016年开始每年捐赠300万元资助大学生创业项目，连续实施5年，累计捐赠1500万元。 ＊星星之火——山东在校大学生创业资金扶持计划：共青团山东省委2016年为支持和鼓励山东在校大学生创新创业开展的资金帮扶项目，280万元大学生创业无息贷款将直接扶持约80个大学生创业团队，优秀在校大学生创业者（团队）可申请2万~4万元的无息创业贷款，高校作为申请主体可直接向山东省青年创业就业基金会提出额度为20万~50万元的资金申请。 ＊山东省大学生创业基金：共青团山东省委和中国联通山东省分公司共同设立，规模为3500万元，计划在3年内建成200个创业社，覆盖100所高校。 山东大学 ＊近5年来，累计投入815万元支持国家级大学生科技创新项目和校级大学生科技创新基金项目的开展，拿出专门资金鼓励大学生开展创业实践活动和立项研究。
安徽	＊由俞敏洪和盛希泰发起的洪泰基金落户合肥，中安洪泰基金正式设立。中国科技大学、合肥工业大学和安徽大学3所高校同时与之签订战略合作协议，分别获得3000万元天使投资基金，用于高校创新创业。 ＊安徽省创设了青年创业引导资金，并选择合肥高新区做试点。将以3000万元撬动1.5亿元，省、区级财政按2∶1比例，共同出资3000万元，合作期为3年，至2017年12月31日。合作期内，高新区通过市场化运作方式，债券、股权投资并举，扶持初始创业和发展创业，力争把资金规模放大至资本金的5倍，即1.5亿元。 ＊安徽省财政厅与中国建设银行安徽省分行签订专项引导资金贷款合作协议，一是1000万元的初始创业风险补偿资金支持初始创业，二是1000万元的创业发展扶持资金支持发展中的小微企业。 中国科学技术大学 ＊投入500万元设立“中国科大青年创新基金”，在校内广泛征集同时具有技术创新和市场价值的项目。
上海	＊上海市大学生科技创业基金：不以盈利为目的，是公益性的创业“天使基金”，也是培育自主创新创业企业的“种子基金”；“天使基金”下设“创业雏鹰计划”与“创业雄鹰计划”，分别以债权与股权方式提供资金及后续支持与服务。 复旦大学 ＊复旦分基金：单个项目最高资助金额一般不高于人民币50万元，大学生团队自筹资金总额应高于申请资助基金额度，申请人须为创业企业自然人最大股东且担任企业法人；申请人可以申请最高人民币20万元的免息贷款。 上海交通大学 ＊“饿了么”创业基金：拉扎斯网络科技（上海）有限公司（即“饿了么”团队）设立总额为500万元人民币的上海交通大学“饿了么”创业基金，主要用于支持上海交通大学创业学院开展孵化、教育、研究，设立“饿了么”创业实习奖学金、举办互联网领域创业大赛和上海交通大学创业训练营等活动。

（续　表）

上海	同济大学 * 同济分基金：初始规模为200万元，2011年年底的规模增长到2300万元。 东华大学 * 东华大学分基金会：依托东华大学国家科技园设立，目前资金总额达1200万元。 上海财经大学 * 醉学创业基金：上海财经大学教育发展基金会下设立的公益基金，也是扶持大学生创新创业的“天使基金”，已具有成熟的项目计划并形成合理可行的推广方案的C级项目资助2万~5万元，已注册公司并在初步运营的B级项目资助5万~10万元，公司运营管理初见成效的A级项目资助10万-15万元。 上海外国语大学 * 利欧创业基金：利欧集团捐资300万元建立。 * 永柏集团向上海外国语大学捐资200万元设立“永柏中外影视翻译与文化交流大学生实习基地”基金。同时，该集团旗下企业向学校捐资100万元设立“红银大学生创业孵化基金”，支持大学生创新创业教育和创业项目孵化。
江苏	* 江苏省自2015年起每年遴选扶持一批科技含量高、潜在经济社会效益和市场前景好的大学生优秀创业项目，每个可获省财政10万元一次性补贴，优秀创意项目每个可获1万元一次性补贴。 南京大学 * 南大学生创新创业基金：由南京大学和两位校友共同发起，总额达1.118亿元，主要用以奖励学生团队的创新创业项目，个人有创业想法的也可以通过大赛选拔出来进行资助及孵化，最高奖励达20万元。 东南大学 * 东南大学国家大学科技园创业基金：东南大学国家大学科技园与南京紫金科技创业有限公司共同出资，合并原有“东大科技园—紫金科创学生创业基金”，共同设立“东南大学国家大学科技园创业基金”，总额度为600万元。 江南大学 * 国家大学科技园大学生创业基金：由江南大学国家大学科技园特别设立，旨在支持大学生进行创业的专项基金，首期资金为人民币600万元，拟采取投资的形式对大学生创业给予支持，每笔投资一般不超过该大学生自有投入的50%，且投入分A、B、C三类：C类为一般项目，不超过5万元；B类项目一般不超过10万元；A类为重大项目，不超过30万元。 * 江南大学大学生创业基地专门成立1000万元的大学生创业种子基金。 南京航空航天大学 * 与溧水经济开发区、南京紫金科技创业投资有限公司共同出资780万元注册成立了“南京紫金立莘创业投资有限公司”，由该公司以投资入股的方式提供天使基金，扶持大学生创业。 南京理工大学 * 南理工—紫金科创学生创业基金：与南京紫金科技创业投资有限公司共同出资设立，基金首期规模300万元人民币作为创业资金。 苏州大学 * 苏州大学科技园设立500万元大学生创业孵化基金。

（续 表）

浙江	* 西湖—星巢天使投资基金：由共青团浙江省委、杭州市西湖区人民政府共同主办，浙江首款由政府启动引导、民营企业积极参与共同助力大学生创业的天使投资基金；总规模达 1 亿元人民币，由西湖区人民政府出资 1000 万元作为启动引导资金，飞耀集团、万事利集团、杭州丝绸之府有限公司等一批企业和个人出资组建；创业的大学生个人或团队都可提出申请，评审通过后可获得 500 万 ~1000 万元的资金扶持。 * 浙江省天使梦想基金：浙江省政府出资 5000 万元设立，定位于最前端的天使基金，重点支持符合条件、先期入驻“梦想小镇”的创业团队，并引导和带动金融资本、社会资本支持大学生创业。 浙江大学 * 浙江大学校友紫金港未来创新母基金：由学校教育基金会，校友总会，深圳、杭州两地投资界的校友三方发起，以达到 120 亿元的规模为远景目标，旨在以创业创投为手段，帮助创业与创投校友更好地发展。
江西	* 江西省通过政府引导投资、股权投资（PE/VC）、股债结合技资等方式，逐步发起设立规模达 3000 亿元左右的江西省发展升级引导基金集群。 * 对符合条件的大学生给予 10 万 ~50 万元的创业担保贷款扶持，并按规定给予贴息。 * 江西省共为 2. 2 万名 2016 年度高校毕业生发放了一次性求职创业补贴 2241. 3 万元。 南昌大学 * 从 2015 年开始，学校每年拿出 30 万元无息贷款作为创业发展基金，扶持学校学生创业。
福建	* 福建省创业担保贷款：将小额担保贷款调整为创业担保贷款，大学生自主创业可申请最高 30 万元创业担保贷款。 * 福建省 2015 年省级高校毕业生创业资助项目：经评审产生 60 个优秀高校毕业生创业项目，每个项目分别给予 3 万 ~10 万元的扶持资金。 厦门大学 * 凤凰花季大学生创业投资基金：厦门大学 86 级校友发起设立，基金的规模暂定为 5 亿元，第一期为 1 亿元资金，为学校的创新创业项目提供指导与支持。 * 中科南强基金：首支由厦门大学参与发起并管理的校友基金，规模为 20 亿元人民币，每 5 年为一期，滚动发展；基金只在厦门大学校友圈中筹集，主要用于厦大学生、教师、校友创业的项目以及校科研成果的产业化项目。 福州大学 * 2016 年投入 400 万元建设大学生创业孵化基地，投入 800 万元用于开展创新创业训练计划项目、科研实践训练创新创业教学改革项目等。 * 成立创业校友联盟、福州市青年创业促进会福州大学分会等，校友先后设立“新楚大学生创业基金”等创业基金 4470 万元，深入开展资金支持、创业培训、信息共享、经验交流等活动。 * 2014—2017 年每年将投入 1000 万元创新创业工作专项经费。

（续　表）

广东	＊广东粤科大学生创新创业投资基金：由共青团广东省委代表大赛组委会与广东省粤科金融集团有限公司签订合作框架协议启动，计划注册实体投资公司，筹集资金5亿元，分5年实施，每年筹集1亿元，主要投资“挑战杯·创青春”广东大学生创业大赛中的优胜项目，在校大学生及毕业5年内的大学毕业生创办的具备独创性、有成长潜力的企业。 ＊广东省设置总额5000万元的“广东大学生（聚晖）创业基金”，其中最高奖金为300万元。 ＊攀登计划：广东大学生科技创新培育专项资金2000万元，将用于资助培育广东省内高校1000个大学生科技创新团队开展自然科学、哲学社会科学、科技发明制作等科研实践。 中山大学 ＊学校产业集团、科技园正和广东省风险投资集团商定共同出资2000万元，设立大学生创业基金。 暨南大学 ＊“挑战杯”学术科技立项的经费从20万元跃升至150万元。 ＊石景宜刘紫英伉俪挑战杯奖励金：石汉基校董为学校捐资设立，对在全国“挑战杯”竞赛中获得特等奖、一等奖（金奖）、二等奖（银奖）、三等奖（铜奖）的学生团队，分别给予人民币4万元、3万元、2万元和1.5万元奖励。 ＊全国政协经济委员会副主任、香港中国商会主席陈经纬向学校捐资港币2000万元，支持香港中小微企业和青年人、华侨华人企业及后裔年青一代更积极、更有效地在内地发展创业。 ＊暨南大学路翔创新创业基金：路翔投资有限公司董事长、暨南大学校友柯荣卿向学校捐赠1000万元人民币设立。 ＊微投暨南深圳创业基金：暨南大学深圳旅游学院同学会牵头联合微投网成立，该基金首期为1000万元，专门用于扶持暨南大学深圳旅游学院在校生和校友创业，对经过评估的创业项目进行商业投资。 ＊港澳台侨大学生创新创业投资基金：暨南大学联合企业设立，规模达10亿人民币和1.5亿美元，用于扶持港澳台侨青年开展创新创业项目，促进港澳台侨青年创新创业。
广西	广西大学 ＊汉军创新创业奖励基金：用于奖励在创新创业方面有突出成绩的在校全日制大学生。该基金总额达100万元，分10年拨付，每年10万元。
山西	＊山西省就业服务局设立了山西省创业融资服务中心，为全省以高校毕业生为主体的各类创业者和小微企业，提供10万~200万元政府贴息贷款。 ＊山西省大学生创业星火项目侧重于现代科技、现代农业、现代物流、文化创意、生物医药、节能环保、装备制造等重点领域，适合毕业5年内的高校毕业生使用或项目持有人为毕业5年内的高校毕业生，评选出的30~50个创业项目将纳入省级创业项目库管理，每个项目有8万元的创业扶持，同时还可获得创业担保贷款和政策性小额贷款的优先扶持。

（续　表）

河南	* 河南省连续 3 年投入 2500 万元支持大学生创业。 * 对创业团队主要为大中专学生、注册成立 5 年以内的初创小微企业，合理调整资金、人员等准入条件，对符合条件的企业给予 2 万 ~15 万元的扶持资金。 郑州大学 * 郑州大学晨星基金：九鼎投资晨星成长计划设立，将传统企业股权投资的模式放到人才股权投资之上，同时提供成长服务体系，满足成长过程中的资金需求、导师和资源需求。
湖北	* 湖北省人力资源和社会保障厅、湖北省教育厅、共青团湖北省委共同实施“2016 年湖北省大学生创业扶持项目”，对在校大学生和毕业 3 年以内的高校毕业生在鄂创业项目给予无偿扶持，评定出 874 个扶持项目，共计扶持资金 2994 万元。 * 武汉市“青桐计划”：将拿出 1 亿元设立天使投资基金、创业种子资金，专门用于扶持科技企业孵化器内大学生初创企业；设立 2000 万元创新创业资金，重点用于资助大学生创业项目。 武汉大学 * “珞珈创新天使基金”：国内率先由高校、政府和校友三方共同发起成立的创投基金，筹资 1.5 亿元（武汉大学出资 1000 万元、武昌区政府出资 2000 万元，其余由武大众多校友企业家认购）为校园创业者提供全要素聚合平台。 * 湖北珞珈梧桐创业投资有限公司：武大校友企业家联谊会将成立湖北珞珈梧桐创业投资有限公司，资金规模达 7000 万元，重点支持武汉大学毕业的青年学子创新创业。 华中科技大学 * 科技担保平台：与湖北省科技厅、武汉市科技担保公司共同建设，根据出资额按照 1∶5 的比例放大信用额度，共同为大学生创业项目提供 250 万 ~500 万元的贷款担保。 * 设立 500 万元创新创业基金，依托校友募集 1000 万元创新创业种子基金，依托学校科技企业孵化器设立 2000 万元天使基金。 中国地质大学 * 设立大学生创业基金，加大支持力度。五年来，先后投入学生科技专项基金 160 余万元，每年投入 10 万元用于创业教育，各学院投入配套基金和奖励基金 420 万元。 * 无极道在校大学生创业孵化基金：无极道控股集团有限公司捐赠 100 万元设立。
湖南	中南大学 * 大学生创业校友助力基金：全国高校首家采用“众筹”和“接力赞助”形式建立的专项服务大学生创新创业的校友助力基金，加大对“挑战杯”“创青春”大赛创新创业作品及其他大学生优秀创新创业项目的鼓励和支持力度。 湖南师范大学 * “达嘉维康”青年创新创业发展基金：达嘉维康医药集团公司捐赠 100 万元设立，从 2016 年开始分 5 年颁发。基金将主要用于资助或直接投资学校青年学生的创新创业项目，扶持青年教师创新创业工作室建设，奖励在创新创业方面取得优异成绩的青年学生和为学校创新创业做出卓越贡献的教职工。

（续 表）

四川	＊四川省大学生创业补贴：政府提供创业扶持资金，给予每个项目1万元创业补贴、创业培训补贴和在校大学生创业担保贷款贴息等福利；对大学生创新创业大赛获奖项目给予资金补助，对省级获奖项目给予适当奖励，对进入前期孵化的项目给予5万~20万元资金补助；大力实施“省科技创新苗子工程”，对通过评审的重点项目给予10万元资金支持，对处于萌芽期的培育项目给予1万~5万元资金支持。 ＊成都市将设立青年大学生创业融资风险补偿资金池，青年大学生创业贷款最高额度可达50万元。 电子科技大学 ＊“一校一带”行动计划创新创业开放基金：对学校老师的重点项目每个支持50万~100万元，一般项目每个支持20万~30万元；对学生重点项目每个支持5万~10万元，一般项目每个支持1万~5万元，支持周期皆为1年；具有良好产业化前景且团队有强烈产业化意愿的项目，可获得种子孵化基金和科技创业投资基金的股权投资，单个项目投资额最大可达1000万元；并可申请面积最大不超过1000平方米的相关场地支持。 ＊创业种子孵化基金：成都研究院旗下控股投资平台——讯息投资联合易一天使、真然科创、华融科创（北京）等校友投资机构共同发起成立了规模为人民币2000万元的电子科技大学创业种子孵化基金（学院派壹号基金）。 ＊“E天使”战略合投基金：由五家公司共同发起成立了“E天使”战略合投基金，一期投入资金1亿元人民币，重点孵化投资电子科技大学创新创业园区内的创业项目。 四川大学 ＊创新创业基金：包括四川大学校友同创基金、四川大学创新创业公益基金、校地科技合作专项资金以及校企联合创新创业基金等，目前基金资金规模已达20亿元。 ＊大学生创业贷款风险补偿基金：四川大学与工商银行共同设立，规模为5000万元，使想创业的在校学生拥有相应的风险保障。 ＊科技园采取以多种形式筹集种子基金3000余万元，学校拨款300万元在科技园设立了成果孵化基金。 西南财经大学 ＊学校设立“创新创业投资基金”，首期投入1000万元。 ＊九鼎—西财黑马创新创业基金：西南财大校友团队出资1亿元，与学校共同设立。
重庆	＊泛海扬帆重庆大学生创业行动：由中国西部人才开发基金会联合中国泛海控股集团和泛海公益基金会，协同重庆市人力资源和社会保障局、重庆市教育委员会和重庆市财政局共同开展的扶持大学毕业生创业就业公益项目。 ＊重庆市在小额担保贷款基金中设立1亿元作为高校毕业生创业基金。 重庆大学 ＊在争取国家有关资金支持的基础上，学校积极吸引外部资金支持，已获得800万元“唐立新学生创业基金”和40万元“重庆大学学生创业大赛基金”，形成了总额为1500万元的创新创业扶持基金库。

（续 表）

重庆	＊2015 年，市科委下属重庆科技融资担保有限公司，拟对符合条件的创业大学生设立的企业，提供免担保费、免保证金的融资担保服务。 ＊重庆天使科技创业投资公司正在积极联合区县政府、高校、行业企业及社会资本共同发起组建青年大学生创业投资基金，重点围绕跨境贸易、精准医疗、智能硬件等创业生态中的青年大学生创业团队开展投资。
云南	＊泛海扬帆昆明大学生创业行动：2016 年市政府专门安排“泛海扬帆昆明大学生创业行动”项目配套资金 400 万元，在前四期的基础上资助规模进一步扩大。 ＊云南省每年安排 12 亿元资金，重点用于支持有创业能力的高校毕业生自主创业。 ＊实施“两个 10 万元”微型企业培育工程，对注册资金在 20 万元以内的创业毕业生实行实际出资额“零首付”。 云南大学 ＊2016 年，学校准备了 1000 万元资金作为“科技创新基金”，给创业学生支持。
新疆	＊新疆大学生创业基金：上海新沪商联合会已分别与上海教育发展基金会、上海市大学生科技创业基金会正式签订捐赠协议设立”，分四年合计捐赠 200 万元，用于定向资助新疆籍少数民族大学生创业。 ＊新疆高校毕业生依法注册个体工商户、创办小微企业或通过网络创业认定的，可在创业地申请最高额度不超过 10 万元的创业担保贷款；对合伙经营或组织起来创业的，可按照人均不超过 10 万元、总额不超过 100 万元的标准申请创业担保贷款；对符合创业担保贷款条件的劳动密集型小企业，最高贷款额度 200 万元，贷款期限最长为 2 年，其间财政承担贷款贴息。 新疆大学 ＊中科新疆大学创新创业投资基金：2016 年 6 月，中科招商集团与新疆大学签署战略合作协议，双方同意共同建设创业学院，设立“中科新疆大学创新创业投资基金”，主要用于新疆大学师生创新创业、项目孵化、成果转化等方面。
西藏	＊西藏大学生自主创业可申请最高 30 万元创业担保贷款。 ＊拉萨高校毕业生初次从事个体经营或创办企业，领取工商营业执照并正常经营 6 个月以上，投资额度 10 万元以内的一次性给予 5000 元奖励，自主创业投资额度 10 万元以上（含 10 万元）的一次性给予 1 万元奖励。对联合创业投资额度不足 10 万元的，按合伙高校毕业生人数每人奖励 2000 元；投资额度在 10 万元以上（含 10 万元）的，按合伙高校毕业生人数每人奖励 4000 元，累计奖励额度不超过 2 万元。 ＊拉萨市针对自主创业高校毕业生可以发放最高个人不超过 10 万元的贷款，对于联合创业的可据企业生产情况扩大申请担保贷款规模，最高不超过 200 万元。
青海	＊青海省“大学生创新创业投资引导资金”：2015 年设立，计划连续 3 年，每年投入 5000 万元。其中，4000 万元用于重点支持学生企业及专业化服务机构，1000 万元用于支持青海大学国家级科技园建设。

（续　表）

青海	＊青海省初次创业的高校毕业生可申请最高不超过 10 万元、为期 2 年的小额担保贷款并给予财政贴息；对合伙经营或组织起来就业的，按人均 10 万元、总额 50 万元以内给予为期 2 年的小额担保贷款并给予财政贴息；合伙经营两年以上的小额担保贷款可扩大到 100 万元以内。 ＊青海省青年创业就业基金会注册资金 410 万元，基金会将围绕中心服务大局，全力带动青年创新创业创优。
内蒙古	＊内蒙古提高大学生创业小额担保贷款额度，最高单笔贷款额度可达到 50 万元。 内蒙古大学 ＊内蒙古大学创业学院首次推出了学生创新培养基金和学生创业发展基金，鼓励学生创新创业。
陕西	＊陕西省出资 5000 万元设高校毕业生创业基金，贷款期限内不计息。 ＊陕西省高校毕业生创业基金贷款：①担保贷款，小额担保贷款可提供 10 万元以下的贷款，合伙经营性贷款可提供 50 万元以下的贷款；②免担保贷款，可提供 10 万元以下的免担保贷款。 ＊西安市政府出资 5000 万元，设立大学生创业贷款基金。 西安交通大学 ＊创新创业基金：推动西安交通大学青年学生积极投身创业、高校科技成果转化、“新兴产业”推广与发展等一系列创新创业工作开展。 ＊高新—交大天使基金：西安交通大学与西安高新区共同设立 1 亿元产业引导基金，领投、跟投优秀创新创业项目。 西安电子科技大学 ＊学校设立 1000 万元“创新创业校长基金”、100 万元公益创客基金和 5000 万元股权投资创业基金。 西北农林科技大学 ＊每年预算大学生科研创新训练资金 400 多万元，创业专项基金 200 万元，支持学生的创新创业实践，并形成“种子资金＋孵化资金＋创业资金”的综合型资金扶持模式。 西北大学 ＊提供每年不少于 500 万元的创业基金。
甘肃	＊泛海扬帆兰州大学生创业行动：2014 年 9 月 11 日在兰州启动，每年由泛海公益基金会和中国西部人才开发基金会捐赠 200 万元，无偿为在兰创业的高校毕业生提供资金资助、深度培训、社群平台等服务。 ＊“兰州启航”大学生创业扶持行动：从 2016 年起由兰州市政府每年拿出不少于 200 万元，参照泛海扬帆大学生创业行动的模式启动实施；2016 年市政府配套投入 200 万元，资助扶持优秀大学生创业项目 40 个左右，使兰州市大学生创业扶持行动资助总规模达到 400 万元，其中直接用于项目资助培训的达到 350 万元。

四、创新创业获奖情况

1. “创青春”全国大学生创业大赛

为贯彻落实习近平总书记系列重要讲话和党中央有关指示精神，适应大学生创业发展的形势需要，在原有“挑战杯”中国大学生创业计划竞赛的基础上，共青团中央、教育部、人力资源和社会保障部、中国科协（中国科学技术协会的简称）、全国学联（中华全国学生联合会的简称）自2014年起共同组织开展“创青春”全国大学生创业大赛，每两年举办一次。赛事分为三项主题赛事，通过组织省级预赛或评审后进行选拔报送。

（1）大学生创业计划竞赛

面向高等学校在校学生，以商业计划书评审、现场答辩等作为参赛项目的主要评价内容。下设农林、畜牧、食品及相关产业组，生物医药组，化工技术和环境科学组，信息技术和电子商务组，材料组，机械能源组，文化创意和服务咨询组7组。

（2）创业实践挑战赛

面向高等学校在校学生或毕业未满5年的高校毕业生，且已投入实际创业3个月以上，以经营状况、发展前景等作为参赛项目的主要评价内容。

（3）公益创业赛

面向高等学校在校学生，以创办非营利性质社会组织的计划和实践等作为参赛项目的主要评价内容。

以下是基于2014年和2016年连续两届赛事结果进行的统计分析。从金奖总数来看，华东地区占据绝对优势，其次为京津冀地区及中部地区，西北地区相对较少。从金奖总数所占比例来看，对比两届比赛，各地区所占比例较为稳定，没有大的起伏：华东地区两年金奖总数占比皆约为56%，京津冀地区及中部地区皆约为11%，西北地区皆约为3%。从地区内部来看，上海、江苏、浙江领跑华东地区，北京占据京津冀地区主要优势，湖北、广东、四川、陕西分别在中部地区、华南地区、西南地区及西北地区中表现突出，如表5－4、表5－5所示。

表 5 -4　　　　　　“创青春”全国大学生创业大赛获奖情况

	团体赛	
	冠军杯	优胜杯
吉林		吉林大学
		吉林大学
北京		清华大学、北京航空航天大学、北京师范大学
		清华大学、北京航空航天大学
山东		
		山东财经大学、山东大学
安徽		
		中国科学技术大学
上海	上海交通大学	华东理工大学、同济大学
		上海交通大学、同济大学
江苏		南京航空航天大学、南京师范大学
		东南大学、南京航空航天大学、南京理工大学
浙江		浙江大学、宁波大学
		浙江大学、宁波大学
福建		福建农业大学、厦门大学
		厦门大学、福建农业大学
广东		广东工业大学、华南理工大学、中山大学
湖北	华中科技大学	武汉理工大学、中国地质大学（武汉）、武汉大学
		武汉大学、华中科技大学
湖南		
		中南大学
四川		
	电子科技大学	四川大学
陕西		西安交通大学
		西安交通大学

表 5-5 “创青春”全国大学生创业大赛获奖情况

	大学生创业计划竞赛							创业实践挑战赛	公益创业赛
	农林、畜牧、食品及相关产业组	生物医药组	化工技术和环境科学组	信息技术和电子商务组	材料组	机械能源组	文化创意和服务咨询组		
黑龙江	东北农业大学 哈尔滨布莱德园艺剪具有限责任公司								
黑龙江								哈尔滨工业大学 哈尔滨乐聚智能科技有限公司	
吉林	吉林大学 天人和有限公司参元系列功能饮料				吉林大学 光致变色材料新型窗膜			吉林大学 长春市金诚切削刀具有限公司 长春市奔跑兔商贸有限公司	吉林大学 周末圆梦大学
吉林				吉林大学 安车行车险云端解决方案			吉林大学 长春市把手科技有限公司		

（续　表）

	大学生创业计划竞赛							创业实践挑战赛	公益创业赛
	农林、畜牧、食品及相关产业组	生物医药组	化工技术和环境科学组	信息技术和电子商务组	材料组	机械能源组	文化创意和服务咨询组		
辽宁								大连理工大学 独到科技（北京）有限公司	
									沈阳建筑大学 “盒未来”乡村留守儿童可移动新型智能宿舍建设公益创业团队
北京				清华大学 方舟万宝 北京航空航天大学 北京维特科技有限公司创业计划 北京师范大学 搜易科技商业计划书		清华大学 紫晶立方3D打印机		北京航空航天大学 121DIY烘焙坊 北京航空航天大学 北京奥格睿码科技有限公司 清华大学 海斯凯尔医学技术有限公司	清华大学 清源计划 华北电力大学（北京） 北回归线爱心协会公益创业书 北京邮电大学 高校正能量联盟

（续 表）

	大学生创业计划竞赛							创业实践挑战赛	公益创业赛
	农林、畜牧、食品及相关产业组	生物医药组	化工技术和环境科学组	信息技术和电子商务组	材料组	机械能源组	文化创意和服务咨询组		
北京				北京理工大学 睿行全自主泊车系统 北京航空航天大学 北京飞卓创新科技有限公司	清华大学 蓝晶（北京）生物科技有限责任公司	清华大学 北京八度阳光科技有限公司	北京航空航天大学 soshine 前沿科技教育 北京航空航天大学 Air View 揽胜全景科技有限公司 北京师范大学 北京聚众天成文化创意有限公司商业策划书	中央民族大学 北京不老尚品农业科技有限公司 清华大学 北京深鉴科技有限公司 北京轻客智能科技有限责任公司 北京航空航天大学 航宇智造（北京）工程技术有限公司 北京浩恒征途航空科技有限公司	北京工业大学 古道建筑保护协会 清华大学 “清梦阳光”公益创业项目
天津							南开大学 天津闯先生网络科技有限责任公司	天津大学 天津云友科技有限公司	

（续　表）

	大学生创业计划竞赛							创业实践挑战赛	公益创业赛
	农林、畜牧、食品及相关产业组	生物医药组	化工技术和环境科学组	信息技术和电子商务组	材料组	机械能源组	文化创意和服务咨询组		
天津									南开大学 农梦成真公益创业项目
河北									东北大学秦皇岛分校 GPS 智能导盲手杖
河北	河北大学 水木清栖科技有限责任公司								东北大学秦皇岛分校 安洁残障人士卫浴用品公司
山东		山东大学 萤火生物科技有限责任公司商业策划书							济南大学 济南思迈尔自闭症康复中心
山东	齐鲁工业大学 山东九酿生物科技有限公司 鲁东大学 鸿发—木本油料油桐产业链开发						山东财经大学 山东一唯艺术投资有限公司——大学生艺术推介平台	山东财经大学 山东丰登生物科技有限公司 山东财经大学 天津金刚文化传播有限公司	青岛大学 “青锋”农小辅读项目

（续 表）

	大学生创业计划竞赛							创业实践挑战赛	公益创业赛
	农林、畜牧、食品及相关产业组	生物医药组	化工技术和环境科学组	信息技术和电子商务组	材料组	机械能源组	文化创意和服务咨询组		
安徽				合肥工业大学 安厦物联网科技有限责任公司		安徽工业大学 东冶鼎盛科技有限责任公司		中国科学技术大学 安徽兆尹信息科技有限责任公司	淮南师范学院 “三心”E站农民工子女成长家园
				合肥工业大学 梦之舟智能科技有限公司 中国科学技术大学可穿戴医疗健康设备Alpha－Skin		合肥工业大学 便携关节式坐标测量机		中国科学技术大学 安徽科幂机械科技有限公司	
上海	上海师范大学	上海理工大学	上海交通大学 上海蕾聚新材料科技有限公司		复旦大学 银浆、柔性透明导电膜、抗菌材料用纳米银线项目	华东理工大学 M. E. T光纤光栅传感器有限责任公司	上海交通大学 爱丽舍土木工程检测科技有限公司	上海交通大学 拉扎斯网络科技（上海）有限公司 上海师范大学 上海市欣橙文化传播有限公司（天橙传媒） 同济大学 上海同悦节能科技有限公司 上海交通大学	上海交通大学 海角公益在线支教平台

（续 表）

	大学生创业计划竞赛							创业实践挑战赛	公益创业赛
	农林、畜牧、食品及相关产业组	生物医药组	化工技术和环境科学组	信息技术和电子商务组	材料组	机械能源组	文化创意和服务咨询组		
上海	上海贝耳农业科技有限公司	上海康为动力外骨骼手功能训练器有限责任公司	同济大学 上海绿创污泥资源化科技有限公司				上海中医药大学 微体检，创新移动健康管理 上海财经大学 WEI. TM 微品牌管理专家	居怡乐环保科技（上海）有限公司 同济大学 上海伊尔庚环境工程有限公司 华东理工大学 上海博悦生物科技有限公司 华东理工大学 上海萌果信息科技有限公司	
	上海师范大学 锦绣田园苔藓植物销售与模块化生产供应	上海交通大学 新型磁共振造影剂——超羧化氧化铁注射液			同济大学 基于锂电池负极高质量硅纳米颗粒的产业化制备			上海海洋大学 上海松港水产品有限公司 同济大学 闯奇信息科技（上海）有限公司 上海交通大学 上海舞九信息科技有限公司 同济大学 上海联泉智能科技有限公司	上海师范大学 “智慧老人”公益服务推广工作室 华东师范大学 上海华师宝贝成长指导中心

（续　表）

	大学生创业计划竞赛							创业实践挑战赛	公益创业赛
	农林、畜牧、食品及相关产业组	生物医药组	化工技术和环境科学组	信息技术和电子商务组	材料组	机械能源组	文化创意和服务咨询组		
江苏	南京农业大学 南京维润食品科技有限责任公司 苏州大学 格瑞惠农科技有限公司		江苏大学 江苏曦锐汽车环保技术有限公司创业计划书 南京农业大学 南京多恩环保科技有限公司 常州大学 江苏朏泰安科技有限责任公司创业计划	河海大学 南京符契信息技术有限公司		南京航空航天大学 江苏星辰纳米科技有限责任公司创业计划 南京理工大学 南京精诚光电科技有限公司 南京航空航天大学 江苏朝宇电机有限责任公司创业计划	中国药科大学 善泽生物科技服务有限公司 南京中医药大学 南京杏林春暖脊柱保健有限公司 南京师范大学 南京零克教育项目商业计划书 盐城师范学院 江苏狮源动力电池科技服务有限公司	南京航空航天大学 南京宇牧信息科技有限公司 江苏大学 南京腾图节能科技有限公司 盐城工学院 上海巨尚电子商务有限公司 南京理工大学 南京关拉尼电子科技有限公司	扬州大学 “创艺家”公益创业项目 河海大学 衍爱高校公益平台 南京林业大学 “戏剧实现梦想”公益项目

（续 表）

	大学生创业计划竞赛							创业实践挑战赛	公益创业赛
	农林、畜牧、食品及相关产业组	生物医药组	化工技术和环境科学组	信息技术和电子商务组	材料组	机械能源组	文化创意和服务咨询组		
江苏	南京工业大学 南京维思创新材料科技有限公司	东南大学 博恒医疗器械有限责任公司创业计划 南京中医药大学 利普生医药科技有限责任公司	常州大学 迪源微通道反应器科技有限责任公司 中国矿业大学 动力煤煤泥资源化利用项目	南京航空航天大学 江苏非米光电科技有限公司 东南大学 蓝维光网科技有限责任公司创业计划书 东南大学 PocketLab 口袋实验室 南京理工大学 南京微鸿光电科技有限公司	江苏大学 江苏太阳谷新材料科技有限公司创业计划书 南京理工大学 南京膜力新材料有限责任公司	南京理工大学 南京光维轨道科技有限公司 常州大学 欧尔克绿色科技有限责任公司 河海大学 江苏安靠电力科技有限责任公司 江苏科技大学 威尔德焊接设备有限责任公司	南京艺术学院 南京稻米文化创意有限公司创业策划书 南京航空航天大学 OMG 文化创意工作室 南京财经大学 南京云汇财务数据有限公司 江苏师范大学 徐州九术信息科技有限公司 盐城师范学院 江苏锂安科技服务有限公司 江南大学 中国仪网——仪器设备及检测研发共享平台	南京航空航天大学 南京奇蛙智能科技有限公司 江苏大学 镇江市红包兔信息技术有限公司 南京工业大学 南京科宁化工有限公司 南京体育学院 江苏赛克林体育发展有限公司 南京工业大学 南京八天在线网络科技有限公司 东南大学 南京海得逻捷信息科技有限公司	南通大学 扶苗计划 徐州工程学院 “雏鹰计划”高校专业文化游公益创业项目 江苏师范大学 “快乐足球”支教培训机构 东南大学 “至善西行”公益旅行项目 南京师范大学 嘤鸣读书会

（续 表）

	大学生创业计划竞赛							创业实践挑战赛	公益创业赛
	农林、畜牧、食品及相关产业组	生物医药组	化工技术和环境科学组	信息技术和电子商务组	材料组	机械能源组	文化创意和服务咨询组		
浙江	浙江海洋学院 舟山台岛鳅业有限公司创业计划书 宁波大学 宁波格瑞特水产有限公司	温州医科大学 上海柯来视生物科技有限公司		杭州师范大学 杭州思聪电子商务有限公司 宁波大学 宁波星宏智能技术有限公司创业计划书 杭州师范大学 3D 梦想打印机——杭州讯点商务服务有限公司 温州大学 掌上大学		浙江大学 杭州利珀科技有限公司——机器视觉表面缺陷检测	浙江大学 杭州云造科技有限公司——商业创新设计机构 浙江理工大学 杭州麦扑文化创意有限公司 浙江科技学院 杭州执到宝环保科技有限公司	浙江大学 杭州米趣网络科技有限公司 杭州电子科技大学 杭州茂葳科技有限公司	温州医科大学 温州市生命相髓造血干细胞捐献宣传公益中心 浙江大学 iCoin 微公益计划
	浙江海洋学院 鱼体“复活” 浙江工商大学 杭州味之极味觉智能检测仪器有限公司	浙江大学 基于脑电检测的可穿戴设备		浙江大学 映墨科技 浙江工业大学 杭州弧途科技有限公司 温州医科大学 基层（县乡域）眼保健整体解决方案——温州卡西科技研发有限公司		浙江大学 利珀科技有限公司	宁波大学 宁波采墨视觉传媒有限公司	浙江大学 杭州米趣网络科技有限公司 温州医科大学	温州医科大学 温州市搏时急救护理公益中心

（续　表）

	大学生创业计划竞赛							创业实践挑战赛	公益创业赛
	农林、畜牧、食品及相关产业组	生物医药组	化工技术和环境科学组	信息技术和电子商务组	材料组	机械能源组	文化创意和服务咨询组		
浙江	宁波大学 伊穆家园			浙江师范大学 “约时间”P2P时间交换管理平台				浙江大学 杭州云造科技有限公司 宁波大学 宁波亿流信息科技有限公司	宁波大学 宁波市江北区清源环境观察中心
江西									东华理工大学 火炬计划
江西								江西师范大学 江西林发现代农业科技有限公司	南昌工程学院 花一庭文化创意有限公司
福建	福建农林大学 上杭县新元果业发展有限公司		福建师范大学 福建绿藻清源环保技术服务有限公司						
福建	福建农林大学 福州贝塔农业发展有限公司		福建师范大学 福州净生元环境技术服务有限公司		厦门大学 厦门桑德科技有限公司		厦门大学 爱图科技有限公司 福建农林大学 福州三体文化传媒有限公司		

（续 表）

	大学生创业计划竞赛							创业实践挑战赛	公益创业赛
	农林、畜牧、食品及相关产业组	生物医药组	化工技术和环境科学组	信息技术和电子商务组	材料组	机械能源组	文化创意和服务咨询组		
广东	中山大学 广州池源水产科技有限公司商业计划书	南方医科大学 广州阅捷医疗科技有限公司创业项目		暨南大学 乡镇通电子商务服务有限公司 五邑大学 江门市金佣网有限公司 广东技术师范学院 广州技客信息科技有限公司	华南理工大学 点石道路工程材料科技有限责任公司商业计划书		南方医科大学 科犁医学研究有限公司 华南农业大学 带着农民去创业——构建可溯源优质粮油电子商务链	华南理工大学 广州市芬芳环保科技有限公司 广州优蜜信息科技有限公司 广东工业大学 广州市绿穗环保科技有限公司 中山大学 广州火烈鸟网络科技有限公司 广州欣纬软件技术有限公司 东莞理工学院 东莞市服务一百网络科技有限公司	中山大学 有爱青年创新公益实践中心

（续 表）

	大学生创业计划竞赛							创业实践挑战赛	公益创业赛
	农林、畜牧、食品及相关产业组	生物医药组	化工技术和环境科学组	信息技术和电子商务组	材料组	机械能源组	文化创意和服务咨询组		
广东		南方医科大学 术中微创实时在体组织良恶性检测设备系统		广东工业大学 云行天下——基于车联网的公交客运信息服务平台创业项目 佛山科学技术学院 一奇动画微课有限公司			南方医科大学 晟威医疗评估有限公司	华南理工大学 深圳声牙科技有限公司 华南农业大学 广州市森瑞教育信息咨询有限公司 广州大学 广州五六点教育咨询有限责任公司	
海南								海南大学 海南优派创意礼品有限公司	
河南								郑州大学 潢川县方正种植专业合作社	

（续　表）

	大学生创业计划竞赛							创业实践挑战赛	公益创业赛
	农林、畜牧、食品及相关产业组	生物医药组	化工技术和环境科学组	信息技术和电子商务组	材料组	机械能源组	文化创意和服务咨询组		
湖北				武汉大学 蝴蝶美食电子商务项目 华中科技大学 海投网（大学生求职系统）商业计划书	湖北大学 武汉思睿锦程环保建材科技有限公司创业计划书	华中科技大学 自导航无人运输车商业计划书	湖北工业大学 书画艺术品电子商务系统项目计划书 武汉大学 BOSSZOO众筹平台	武汉理工大学 武汉瑞干科技开发有限公司 华中科技大学 深圳乐行天下科技有限公司 华中科技大学 武汉奇米网络科技有限公司	华中科技大学 “幸福虫”公益创业计划 中国地质大学（武汉） 杯水行动——西北窖藏水地区水质改善公益项目
	华中农业大学 “牧曲”有机肥项目计划书			华中科技大学 感知 i 家——关注老龄慢病健康的智慧家居解决方案 八麦神剑 武汉大学 运动感知和位置服务平台	武汉大学 印刷光电——碳系水性导电油墨			华中科技大学 北京诸葛云游科技有限公司 武汉大学 武汉珈和科技有限公司 华中农业大学 内蒙古华蒙农牧业开发有限公司	武汉大学 “侠客行”——一种基于餐桌虾壳二次资源利用的环保帮扶公益项目 湖北第二师范学院 零蒸发微型水库

（续　表）

	大学生创业计划竞赛							创业实践挑战赛	公益创业赛
	农林、畜牧、食品及相关产业组	生物医药组	化工技术和环境科学组	信息技术和电子商务组	材料组	机械能源组	文化创意和服务咨询组		
湖南									湖南工业大学 绽放花蕾留守儿童才艺培训计划 中南大学 湖南Risa（锐飒）环保科技有限公司
			中南大学 湖南易锐环保科技有限公司	中南大学 长沙市二货先生网络科技有限公司				长沙理工大学 湖南梦想起航电子商务有限公司 中南大学 湖南车瑞文化传播有限公司	

（续　表）

	大学生创业计划竞赛							创业实践挑战赛	公益创业赛
	农林、畜牧、食品及相关产业组	生物医药组	化工技术和环境科学组	信息技术和电子商务组	材料组	机械能源组	文化创意和服务咨询组		
四川						电子科技大学 深圳市凌创腾飞智能科技有限公司		电子科技大学 成都方米科技有限公司 西南科技大学 绵阳福德机器人有限责任公司	
	四川大学 三思百乐生物科技有限责任公司创业计划			电子科技大学 阿泰因自主导航的服务机器人		电子科技大学 深圳市凌创腾飞智能科技有限公司 电子科技大学 四川普力科技有限公司 电子科技大学 成都电科创品机器人科技有限公司		电子科技大学 成都方米科技有限公司 西南科技大学 绵阳福德机器人有限责任公司	电子科技大学 融冰行动
重庆	重庆工商大学 果皮渣青贮饲料系列产品开发								重庆大学 五彩石公益创业项目

（续 表）

	大学生创业计划竞赛							创业实践挑战赛	公益创业赛
	农林、畜牧、食品及相关产业组	生物医药组	化工技术和环境科学组	信息技术和电子商务组	材料组	机械能源组	文化创意和服务咨询组		
贵州				贵州大学 思创电子科技有限责任公司					
贵州				贵州师范学院 V^2MOOCs——沉浸式幕课直播系统					
新疆			石河子大学 新疆润苗生物肥业有限公司					新疆农业大学 乌鲁木齐莱芽网络科技有限公司	
陕西	西安交通大学 陕西旋星电子科技有限公司								
陕西				西安电子科技大学 西安易锁宝电子科技有限公司				西安交通大学 西安知象光电科技有限公司 珠海习悦信息技术有限公司 陕西科技大学 上海命向电气科技有限公司	陕西科技大学 健康水源梦有限责任公司

2. 中国“互联网＋”大学生创新创业大赛

2015年5月至10月，教育部举办首届中国“互联网＋”大学生创新创业大赛，旨在深化高等教育综合改革，激发大学生的创造力，培养造就“大众创业、万众创新”的生力军；推动赛事成果转化，促进“互联网＋”新业态形成，服务经济提质增效升级；以创新引领创业、创业带动就业，推动高校毕业生更高质量创业就业。

参赛项目主要包括新一代信息技术在传统产业（含一二三产业）领域应用的创新创业项目，基于互联网的新产品、新模式、新业态创新创业项目（优先鼓励人工智能产业、智能汽车、智能家居、可穿戴设备、互联网金融、线上线下互动的新兴消费、大规模个性定制等融合型新产品及新模式），互联网与教育、医疗、社区等结合的创新创业项目及互联网、云计算、大数据、物联网等新一代信息技术创新创业项目。

从整体获奖情况来看，华东地区始终位居全国领先地位，中部地区与京津冀地区分别在2014年、2016年交替表现突出，西北地区在2016年比赛中后来居上，而东北地区在两届比赛中表现相对欠缺，如表5－6所示。

表5－6　　中国“互联网＋”大学生创新创业大赛获奖情况

	团体赛	单项赛			
	集体奖	冠军	亚军	季军	金奖
黑龙江					哈尔滨工程大学　点触云安全系统
吉林	吉林大学				吉林大学　互联网＋汽车后市场——车内行实业股份有限公司
辽宁	大连理工大学				东北大学　森之高科无线运动捕捉传感系统
					沈阳农业大学　本溪满族自治县三阳大果榛子种植专业合作社
北京	北京航空航天大学	北京航空航天大学 Unicorn 无人直升机系统			北京大学　基于计算机视觉技术的监控摄像头互联网＋项目 清华大学　豪斯VR虚拟现实家装 对外经济贸易大学　掘金三板

（续　表）

	团体赛	单项赛			
	集体奖	冠军	亚军	季军	金奖
北京	北京航空航天大学 清华大学			北京大学 ofo共享单车	中国人民大学　彩虹蜗牛教育 清华大学　LinkTravel——基于新型公交电子站牌的商业与大数据服务系统 北京航空航天大学　CellRobot 北京航空航天大学　航空航天与汽车智能装备制造 北京科技大学　RoBits创客教育教学装备 北京邮电大学　北京新片场传媒股份有限公司
山东					山东师范大学　幕影春秋泰山皮影传播与推广系统
	山东大学 山东师范大学			山东大学 越疆DOBOT桌面机械臂	山东师范大学　雨点公益社会服务中心 山东商业职业技术学院　互联网+水产品无水保活物流集成技术
安徽	合肥工业大学				中国科学技术大学“车停哪儿”智慧停车项目
上海					复旦大学　海风教育在线一对一学习平台
	同济大学 上海交通大学				同济大学　CQASO 上海交通大学　59store校园综合服务平台
江苏	南京大学				南京大学　运策网——整车货运O2O平台 南京信息工程大学　微果驿站
	南京大学		南京大学 Insta360 全景相机		东南大学　海得逻捷 江南大学　兰亭数字——国内最大的虚拟现实影像内容公司

（续　表）

	团体赛	单项赛			
	集体奖	冠军	亚军	季军	金奖
浙江	浙江大学	浙江大学 智能视力辅具及智能可穿戴近视防控设备			浙江大学　米趣科技 宁波大学　宁波星宏智能技术有限公司
	浙江大学 宁波大学				浙江大学　基于脑电检测的可穿戴设备 浙江大学　空气洗手装置 浙江大学　基于区块链的供应链金融服务平台
江西	南昌大学				南昌大学“护理专家”——远程监控服务机器人 景德镇陶瓷学院　指尖上的陶艺
	南昌大学 景德镇陶瓷大学				
福建	福州大学				
	福州大学				福州大学　智能社交手套 福州大学　福州福大北斗通信科技有限公司
广东	中山大学 华南理工大学		华南理工大学 广州优蜜移动科技股份有限公司		中山大学　佳学——中国最好的生活技能在线教育平台 中山大学　中大普仁移动互联网公司
	华南农业大学				中山大学　基于大数据平台化融合架构的智能化运营及垂直分销深度服务的应用解决方案

（续　表）

	团体赛	单项赛			
	集体奖	冠军	亚军	季军	金奖
广西					
	桂林电子科技大学				桂林电子科技大学　桂林芯承科技有限公司
河南	河南大学				河南大学　农二代 O2O
湖北	武汉大学 华中科技大学 武汉理工大学				武汉大学　电动汽车智能充电网络 武汉大学　卫星大数据农业遥感分析平台 武汉大学　星云引擎 中国地质大学（武汉）　嘿设汇 湖北大学　“i”尚漫——中国原创动漫全媒体出版平台
	华中科技大学 武汉大学				武汉大学　幻影重现——基于移动终端的图像增强云服务平台 华中科技大学　粉丝时代 华中科技大学　慧淬：钢轨的延寿专家 华中科技大学　基于车联网的汽车驾驶辅助系统 华中科技大学　诸葛 io
湖南	长沙理工大学				长沙理工大学　电力互联网故障自愈控制系统 长沙理工大学　切糕王子
四川	四川大学 电子科技大学				四川大学“乐乐医”患者诊后随访及慢病管理平台 四川大学　实唯科技 Swaylink 物联网平台项目

（续　表）

	团体赛	单项赛			
	集体奖	冠军	亚军	季军	金奖
四川	四川大学 电子科技大学				四川大学 “Medlinker” 医生联盟学术交流平台 四川大学　SMART + MED 云病理共享平台 电子科技大学 “鹰眼” 高精度空间定位技术芯片计划 电子科技大学　成都电科创品机器人科技有限公司
重庆	重庆邮电大学				
云南	昆明理工大学				昆明理工大学 WatchMe 云南大学滇池学院　互联网 + 非物质文化遗产云南民族刺绣
陕西	西安电子科技大学			西安电子科技大学 Visbody 人体三维扫描仪	西安电子科技大学　慕声科技
	西北工业大学 西安电子科技大学 西安交通大学 西北农林科技大学	西北工业大学微小卫星			西安交通大学　三维光学变形应变测量 西北工业大学　微孚智能 西安电子科技大学　天眼卫士——基于云计算的无人机远程智能监控系统

3. 高校“双创”领域荣誉评选结果

（1）“大众创业、万众创新” 示范基地

2016 年 5 月 12 日，国务院办公厅发布《关于建设大众创业万众创新示范基地的实施意见》，围绕创新创业重点改革领域开展试点示范，通过建设一批 “双创”

示范基地、扶持一批“双创”支撑平台、突破一批阻碍“双创”发展的政策障碍、形成一批可复制可推广的“双创”模式和典型经验，实现在更大范围、更高层次、更深程度上推进“大众创业、万众创新”，加快发展新经济，培育发展新动能，打造发展新引擎。首批“双创”示范基地28个，其中高校和科研院所示范基地4个。

（2）全国创新创业典型经验高校

2016年2月，教育部启动开展了2016年度全国高校创新创业总结宣传工作。经过学校总结、推荐申报、专家初选、社会调查和实地调研等环节，根据专家调研结果和分类指导、适当兼顾地区分布原则，推选产生了2016年度50所全国创新创业典型经验高校（中央部门所属高等学校19所、省属本科院校25所、高职高专院校6所），以期引导各高校不断深化创新创业教育改革，发挥创业带动就业的倍增效应。

（3）首批深化创新创业教育改革示范高校

2016年11月，教育部在全国本科高校中启动“首批深化创新创业教育改革示范高校”认定工作，以顶层设计、管理机制、课程建设、实践训练、教学管理、教师队伍、资金保障和特色示范八个维度作为标准，在高校自主申报、省级教育行政部门遴选推荐、教育部组织专家审核认定的基础上，认定北京大学等99所高校为“全国首批深化创新创业教育改革示范高校”。

（4）全国高校实践育人创新创业基地

2015年，教育部开展申报“全国高校实践育人创新创业基地”，经报送单位推荐、专家组评审，共遴选出50家教育部“全国高校实践育人创新创业基地”，包括33所部委属院校、7所地方本科院校、2所高职高专及1家孵化器机构，还有黄冈市政府等2家地方政府和5家国有企业。

2016年，经各单位推荐、专家组评议，共遴选出学校主导型、政府主导型、企业主导型三类共52家“全国高校实践育人创新创业基地”，其中学校主导型是指以高等学校为牵头单位，与当地政府、行业企业、科研院所、基层社区联动对接，依托学校、学科、专业的支撑优势，通过培养拔尖创新人才，推动文化传承与创新，提供社会服务、技术服务等方式，为国家和地方经济社会发展提供人才支撑、技术支撑、文化支撑和思想支撑，如表5-7所示。

表5-7　　高校创新创业荣誉评选结果

A　高校研究院所和示范基地　　B　2016年度50所双创典型经验高校

C　全国首批深化双创教育改革示范高校　　D　全国高校实践育人双创基地

	黑龙江	吉林	辽宁
A			
B	哈尔滨工业大学　黑龙江大学	吉林大学　吉林农业大学	沈阳工业大学　大连东软信息学院
C	黑龙江大学　哈尔滨工业大学　哈尔滨工程大学	吉林大学　吉林建筑大学　吉林农业大学	大连理工大学　沈阳工业大学　东北大学　辽宁工程技术大学　大连东软信息学院
D	哈尔滨工业大学	吉林大学　东北师范大学　北华大学	大连理工大学　东北大学　沈阳工业大学

	北京	天津	河北
A	清华大学		
B	北京大学　清华大学　中国人民大学　北京交通大学　北京工业大学	天津大学	河北科技大学
C	北京大学　清华大学　北京工业大学　北京航空航天大学　北京邮电大学	天津大学	河北大学　河北农业大学　河北师范大学　燕山大学
D	清华大学　中国人民大学　中国农业大学　北京科技大学　北京化工大学　北京林业大学　北京外国语大学　华北电力大学　北京工业大学　北京大学　北京师范大学　北京交通大学　北京邮电大学　中国地质大学（北京）　中国传媒大学　中央美术学院	南开大学	河北科技大学

	山东	安徽	上海	江苏	浙江	江西	福建
A			上海交通大学	南京大学			
B	青岛理工大学　山东协和学院　山东商业职业技术学院	安徽理工大学	复旦大学　上海交通大学　上海财经大学　上海大学	南京大学　南京理工大学　中国矿业大学　江苏农牧科技职业学院	浙江大学　杭州师范大学　温州大学　浙江工贸职业技术学院	华东交通大学	福建农林大学

（续 表）

	山东	安徽	上海	江苏	浙江	江西	福建
C	山东大学 济南大学 青岛理工大学 山东师范大学 山东协和学院	中国科学技术大学 合肥工业大学 安徽工业大学 安徽理工大学	复旦大学 同济大学 上海交通大学	南京大学 东南大学 南京理工大学 南京工业大学 南京信息工程大学 扬州大学	浙江大学 杭州师范大学 温州大学 中国美术学院 宁波大学	江西师范大学 江西财经大学	厦门大学 福州大学 厦门理工学院 南昌大学
D	山东大学 山东农业大学 中国石油大学（华东） 山东商业职业技术学院 山东英才学院	合肥工业大学 安徽科技学院	复旦大学 上海交通大学 同济大学 华东理工大学 东华大学	南京大学 东南大学 中国矿业大学 南京航空航天大学 江苏大学 江南大学 苏州大学	浙江大学 浙江理工大学 浙江工业大学	江西师范大学	厦门大学 福建农林大学

	广东	广西	海南
A			
B	广东工业大学　深圳职业技术学院	广西大学	海口经济学院
C	暨南大学　华南理工大学　华南师范大学 深圳大学　广东工业大学	广西大学　桂林电子科技大学 广西财经学院	海南大学
D	中山大学　深圳职业技术学院　广东工业大学　广东外语外贸大学		

	山西	河南	湖北	湖南
A				
B		黄淮学院　黄河科技学院	武汉大学	中南大学　湖南科技大学 长沙理工大学
C	山西大学 太原理工大学 山西农业大学	郑州大学　河南大学 黄淮学院　黄河科技学院	武汉大学　华中科技大学 武汉理工大学　湖北工业大学 湖北大学　武汉生物工程学院	湘潭大学　湖南大学 中南大学　湖南商学院

（续　表）

	山西	河南	湖北	湖南
D		河南工学院	武汉大学　武汉理工大学　华中师范大学　华中农业大学　武汉生物工程学院　华中科技大学　中国地质大学（武汉）	中南大学　中南财经政法大学　长沙学院　湖南商学院

	四川	重庆	云南	贵州
A	四川大学			
B	西南交通大学　电子科技大学	重庆交通大学 重庆文理学院	云南农业大学	黔东南民族职业技术学院
C	四川大学　西南交通大学 电子科技大学　西南石油大学	重庆大学 重庆邮电大学	云南大学　昆明理工大学　云南财经大学	贵州师范大学 贵州理工学院
D	电子科技大学　成都中医药大学 四川大学　西南财经大学　西南民族大学	西南大学 重庆大学	昆明理工大学	贵州大学

	新疆	西藏	青海	内蒙古	陕西	宁夏	甘肃
A							
B				包头轻工职业技术学院	西安外事学院		
C	石河子大学 新疆财经大学	西藏大学	青海大学		西北大学　西安交通大学　西安电子科技大学　西北工业大学	北方民族大学	兰州大学 兰州理工大学
D	新疆农业职业技术学院		青海畜牧兽医职业技术学院		西安交通大学 西安电子科技大学 西北农林科技大学 西安邮电大学		兰州大学 甘肃政法学院

第六章　企业“双创”成果案例分享

一、海尔集团：打造共创共赢的“双创”实践[①]

海尔集团历经30余年创新创业，从一家资不抵债、濒临倒闭的集体小厂发展成为全球大型家电第一品牌。2016年6月，海尔集团位列“中国500最具价值品牌”榜单第五位，连续十三年蝉联家电行业第一品牌。海尔集团锐意进取，不断求新求变，通过深化制造业与互联网融合发展，积极探索商业新模式，拓展业务新领域，其业务已经不拘泥于传统的家电制造和销售，而向构建以“智慧生活”和“互联工厂”为主题的共创共赢生态圈升级，开辟了现代生活解决方案的新思路、新技术、新产品、新服务，引领着现代生活方式的新潮流。

具体到“双创”方面，海尔集团把“双创”视为支撑企业转型升级和创新发展的核心动力，与企业发展战略、组织管控、生产经营等紧密结合，摸索出一些好的经验和做法。

1. 海尔集团开展“双创”的相关实践

（1）打造覆盖全球的创新资源网络

海尔布局了中国、美国、日本、欧洲、澳洲五大研发中心，通过线上开放式创新平

① 本案例由中国工业经济联合会工业经济研究中心整理完成，部分参考资料来自《海尔集团公司国家双创示范基地工作方案》。

台HOPE，触及全球一流资源320万家，注册资源37万家，形成一流资源的创新生态圈。每个研发中心都是一个连接器和放大器，可以和当地的创新伙伴合作，形成了一个遍布全球的网络。

海尔集团技术研发中心拥有全球顶尖的硬件研发实力：①拥有国家级研发平台——数字家庭网络国家工程实验室、数字化家电国家重点实验室、国家家电模具工程技术研究中心、塑料模具国家地方联合工程研究中心，海尔集团技术研发中心连续十年获得国家技术中心评价第一名；②全球最大的产品测试和用户体验中心——超过10万平方米；③覆盖领域最全的联合实验室——海尔拥有的实验室涉及6大类近50个专业技术领域；④行业最具影响力的创新创业基地——中共中央组织部授权海尔“海外高层次人才创新创业基地”，吸纳近200位专家；⑤创新产品行业最多——具备14大类、数百种不同类别产品的全流程研发能力，每年推出上千款新产品。

（2）形成引领行业发展的创新能力

在全球公认的衡量研发的四个维度，海尔均为家电行业第一：①创新体验：海尔累计获得著名设计大奖，如IF（一个由德国汉诺威工业设计论坛定期举办的奖项）大奖、红点设计大奖等90项，是行业第2名和第3名获奖数总和的3倍。②国家级大奖：海尔获得国家科技进步奖14项，行业其他公司合计2项，海尔获奖数是行业其他公司总和的5倍多。③发明专利：海尔拥有专利16316件，在海外30多个国家和地区拥有有效发明专利528件，海外发明专利是行业其他公司的20多倍，发明专利授权及占比持续领跑家电行业。④标准话语权：牵头推动成立的首个冰箱国际标准工作组，实现了中国冰箱领域零的突破，海尔拥有IEC（国际电工委员会）专家席位13个、主导国家标准48项、国际标准28项；同行业其他企业共计主导国家标准制定8项，海尔是其他企业的10倍以上。

（3）形成基于平台创新的产业生态系统

海尔基于互联网的发展转型，最为重要的创新是平台创新。目前，海尔已经演变成一个平台企业，一个可以整合全球一流资源、为创客、小微创新创业提供有力支撑的共创共赢生态系统。

海尔网上创客智慧空间，以DTS（Digital Technology Service）平台为载体。该平台以技术为核心驱动力，为小微、创客提供全球化的IT治理、平台建设和IT服务、大数据处理平台及数据管理和显示服务、信息安全体系建立及推进服务、数字化办公管理体验服务、云计算等服务。

创客智慧空间生活服务平台承接“互联网＋住居”战略布局，创新“社区平台＋社区服务＋社区大数据”服务模式生态圈，整合海尔全智慧产业链资源及行业大品牌战略服务资源，搭建海客会智慧社区生活服务平台，下设八大战略业务单元，并依托平台大数据，拓展社区服务市场。目前实现用户流量47万，服务社区面积已达到8048万平方米，辐射40000多家潜在创客；生活服务平台App（应用程序）客户端可实现以社区为中心辐射周围1千米的微商圈平台，集成衣食住行娱购游等各领域商户的服务资源。

服务平台则依托海尔服务资源优势，已建有100个过站式配送中心（自建21个，租赁79个），1000个HUB库（中转库）（规划2000个），6000个服务网点，三级网络可实现全国2800个区县覆盖无盲区、到村入户。完成对全国10000个社区的布局，连接用户1700万、连接快递员15万、日均订单40万单、快递行业包裹累计收发5000万件。

创客金融平台目前已完成涉及12大类和6大金融板块的布局（新兴金融、互联网金融、非银行金融机构、资本、权益类交易服务机构和银行保险等），业务领域涉及消费金融、融资租赁、小额贷款、金融保理、资产交易、支付、互联网金融、创投基金、财务公司。创客金融平台面向创业小微提供服务，内容包括资金、金融风险、融资管理、资产管理等。目前，该平台为869家小微公司提供涵盖12大模块的财务和金融支持服务，领域涵盖制造、物流、地产、金融、电子商务等。

（4）打造完善的创业培育体系

海尔创业培育，以海尔大学为依托。海尔大学是全球首家通过ISO 10015国际培训管理体系认证的企业大学，获得国家示范院校建设优秀合作单位、全国职工教育培训示范点、第四届中国企业教育示范基地的称号。海尔大学连续荣获2012年度、2013年度、2014年度、2015年度中国最具价值企业大学的称号，2015年荣获中国企业培训创新成果金奖和中国人才发展创新企业奖。海尔大学与清华经管EMBA（高级管理人员工商管理硕士）教育中心、山东工艺美术学院产学研合作基地、青岛市青年创业孵化试点基地、青岛市中学生创客教育实践基地以及百度、淘宝、京东、小米科技、暴风科技等20余家互联网资源建立合作，吸引丹娜·左哈等20余名外国专家任创客学院客座导师。创客学院是专业的创客培养加速平台，能够为创客提供创客公开课、创业训练营、创客模式输出、创客联盟、创客活动等多种学习交流方式，以此提升创客能力。

海尔还建立了以“云平台”为依托的培训生态系统，并搭建海尔微信公众号进行知识及模式分享。通过“共同探索创新模式”吸引全球一流的资源参与到员工学习当中，开放并联，实时互动。海尔已经与哈佛大学、瑞士洛桑管理学院、中欧商学院、北京大学、清华大学、微软、思科、宝洁等诸多世界一流资源建立合作关系，可以 24 小时在线与员工进行案例互动、分享创新经验。平台提供自助化、场景化、专业化的测评轻平台，为创业小微全生命周期的发展过程提供人才评估解决方案，提升创客自我认知，助力小微团队的优化配置与发展。

在现有创客学院课程讲师交互平台上，聚集着 4000 多门课程、数千家外圈资源、500 多名内部讲师及导师，为创业小微全生命周期的发展过程提供人才和技术支持。平台提供创客自助在线学习，通过云互动群、微信群交互、MOOCs（慕课）、腾讯、网易公开课等形式，创客可以随时随地、全方位地自主自发学习。

2. 海尔集团开展“双创”的相关成效

一是企业步入以效益为中心的发展轨道。2016 年，海尔集团实现全球营业额 2016 亿元，连续八年被世界权威机构评为大型家用电器品牌零售量全球第一。更为可喜的是企业效益快速增长，2016 年实现利润 203 亿元，连续十年复合增长率达 30% 以上，是同期营业收入年复合增长率的 5 倍，表明企业发展步入高效益、高附加值的良性发展轨道。与此同时，海尔创业小微呈现爆发式增长态势，在这些小微公司中，已经涌现出如雷神游戏本、小帅影院、有住网、免清洗等具有很强活力的创客小微。200 多个创业小微中，超过 100 个年营业收入过亿元，16 个小微企业估值过亿元，具备创业板上市资格。

二是企业带来的社会效益十分突出。海尔在拓展经营领域过程中，坚持以解决百姓“痛点”为出发点，不仅确保了产品适销对路有市场，更为关键的是给群众带来了方便，解决了不少关系国计民生的问题，补上了民生领域的短板。比如，海尔创业小微利用金融手段与国内优质肉牛养殖企业合作，培育优质牛种，发展养殖基地，在提高优质肉牛供给能力的同时，还实现了对湘西等贫困地区的精准扶贫。同时，海尔转型后，尽管企业在册员工减少了近一半，但为全社会提供的就业机会却快速增加，目前已超过了 160 万个。

三是企业的国际品牌效应进一步凸显。在激烈的国际市场竞争中，海尔已经成为全球非常著名的国际品牌。通过转型发展，海尔在海外发展更是渐入佳境，扩张能力进一步增强。海尔并购日本三洋白色家电并引入创客小微机制后，亏损八年的三洋八个月就止亏盈利；海尔并购新西兰国宝级家电品牌斐雪派克后，扩大了全球影响力，2016 年又进一步并购美国 GE（通用电气）家电业务，被《华尔街日报》形容为创造了“中国惊喜”。据欧睿国际数据显示，中国家电海外销售额中品牌家电仅占 4%，而海尔在其中占了82%。

四是海尔模式在全球引起轰动。工业文明以来，企业管理上有两次革命性突破，一次是福特的流水线，另一次是丰田看板管理。海尔“双创”模式有可能成为继福特模式和丰田模式之后的第三次革命性突破。海尔模式也引起了全世界管理学界的关注，海尔互联网转型做法已成为哈佛大学等国际知名院校的教学案例，世界管理大师加里·哈默教授认为：“现在海尔是全球先驱型公司中的执牛耳者，正在为后科层制时代和互联网时代重新塑造管理学的面貌。”欧洲被誉为“管理思想界奥斯卡奖”的Thinkers50（全球首个管理思想家排行榜）的创始人也认为：“海尔给员工极大的自由，来激发创业灵感，比西方企业更开放、自由和合作，不仅在中国而且在全世界创造了一个新模式。”伦敦政治经济学院创新共创实验室研究员克里斯蒂安·布施认为：“海尔模式在人性、社区和社会三个层面都符合未来趋势，分别对应符合个人利益、组织利益和社会利益，因此不仅会成为下一个商业模式，可能还会成为下一个社会模式。”

3. 海尔集团开展“双创”的经验总结

通过上述做法，我们可以看到海尔集团实现了整体业务的转型，企业从制造产品到孵化创客转型，员工从企业付薪到用户付薪，组织从传统的企业内封闭组织转变为开放并联的生态圈。“双创”成为支撑海尔转型升级和创新发展的核心动力，与企业发展战略、组织管控、生产经营等紧密结合，实现了海尔的管理创新、模式创新、驱动力创新，以上三个纬度的创新也为其他企业开展“双创”提供了新的思路和先进的样板。

（1）管理创新：不破不立

为了适应互联网企业的需要，海尔颠覆了传统企业体制，压缩中间管理层级，将过去金字塔式的科层结构重塑为以创业小微为基本单元的平台结构。实行脱胎换骨的“砸组织”变革后，海尔企业人员分为平台主、小微主和创客三类，平台主是平台管理者，小微主是小微的负责人，创客是小微的员工。创业小微作为企业基本单元，是独立运营主体，享有决策权、用人权和分配权，在市场竞争中优胜劣汰、创业发展。经过体制重塑和人员分流，海尔的在册员工比最高峰时减少了45%，但海尔平台为全社会提供的就业机会超过160万个。截至2016年年底，海尔平台上已经有15家创新创业基地，整合全社会3600家创新创业孵化资源，1333家合作风险投资机构，120亿元创投基金，与开放的创业服务组织合作共建了108家孵化器空间。海尔平台上有200多个创业小微、3800多个节点小微和上百万微店正在努力实践着资本和人力的社会化，有超过100个小微年营业收入过亿元，41个小微引入风投，其中16个小微估值过亿元。

通过“砸组织”变革后，海尔实现了企业无边界、管理无领导、供应链无尺度；企业平台化、员工创客化，用户从被动购买到主动参与体验。

企业无边界体现的是开放交互。研发从原来封闭的体系，变成一个开放的体系；从原来与企业内外各方面进行博弈的关系，变成一个交互的关系。从封闭到开放，就是从过去企业不管干什么，首先是要看到底有多大的资源；现在，世界就是海尔的研发中心。所谓交互，过去可能不是交互而是博弈。比如对供应商可能是价格博弈，对用户更多是促销博弈，对于员工是控制博弈。所以，首先需要转变观念，从封闭到开放，从博弈转变到交互，通过交互来给用户带来超值的解决方案。

管理无领导体现的实质是员工创客化。每个人都可以成为创业家，每个人都可以创业，让每个员工把自己的价值、利益最大化。这一点过去做不到，现在就可以了，因为现在有了互联网，有了数字制造，可以通过开源软件、开源硬件，可以通过3D打印，可以通过很多方法来实现，每个人都可以通过互联网成为创业家。海尔通过组织变革，鼓励员工创业，目前海尔的空气盒子、智慧烤箱打破传统的开发模式，创意由员工和用户交互得出，传统的开发模式是企业组织开发队伍进行开发，按部就班进行企划、设计、开发、试制、生产、上市；在新的组织模式下，采取路演的模式，引入外部投资，避免了传统项目评审的弊端；路演成功的项目，员工跟投成立小微公司，企业内外资源主动抢入，员工从打工仔变成了小微公司的合伙人。小微公司独立运作，自负盈亏，极大地激发了员工的创业热情。

供应链无尺度体现了中心转换的观念，过去是以企业为中心，现在是以用户为中心。对企业来讲最重要的两部分人，内部是员工，外部是用户。首先是由供应链无尺度来驱动企业的改变，因为如果没有用户的个性化，不需要企业改变，和过去一样就可以了。但是因为有了用户的个性化需求，企业必须改变，企业的结构必须从层级化变成网络化、平台化。最后，用户驱动企业，企业为员工提供平台，员工为用户提供需求，然后又回到了企业，企业再来改变，形成一个良性循环。

（2）模式创新：不立不生

海尔通过企业无边界的颠覆，即从靠企业自身资源求发展，颠覆为并联平台的生态圈，创造了互联网时代用户最佳体验。

平台型企业具有四个显著的特征：首先就是开放，能够吸引一流资源创造用户价值；其次以用户资源为核心，注重的是用户体验，而不是交易本身；再次是免费，通过免费开放平台，让更多的用户参与进来，创造新的价值；最后是智能化和模块化特征，保证平台能够满足各类用户需求，并实现从大规模制造向大规模定制的转型。

企业不再是一个科层组织，而是一个平台，这个平台其实就是一个生态圈。根据木桶理论可知，企业的能力像一个木桶一样，最短的那块板决定企业的水平。现在的企业应该是生态圈，这个生态圈可以互相促进生长。木桶是静态的，每一块木板的长度不会改变；但是生态圈不是静态的，而是动态的，它可以使里面所有的生物都保持生长的态势。

（3）驱动力创新：颠覆性创新引领，成为行业规则制定者

“用户个性化”倒逼开放式创新。互联网时代，获取信息越来越简单，用户非常容易获取到详尽的产品信息，同时随着互联网原住民的成长，用户的需求越发个性化、碎片化，个性化定制产品的呼声也越来越高。因此为了满足用户的个性化需求，企业必须改变传统的创新方式，需要和用户、一流资源一起创新。

“产品创新加速”倒逼开放式创新。正如《大爆炸式创新》一书中所描述的，技术的指数级发展和产品的快速迭代改变了原有的创新方式。创新产品如雨后春笋般不断涌现，倒逼企业缩短产品研发周期，持续迭代产品，提升用户体验。

“产业颠覆”倒逼开放式创新。互联网时代，各个行业都受到互联网的冲击，颠覆式创新无处不在。企业的颠覆往往出现在“意料之外”，又在“意料之中”，封闭系统注定消亡，只有变成开放的平台，建立开放的创新生态系统，才能持续创新，涅槃重生。

海尔开放创新的基本理念是“世界就是我们的研发中心”，其本质是全球用户、创客和创新资源的零距离交互，持续创新。海尔致力于建立全球资源和用户参与的创新生态系统，持续产生创新成果。

4. 海尔集团开展“双创”的启示

海尔开展“双创”、转型发展的做法归结起来，就是借助互联网，实现企业功能平台化、企业组织微型化，鼓励内部员工和外部人员面对市场做创客，根据用户需求创新产品，建立创业小微，在海尔创业生态圈内汲取营养成长壮大，逐步发展成为行业领头企业。海尔转型发展的成功实践，说明开展“双创”符合互联网时代我国经济发展新阶段的客观实际，集战略方向性和实际可操作性于一体，是我国企业，尤其是竞争行业企业生存发展、提升竞争力的良好典范，值得广大企业学习借鉴。

同时，海尔以市场需求和用户体验为出发点，将用户个性化需求与大规模定制有效结合，实现了生产的柔性化、高效率和即需即供，使需求和供给高度契合，为用户提供

高品质的产品和服务，同时将用户从被动的购买者转变为全流程参与的体验方，实现了生产端和需求端零距离结合，在不断挖掘用户需求的过程中创造市场，达到供给方与需求方皆大欢喜的效果，这无疑体现了供给侧结构性改革的核心要义。因此，从供给侧结构性改革角度看，海尔模式也是成功的企业模式，值得推广。

为此，建议在企业尤其是大型企业中复制推广海尔经验，集中各类资源，利用互联网技术，整合政府、企业、高校、科研院所的创新资源，广泛推广以企业为主体、产学研结合的"双创"模式，搭建多层次、多领域、全球化的开放式"双创"平台，形成"双创"蓬勃发展的新局面，实现发展动力转换、结构优化的目的，促进经济提质增效升级。

二、中信重工：搭建"四群共舞"创客体系[①]

作为国家创新型企业和高新技术企业，中信重工机械股份有限公司（以下简称中信重工）主要为煤炭、矿山、冶金、有色、建材、电力、节能环保等行业提供重大技术装备和完整工业解决方案。经过近60年尤其是近几年的创新发展，中信重工已成为我国最大的重型装备企业之一。

"双创"是大企业繁荣兴盛之道。作为国家首批企业"双创"示范基地，中信重工通过构建技术创客群、工人创客群、国际创客群、社会创客群"四群共舞"创客体系，用"双创"引领企业转型发展，形成了人人有创新热情、处处有创新课题、事事有创新空间、个个有出彩机会的全员创新格局，堪称大企业推动"双创"的鲜活样本。

1. 中信重工开展"双创"的相关实践

利用创客空间模式，结合自身特点，中信重工搭建了技术创客团队、工人创客团队、国际化创客团队、社会创客群四个层面的创客团队。如中信重工在海外建立了一个以行业知名国际专家为核心的高端人才团队，培养了一支熟悉国际市场的超过300人的专业人才队伍。同时实施"金蓝领"工程，为技术工人设立11个阶梯式技能等级：1—8级工、技师、高级技师、大工匠。首批聘任了5名大工匠，并成立了由他们命名的大工匠工作室。一支包括工程院院士和首席技术专家、技能专家在内的高端人才团队，为万众创新提供了有力支撑。目前，中信重工的创客团队直接参与者超过800人，

① 本案例由中国工业报副总编辑严曼青完成。

影响带动了1000名技术人员和4000名一线工人创新创效。

（1）技术创客群

中信重工组建成立由10名工程院院士和3名在各科学研究领域有卓越建树的专家组成的院士专家顾问委员会，聘任18名在公司各产业领域取得重大创新成果的技术领军人物为首席技术专家。以首席技术专家为引领组建的18个技术创客团队，影响和带动了中信重工的1000名技术人员积极投身技术创新，为中信重工培育了一支拥有国家863主题专家、973首席专家、友谊奖专家的技术创新团队，并集聚和培育了一大批高端技术人才。

中信重工以首席技术专家为引领组建的18个技术创客团队，通过院士工作站、矿山重型装备国家重点实验室、产业创新联盟等平台，与国内外知名高校广泛合作，持续开展技术创新、科技攻关及创客活动，以节能技术、节能工艺、节能方法生产节能产品，用节能技术装备中国工业，相继开发出“年产千万吨级超深矿建井及提升装备设计及制造技术”“年产千万吨级移动和半移动破碎站设计及制造技术”等20多项核心技术，形成了大型化、集成化、成套化、低碳化、智能化的绿色产业发展新格局，不断建功国家循环经济、绿色经济。

2016年，技术创客群开展课题攻关活动720余次，7000多人次参与。

矿物加工核心装备技术创新团队带头人姬建刚带领团队瞄准世界高端和前沿技术，依托矿山重型装备国家重点实验室、澳大利亚SMCC工艺技术公司，在矿物磨机领域深耕细作，成功开发出大型旋回破碎装备、大型圆锥破碎机、大型提升机、大型自磨机、半自磨机、球磨机、高压辊磨机、立式搅拌磨、智能控制机九大具有国际竞争力的大型矿用装备，出口“一带一路”国家30余台套，产值近40亿元。

截至目前，中信重工Φ6m以上大型磨机在国内市场的占有率达81%，全国排名第一；全球占有率达23%，全球排名第二。与此同时，中信重工大型矿用磨机被评为“中国名牌产品”，大型矿磨设备关键技术研究被列入国家“973”科技计划项目。目前，中信重工已成为全球最具竞争力的大型矿业装备供应商和服务商。

2016年11月17日，由中信重工牵头承担，共有12家企业、高校、科研院所参与的国家重点研发计划“流程工业系统优化与节能技术”项目启动会在公司召开。这一项目的负责人，由余热发电成套工艺与装备技术创客团队带头人彭岩担任。

联合上海理工大学和中国科学院力学研究所进行炉冷烧结机余热发电技术研发。中信重工主要完成冶金工序间连续、非连续过程的优化组合节能技术，研发连续、半连续高温烧结物料竖式炉式冷却技术；上海理工大学主要解决工艺理论研究；中国科学院力学研究所主要承担课题研究内容为匹配冶金工艺复合传热与动力循环特性的高效能量传递与转换单元设备研究。

干熄焦余热发电技术研发应用：充分利用国内技术资源平台，分别与中日联公司、平煤节能公司、焦耐院等单位联合，充分利用各自技术和资源优势，共同开发研制具有鲜明特点的工艺技术包：开发了国内干熄焦装机容量最大的余热发电系统；研制开发了高效清洁熄焦关键设备；研制了高效清洁熄焦关键设备；创新出全流程可控高效的工程建设模式。

目前该技术已成功应用于中国平煤神马集团首山焦化 3×125t/h 干熄焦节能工程、平煤京宝 160t/h 干熄焦，已经顺利实现发电投产；平煤朝川 110t/h 干熄焦、河南鑫磊 160t/h 干熄焦等项目正在调试，总装机 105MW；汝州天瑞焦化 140t/h、内蒙古建元焦化 2×190t/h，徐州建滔 140t/h 等一批项目通过技术交流，已签订合作协议或达成合作意向。已累计为公司新增销售收入 13.6 亿元，实现利润 3 亿元，具有显著的经济和社会效益，具有广阔的市场前景。

余热发电成套工艺与装备技术创客团队研发的“纯低温双压余热发电技术”不断引领市场、创造需求，从水泥行业不断拓展应用到干熄焦、烧结矿、玻璃、化工等行业余热发电新领域，累计为中信重工实现新增订单总额 70 多亿元，新增利税 10 多亿元。

特种机器人开发研究团队专注于高危环境下和特殊工况的特种机器人应用研究，目前在矿山救援领域已成功研制出矿用灾区侦测机器人、钻孔探测机器人、特种消防机器人和矿用水下机器人 4 类产品，均填补国内空白，取得发明专利 4 项，实用新型专利 17 项，外观专利 4 项。

辊压机粉磨系统工艺研究及关键装备优化团队开发设计了国内第一个高压辊磨试验系统，其开发的终粉磨技术可以使系统节能 25% 以上，产能提高 30% ~50%，作业效率提高 15%，在金属矿山中可实现提前抛尾 35%。由于技术先进和节能显著，该产品被评为国家级战略性新产品，高压辊磨机技术获得机械工业科学技术一等奖。在传统产业普遍不景气的背景下，2016 年中信重工的高压辊磨已实现订货 25 台套，呈现旺盛增长势头。

固液分离技术创客团队凭借多年丰富的经验积淀和领先的矿物实验手段，在固液分离领域进行了多项持续深入的试验研究和集成创新，研发推出了世界首创的 GPYT 系列 5 种规格石膏专用过滤机，可提高效率近 3 倍，为脱硫石膏脱水提供了高效、节能、稳定的先进工艺，开启了石膏脱水的新革命。中信重工的电厂石膏脱水技术及装备正日益成为市场新宠，已实现订货超1000台，用户遍及河南、山东、广西、山西、贵州等省份，并远销印度尼西亚、秘鲁等国家。

（2）工人创客群

公司以5个大工匠为引领建立的22个工人创客群，围绕“五个定位”，即优化工艺技术、解决生产难题、形成典型工艺规范、固化创新成果、塑造大工匠精神开展创客活动。

以5个大工匠、1个劳模工作室为引领建立的22个工人创客群，围绕优化工艺技术、解决生产难题等开展创客活动。2016年开展攻关活动926次，创造经济效益4420.3万元。

张东亮大工匠创新工作室：2016年，进一步修订了工作室的攻关计划，2017年以来工作室创客团队取得项目攻关9项，解决生产中技术难题12项，创新先进操作方法2项。

谭志强大工匠创新工作室：2016年11月29日，谭志强被授予“全国技术能手”的称号，这是谭志强继2016年荣获全国五一劳动奖章后斩获的又一重要荣誉。两年来，他带领工作室成员主动承担公司重大技术攻关项目和解决关键技术难题19项，创造价值1280多万元。

杨金安大工匠创新工作室：2016年以杨金安为第一作者的论文《铌微合金化技术在齿轮钢中的应用》被刊登在国家级核心期刊《热加工工艺》上。通过杨金安团队的不懈努力，中信重工形成了全面强大的炼钢系统，实现了对所有钢种的全覆盖。

党朝阳大工匠创新工作室：完成J型钢轨道的焊接技术，填补了国内J型钢轨道的焊接技术空白，大型支承辊的堆焊技术刷新了国内最大支承辊的堆焊纪录，主油缸的焊接技术攻克特殊合金钢的单面焊双面成型焊接技术，为公司做大做强军工产业、开拓耐磨堆焊等市场提供了重要支撑。

坚持以课题为核心，坚持成果量化，坚持团队建设，坚持总结推广，坚持经验与科学的融合，中信重工工人创客群攻克工艺技术难关，破解生产难题，采用科学合理的工艺方法和刀具等，有效整合了设计、工艺、设备等创新资源，形成了全员创新、协同创新、开放创新的浓厚氛围，为公司创出了成果、效益、团队、品牌和活力。

（3）国际创客群

在向国际化企业迈进的过程中，中信重工组建了以澳洲研发中心和SMCC公司为核心的国际创客团队，这支创客团队覆盖中信重工的西班牙工厂、巴西公司、南非公司、智利公司、北美公司和俄罗斯办事处等 8 个海外机构、360 多人。

国际创客群充分利用国际科技信息和人才资源直接参与课题研发，并与国内的技术创客团队联合互补，形成了海外和国内协同创新、开放创新的工作格局，使中信重工建立了国际化设计、制造、服务、实验、技术标准及规范，实现了研发创新和国际接轨。

国内外协同创新典范——立式搅拌磨。在立式搅拌磨研发上，中信重工整合国内外创新资源，首台产品由国际创客团队负责方案设计、图纸审查和国际市场订货，中信重工总部承担图纸设计、施工设计、设备制造、售后服务等环节，同时联合浙江工业大学开展理论研究，开发立式搅拌磨物料力学模型，借助于颗粒力学模拟软件和有限元分析软件分析搅拌器与钢球介质的相互作用力，搅拌器承受的应力应变和搅拌器的最大应力。20 余名国内外创客经过反复交流确定了新产品的关键技术参数，实现了新产品开发的国内外创客联动和产学研协同创新。

立式搅拌磨一经开发，就取得了产品研发及国际市场开拓的双重突破，首台即被全球最大的铜生产商——智利国家铜业公司定购。

在国内，2016 年 7 月，中信重工为云南锡业研制的 CSM－250 立式搅拌磨也顺利投产。短短两年时间内，中信重工新型立式搅拌磨在国内和国际市场迅速“开花结果”。

正是由于与国际接轨，全面贯彻和实施国际标准与国际规范，中信重工的产品在国际市场受到广泛青睐。今年，公司先后为巴西淡水河谷破碎机项目、澳大利亚 SINO 铁矿项目等重点工程提供备件服务，为瑞典 LKAB 公司生产大型破碎站，为老挝 Phonesack 集团 KSO 金矿项目提供两台 Φ8.8×5.5m 半自磨机和两台 Φ6.2×11.5m 球磨机等主机产品。

除此之外，中信重工凭借核心制造＋成套服务的综合优势，在国际水泥工程总包与主机成套、矿山装备与矿山工程总包市场取得了显著成绩。

2016 年，中信重工总包的 CMIC 公司日产 5000 吨水泥生产线总包工程开工；总包的位于柬埔寨的 KCC2 日产 2500 吨水泥生产线和缅甸 MCL 日产 5000 吨水泥生产线已经开始正常生产水泥熟料；与菲律宾世纪顶峰矿业公司实现两度合作；与巴基斯坦 GCL 公司签订 2×250TPH 水泥粉磨站 EP 合同；中标阿尔及利亚 GICA 水泥集团 BENI SAF 水泥公司日产 6000 吨熟料水泥厂 EPC 成套总包工程等，都成为了中信重工在“一带一路”沿线总包项目的典范工程。

目前，中信重工国际市场订单份额占比达 50%，产品覆盖“一带一路”沿线 30 多个国家和地区，构建了全球化研发、营销、生产、服务四大功能的国际化布局，形成了成套、主机、备件、服务四大全球化服务领域。

中信重工的国际创客团队，以各自的业务专长活跃在公司总部、海外机构的技术研发、市场开拓和客户服务等领域，成为公司国际化转型的宝贵资源。

（4）社会创客群

借力外部高端智力资源，中信重工成立了由刘玠、柳百成、钟掘等13位院士、专家组成的院士专家顾问委员会，形成了一支集业内各领域科学泰斗组成的高层次专家团队和高智力创新载体。院士专家顾问委员会在企业战略决策上发挥咨询作用，在各专业领域确立研发方向、目标，并在研发项目实施上发挥指导作用，在科研成果转化应用和产业化上发挥催化作用。

以产、学、研、用、供合作推动创新资源集聚，中信重工与澳大利亚昆士兰大学、清华大学、中国矿业大学等20多所高校，以及中国科学院、北京矿冶研究总院、中国冶金科工集团等30多个科研院所，并协同巴西淡水河谷、澳大利亚必和必拓、智利铜业、瑞典力矿集团、中国黄金集团、江铜集团等行业巨头，外加澳大利亚JK矿物研究中心、西门子自动化控制实验室、机械传动国家重点实验室、河南省耐磨材料工程中心等，通过建立战略合作联盟，全面启动了高端矿山重型装备技术创新工程，实现了大型磨矿设备实验选型及设计制造技术、干熄焦余热发电成套工艺技术及装备、年产600万吨级高压辊磨设计及制造技术等30多项技术突破，培育出大型磨机、大型破碎机、大型辊压机、大型搅拌磨等12大具有国际水平的核心产品。这些成果的获得以及产业化推广，满足了矿产资源行业的重大需求，引领了行业的技术发展，既培育了中信重工的核心竞争力，又勾勒出美美与共、合作多赢的新局面。

2016年国家重点研发项目——煤炭清洁高效利用和新型节能技术，中信重工作为国内余热发电技术行业的领跑者，牵头组织宝钢节能、华北理工大学、东华大学等12家科研院所、高校、企业共同参与，80余名骨干带动4400多人协同创新，研究形成烧结行业节能减排的整体解决方案。目前，项目正在兴澄特钢开展烧结竖式冷却中试研究。同时，超深矿井提升系统研究、特种机器人制造智能化工厂等20多项关系行业产业结构调整和国家重大装备的产学研项目正有序推进，形成了开放创新、联合创新、协同创新的局面。

通过协作开发平台、远程服务平台、标准服务平台、人才培养平台等，吸引深圳固高、数码大方等中小微企业、科研院所、高校和其他社会创客开展协同创新。利用

“Linkedin（领英）”全球化平台，实现软硬资源共享。目前公司在线人数达到396人，带动教授、研究员、工程师、博士等200多个行业知名学者参与项目策划、产品性能分析、数据处理，形成解决方案。

按照“专业化生产、社会化协作、全球化配套”的思路，中信重工将可以通过社会协作的中间产品、配套件，通过协作的方式交由社会专业的协作方配套，形成以总体设计、总装制造和试验验证为龙头，以核心系统和设备专业化研制为支撑，以社会化协作配套为依托的新型装备制造创新体系，充分带动社会各方的创新创业热情。

为打造中国最大最强的特种机器人研发和产业化基地，中信重工走出了一条借势借力发展、开放合作共赢的新路。收购唐山开诚80%的股份，奠定了引领特种机器人行业发展的优势。借助双方优质资源，特种机器人研发团队成功研制出5大系列机器人平台、20款机器人产品，很快形成规模化生产、批量化销售，仅2016年前10个月，消防机器人已销售1000多台，并出口德国、俄罗斯等海外市场。

公司与科大讯飞洛阳语音云创新研究院合作，成功研制出我国首款声控消防机器人，让特种机器人更智能化、人性化；与中科院自动化所等合作，开展特殊环境高适应性机器人设计等关键技术研究；与金华市志能科技合作，开发袋装水泥全自动装车机器人；与清华大学、深圳固高、太极计算机等联合建设特种机器人制造智能化工厂，等等，新产业链条上大中小微企业全方位参与、宽领域合作，将有力促进我国高端智能装备制造业和机器人产业的发展。

目前，中信重工与40多家高校、科研院所、企业、用户等共同开展超深矿井提升系统研究、特种机器人制造智能化工厂、远程故障诊断云平台、烧结矿炉冷余热发电等48项产学研项目的实施，这些项目关系着行业产业结构调整和国家重大装备的国产化、智能化、绿色化，是社会创客群深入推进创新创业实践的重点，开创了公司开放创新、联合创新、协同创新的新图谱。

在四大创客群的基础上，中信重工又布局众创平台，目前重装众创线上资源共享平台、重装众创线下实验与验证平台和重装众创成果孵化平台已经推出。这三大众创平台建设与“互联网+”、智能制造相契合，面向全行业开放，实现更大范围内的创新资源共享与合作。线上平台建成后，将为3000名创客或500个创新团队提供基于移动互联网的协作沟通服务；孵化平台中的特种机器人生产基地已投产，其中防爆型消防侦测灭火机器人订单火爆。

2. 中信重工开展“双创”的相关成效

当前，在“双创”工作上，中信重工已取得了一系列的成效。

“双创”创出了效益。一个技术研发团队，一年创造的效益，最多的达 20 多亿订单。5 个大工匠工作室创客团队 2015 年取得技术创新成果 98 项，创效 1586 万元。矿物加工核心装备技术创新团队开发出的新产品近两年获海外订货近 40 亿元。余热发电技术创新团队研发的“纯低温双压余热发电技术”，已从水泥行业拓展应用到干熄焦余热发电、烧结机余热发电、玻璃生产线废气余热发电、硫酸生产线废气余热发电等新领域，累计新增合同总额 70 多亿元，新增利税 10 多亿元。特种机器人创新团队目前已成功研制出陆地履带机器人族系、水下机器人族系、巡检机器人族系、钻孔探测机器人族系、工业机器人族系，今年预计新增销售收入 10 亿元。社会创客群依托公司“双创”平台和创新项目合作开发的新产品新技术，实现经济规模超过 100 亿元。

“双创”创出了成果。2014 年，仅工人团队就解决了 146 个技术攻关难题。取得的各项专利、重大装备产品研发成果，充分体现了创新动力。公司通过这种多学科、扁平化、高效率的技术研发创新方式，每天都在产生效益。

“双创”创出了团队。一个领军人物带出一个团队，这个团队又影响了更多的员工。18 个技术创客团队，影响带动了 1000 名技术人员；工人创客群直接参与 500 人，影响带动了 4000 多名一线员工，使研发、工艺、制造各环节融为一体，有效解决了全价值链的创新问题。

“双创”创出了活力。人人有创新热情，处处有创新课题，事事有创新空间，个个有出彩机会。公司新产品贡献率达到 70%，成套订货占新增订单比例达到 60%，出口产品占比达到 50%，利润等主要经营指标持续保持行业领先。

3. 中信重工开展“双创”的经验总结与启示

“全员参与创新，营造机制氛围”是推动中信重工“双创”的根本力量：一是培养机制。为推进公司全员创新，在培养人才方面，2012 年中信重工成立中信重工大学，专门对员工进行再教育、再培训。大学一年培养工人 2 万多人次；二是评价机制。公司每两年对员工进行一次技能评定，并给以工资提升；三是完整的人才吸引机制。公司召集了一大批国内外专家，现有 300 多名海外专家、员工，高管层有获得中国政府友谊奖的美国技术专家任热加工系统的首席技术官；四是激励机制。公司设定各种技术最高等级，技术系统有首席设计师、首席工艺师，每个称谓都有考核、评定办法。每位首席技术专家，每月的技术津贴是 1 万元。大工匠是基于公司的金蓝领工程，除了国家的技术评定级别，公司又设立了中信重工的工人技能的最高级别大工匠，一旦成为大工匠，除工资外，每月还有技术津贴5000元。随着技术等级的不断提升，全体员工的积极参与，中信重工逐渐形成一个浓厚的创新氛围。

在“双创”活动中，可以有各式各样的方式和渠道，企业需要根据自身情况找到自己的突破点。中信重工的实践告诉我们，在大企业搞“双创”，是企业的兴盛之路，也是繁荣之道。公司通过技术创客群、工人创客群，解决了大企业全员创新的问题，是一条创新途径。此外，作为大型国有企业，“双创”活动更应围绕国家重大技术装备，围绕中国装备走出去，围绕振兴中国装备制造业，围绕国家战略进行。促进企业转型发展和国家经济发展，形成一种合力，“百花齐放，万众创新”是中信重工等大型工业企业下一步奋斗的目标。

三、荣事达：以“双创”谋转型促发展①

近年来，党中央、国务院高度重视“双创”工作。合肥荣事达电子电器集团（以下简称荣事达）积极响应号召，着力打造智能家居全价值链“双创”中心，走出了一条“‘双创’中心—事业部制—合伙人制”三位一体的全新模式。自2013年以来，共孵化20个项目，成活率达到100%。2015年，这些项目累计完成销售收入3亿元，吸纳新增就业792人；2016年荣事达“双创”项目销售收入突破5亿元，解决新增就业近2000人。借此，荣事达由“创业者”成功蝶变为“创业的推动者”“创造公司的公司”，为合伙人和全社会创造了更大价值，实现了“开放资源，聚合要素，精准扶持，组织变革，成果共享”。

1. 荣事达开展“双创”的相关实践

（1）搭建平台，开放资源

2014年，荣事达成立了“双创”中心，既作为企业吸引、支持创客的平台，也作为企业和创客的接口和通路。与一些只提供启动资金、场所、创业辅导等简单扶持的创业孵化器相比，荣事达将自身的9大优势资源全部整合在同一个平台上，全要素对外开放，以实现企业资源和创客需求的全方位对接。

一是资金，每年投资1亿元作为创业基金，用于项目初创时的投资，保证批量项目

① 本案例由国家行政学院副研究员吕洪业完成。

入驻；二是品牌，以“荣事达”品牌为主，收购有潜力的新兴、传统行业品牌，作为集团的品牌资产储备，进行相关品牌匹配和授权，免去新项目打造、推广品牌的阵痛期，使产品和项目在初期就能快速切入市场，提升项目的成功概率；三是信息，以呼叫中心为核心，为创业团队提供数据分析支持，以大数据分析为创业项目提供运营指导，提升运营效率；四是技术，依托研究、科研实力，为创业团队提供研发和技术管理方案，打造产品、技术供应链；五是管理，通过管理输出为创业团队提供财务、市场、质量等管理需求，强化创业团队的内部管理能力；六是文化，将集团的核心文化统一为各创业团队的指导思想，指导创业团队按照集团统一规划和目标进行运作；七是人力资源，建立目标人才数据库，打造快速的人才匹配机制和灵活的人才合作机制，确保目标人才快速到岗，快速投入项目工作；八是硬件，在创业指导、办公场所、资源合作、业务开拓等方面给予创业团队最权威和有力的支持；九是市场，依托荣事达分布全国的5万多个网点和O2O全网营销系统，以及先进的营销理念，为创业团队提供市场和渠道支持，打造销售链。

（2）依托产业，对接资源

荣事达以公司的发展战略，即智能家居战略为核心，明确产品规划，在此基础上甄别和筛选创新创业项目。正是因为依托了原有产业，荣事达的资源优势得以充分发挥，对创新创业者的扶持质量大幅提升。

开放资源实现了资源对接和双向流动。对初创企业来说，荣事达成熟的品牌、资金、渠道等资源是无可比拟的优势，能迅速补足创业短板；对荣事达而言，创业者所带来的新理念、新技术、新渠道等，也恰恰是荣事达的相对短板。企业和创新创业者在“双创”平台上取长补短，获得了“1+1>2”的效果。

要素整合后，创客个人发展和荣事达发展都实现了成倍提速。例如荣事达“双创”中心孵化的空气能项目，启动当年就实现了3500万元的销售额，此后每年都保持了80%以上的高增速。曾经的创客、现在的项目合伙人指出：“如果自己做，一年能达到300万元的销售额都几乎是不可能的，因为我们没有品牌支撑，能否得到市场认可都不一定。”要素在创新平台上整合集聚后，荣事达也是赢家，其热水器项目本来已经奄奄一息，是空气能项目三人创业团队的加入，使热水器项目死而复生，成为荣事达智能家居的重要组成部分。

（3）阶段投入，精准扶持

初创企业不仅缺资源，更缺经验。再好的机器，不懂得使用方法，就是一堆废铁。

荣事达没有把创客当消费者，任其自生自灭，而是一开始就将其视为利益共同体，阶段投入、全程照顾、全程合作、共同成长。

荣事达将创业项目分为创客期、创业期和成长期三个阶段，针对不同阶段需求导入相应的要素资源。创客期重点导入硬件、初始资金、信息等基础要素，为创客提供良好的创业空间，将创业理念迅速变为可视化产品。创业期则注重弥补技术短板、规范管理，将创业团队、创新产品纳入企业管理范畴，重点提升管理质量和产品品质。成长期导入大型资本和营销渠道等，使其加速成长，提高产品营销规模和盈利空间。在不同时期，相关职能部门还会提供数据分析、运营指导、研发和技术管理方案等，使初创企业获得持续性的资源对接和成长支持。

通过分阶段要素投入和全程精细化扶持，荣事达“双创”中心没有成为一个简单的、机械的资源平台，而是打造出了一个良性的、符合企业成长规律的生态环境。同时，创客们从一开始就较好地融入了荣事达的企业文化，为双方此后的共赢发展奠定了基础。

（4）组织创新，共享发展

创新的企业才能搞好“双创”。荣事达不仅有“双创”中心，打造聚合社会资源的平台，还创新体制机制，建立了与“双创”匹配的合伙人与事业部制。创客进入“双创”中心初期，荣事达免费提供资源，承担风险。过了初创期，经过认真评估，创客与荣事达签订合作条款，确定股比分成，成为合伙人，项目进入事业部发展。

合伙人制的核心是留住人才，将创业者拥有的资源量化为股份，创客变股东，实现了从创造产品到创造企业、创造企业家的阶段飞跃。事业部制的核心是聚焦产品，通过扁平化的企业运作模式，项目团队专注品质，打造极致产品。

通过组织创新，企业和创业团队成为利益共同体，共享发展成果。一些创客成为合伙人后，按照股比分成，一两年就成了百万富翁、千万富翁。荣事达也在这一过程中不断发展壮大，不仅各事业部产值保持高速增长，而且新增就业吸纳了传统产品生产下降造成的企业冗员，为荣事达产品转型升级创造了条件。

2. 荣事达开展“双创”的相关成效

开展“双创”以来，荣事达围绕智能家居系列孵化成功 20 个项目，2015 年累计实现销售收入 3 亿元，带动新增就业 792 人，2016 年销售收入突破 5 亿元。企业核心竞争力也不断增强。累计获得专利 100 余项（发明专利 5 项）、软件著作权 5 项，主导制定国家标准 1 项、行业标准 2 项。截至目前，集团已成功立项 20 余个新项目，累积开发

200余个新产品系列共计1000个品种，获得省级以上新产品认证20余项，新产品产值占企业年度产值的60%以上。

企业发展潜力后劲十足。目前，建成省企业技术中心1个、省工程技术研究中心2个，在建国家技术中心1个、国家工程技术中心1个，依托上述研发平台，2015年创造产值近60亿元。2016年年底集团还有50个项目作为储备，预计到2017年，每年计划投资100个项目，三年内项目突破300个。2.2万平方米的智能家居总部大厦，已经聚集和正在聚集近70个创客团队。从项目成效来看，智控系统项目短短半年内便实现了2700万元的销售额；2013年启动的空气能项目，2014年就有3500万元销售额，2015年增至5300万元，预计今年可以达到8000万元到1亿元。

3. 荣事达开展“双创”的经验总结

荣事达推进“双创”实现了双赢，说明“双创”的持续推进，完全可以实现同实体经济相结合，同供给侧结构性改革相结合。荣事达的经验表明，开放大企业的优势资源，激活了全社会创新能力，实现了与社会资源的整合和优势互补；全过程分阶段的精准扶持，优化了各种要素的高效配置，提高了创新创业的成功率；创新项目的“合伙人+事业部”制，加快了产业化步伐，实现了成果共享。在此基础上，有力地促进了结构转型和动能转换。荣事达在推进“双创”过程中探索出的新模式、新业态，增强了经济发展新动能，实现了社会、企业和创客的多赢，对打造“双创”平台具有借鉴意义。

（1）企业平台为主

“双创”要取得实效，和实体经济相结合，应主要依靠企业平台，尤其是大型企业。“双创”推进中新创企业活不长、长不大、不够实等问题，主要原因之一就是缺乏企业资源的实在支撑。

（2）资源开放为王

荣事达主动开放优势资源，助力创客成长，是以一种开放的心态拥抱创新，以分享的精神共享发展。这一舍一得中，荣事达实现了内外资源的融会贯通，不仅降低了企业发展的资源成本，而且也为企业和社会创造了更大的价值。荣事达的“智能全屋”系统发展得有声有色，很多贡献都来自创客，正是因为开放，荣事达和创客都获得了“信手拈来”的宝贵资源。

（3）组合创新为上

有了资源，还要有实现资源价值的机制。创新的浪潮是由无数个溪流汇合而成的。我国企业具有丰富的存量资源，创客具有独特的优质资源，关键是要有整合资源、实现组合创新的平台和机制。荣事达建立的“双创”中心—事业部—合伙人制三位一体的组合创新机制，对自身和创客资源进行优化配置，产生了巨大的经济效益和社会价值。

（4）共享成果为本

传统的企业增长理念，就是按部就班，缺什么就建什么，种瓜得瓜，种豆得豆。如果按照这种增长模式，荣事达的“智能全屋”发展战略不可能推进得这么快。荣事达秉持“创造有价值公司的公司、培育受尊重企业家的企业”这一理念，通过分享资源、共享发展，不仅实现了企业和创客的快速发展，也创造了全社会共享的价值。

4. 荣事达开展“双创”的启示

推进“大众创业、万众创新”，就是要通过激活力、集众智来实现要素的自由流动、最佳组合和创新发展。荣事达以企业为主体推进“双创”，并不意味着政府就要袖手旁观、无所作为，而是要大胆进取，合理作为，助力“双创”。

（1）搭建“双创”公共平台，加快各种资源的开放共享

“双创”中有平台无资源的现象较为普遍，创客活不久、长不大。荣事达“双创”中心的成功，关键是开放了自身优势资源，实现了内外资源的整合聚集。深入推进“双创”，关键是落实好开放资源的相关政策。鼓励高校、研究机构、大型企业特别是国企等向全社会开放基础数据、科研成果、传统品牌等闲置资源，让这些零散、沉淀的资源进入“双创”平台，重新焕发活力，实现以大带小、以强带弱、以新带旧。一些国有企事业单位拥有大量技术资源，一些淘汰、闲置的技术，在民用领域都是顶尖的，可以尝试公开技术，为民所用。同时，集国家财力，开展基础研究，并购买相关研究成果，形成资源库，向全社会开放。

（2）提高“双创”品质，加快产学研一体化

科研院所是人才、技术资源的高地，但科研成果产业转化率低一直以来都是影响校企合作的最大瓶颈。一些企业直言：科研机构“注重论文发表，不注重应用，关起门来搞科研，这些科研成果本身就难以和企业实现对接，也谈不上转化”。科研院所若能发挥自己在科技创新和人才培养上的独特优势，将会更有力地促进科研成果产业化，更好地推动“大众创业、万众创新”。政府应鼓励高校、科研机构等创新体制机制，支持科研成果走向市场，切实将成果转化为老百姓看得见、用得了的产品，由市场来检验产品的优劣，由社会来判断成果的好坏。

（3）“双创”要推动机制创新，加快成果共享和价值共享

传统的企业增长理念和组织架构，是缺什么就建什么，不仅浪费资源，也把创客等社会资源堵在了门外。“双创”要取得实效，需要企业内部组织机制、动力机制、管理机制的全面创新。荣事达通过“‘双创’中心—合伙人制—事业部制”三位一体的组织创新，让出了资源和股份，得到了技术和发展，这一舍一得中，实现了分享资源、共享发展，也创造了全社会共享的价值，实现了社会、企业和创客的多赢。深化国企改革，关键是创新体制机制，发挥国有企业各类人才的积极性、主动性、创造性，激发各类要素活力。国有企业“双创”具备得天独厚的优势，可利用国企的资源优势，通过组织创新来重新界定企业与内外部创业人员之间的利益平衡点，激发创业者的积极性，焕发国企活力，实现资源共享、成果共享和价值共享。

（4）推动大企业引领的市场化“双创”，加快供给侧结构性改革

创客的技术再好、产品再好，没有强有力的支持，没有成熟的渠道和品牌，也难以变成有效供给。荣事达事例说明，“尺有所短，寸有所长”，大企业有资源优势，创客有技术优势，二者有机结合，可以迅速改善供给结构，促进转型升级，吸纳去产能过程中形成的冗员。“双创”要取得实效，需要更多发挥大企业的作用，更快与实体经济相结合，推出市场需要的产品，促进供需有效对接和新旧动能转换。

四、云南白药：创新实现品牌重塑[①]

云南白药创制于1902年，享有“中华瑰宝　伤科圣药”的美誉，在红军长征、抗日战争、解放战争中发挥过重要作用；1971年经周恩来总理批示，云南白药正式建厂。云南白药以改革谋发展，以创新求突破，自2000年以来，全面推行企业再造、产品创新、品牌重塑和产业拓展工程，传承并发扬光大云南白药品牌核心价值，实现了传统中药向现代中药质的转变，并进一步向大健康产业跨界飞跃。百年品牌再次焕发勃勃生机，成为中国中医药文化的典型代表和中国品牌走向世界的一张名片。

1. 企业经营概况

2016年以来，公司面临较为严峻的经营形势，控制药品招标采购价格、医保控

① 本案例由云南白药集团提供。

费、降低药费占比等政策性要求刚性又具体，药品价格继续承压；辅助用药管理、专利药单独议价、化学药品一致性评价、中成药功效验证等药品监管政策逐步落地；高频次的飞行检查及医改“三明模式”的实施大幅增加企业经营成本，终端销售日趋疲软，原料、人工成本压力逐步向上游传导。于是，公司在医药行业深度调整期中迎接挑战，保证了经营业绩的稳健发展，全年营收及利润预计保持10%左右的增长。

（1）主营业务态势

云南白药秉承“传承不泥古、创新不离宗”的理念，借助云南自然资源独特优势，致力于将传统中药融入现代生活，持续以高品质的创新产品丰富云南白药品牌内涵，实现了传统中药与现代人生活方式、健康需求的深度融合。云南白药气雾剂、云南白药膏等产品年销售收入单项均超10亿元，稳居同类产品榜首；云南白药牙膏年销售收入逾40亿元，创造了民族品牌挑战国际巨头、迅速崛起的市场奇迹；云南白药创可贴超过美国邦迪成为细分市场第一品牌。云南白药正以实际行动，支撑起消费者对中国制造的信心，让世界爱上中国造。

①药品板块

面对医药产业的深度调整期，公司密切关注医改政策调整，顺应市场变化，积极优化内部资源配置，有效应对国家医改政策和药品招标方式的变化，在经营成本显著上升的同时，保持了经营业绩和产品价格体系的稳定。注重加强渠道建设，进一步向纵深发展，以规模优势应对行业困境。重点推动气血康、蒸汽眼罩等新产品，抢占主流消费市场，销售业绩取得较大突破。

②商业流通板块

面对医药商业增速放缓、医改政策落地和监管日趋严格的挑战，公司对区县级及以上医疗机构实施定制化服务，全力巩固和拓展核心终端市场。针对县级以下新型农村合作医疗特点，持续尝试与第三方合作以寻求新的突破。围绕以“三明模式”为代表的医改方向和“两票制”等系列医药商业流通的新要求，对网上售药、药房托管等新兴课题进行了有益探索。

③健康产品板块

在外资巨头销售下滑的背景下，云南白药牙膏类产品逆势保持两位数以上的稳健增长，市场份额已达线上第一、线下第二（仅次于黑人），当之无愧地成为民族牙膏第一品牌。在2015年销售收入突破40亿元的基础上，2016年继续保持了较快增长。公司借助云南白药天然植物研发优势，整合莹特丽、日本科玛及北京工商大学等多个世界知名企业和高等院校的优势资源进行联合研发，通过互联网平台进行8大护肤细分品类、57款产品试销改进，为后续产品线布局奠定了基础。在营销方面，通过“唇齿留亲，益起来聚温暖”公益营销整合等重点项目，有效提升了云南白药品牌知名度及产品美誉度。2016年，养元青、采之汲等系列产品销售持续增长，成为公司又一利润增长点。公司还相继推出了溃清、蕴康、儿童牙膏等专属人群新品及新型洗发水、卫生巾，极大地丰富了云南白药健康洗护产品族群，升级了消费者对云南白药大健康领域的新认知。

④中药资源板块

公司以战略合作、参股共建等模式先后打造了三七、重楼等多个中药材种植生产基地，总规模达31000亩，建成了全球最齐全的重楼种质资源库。在实现重点药材家种驯化的同时，提升药材抗病毒和虫害能力，有效成分含量更高，既保证稀缺药材的繁育，又确保药材品质的可靠，还平抑了原材料价格的不规律波动。公司发起成立了云南省中药材种植行业协会工作，出资建设云药资源网，疏浚了购销渠道，促进云南中药材产业整体持续发展。公司通过牢抓中药材种植源头，在保障公司资源供应的同时，致力中药材、特色植物资源的培育、开发、利用，全产业链布局，推出“豹七”三七产品高端品牌，以及一系列功能食品、植物原料药中间体，进一步延伸了大健康产业链，着力打造可持续增长的业务格局。

⑤天颐茶品业务板块

公司遵循“树品牌、造平台、建基地”的“二步走”战略，坚持做高品质和安全健康的茶，在云南省凤庆县建设优质滇红茶原料基地。复制GMP药品生产标准，打造干净的茶叶生产体系。由药学、茶学、食品学和微生物学等专业人员组建茶品研究会。面对经济下行压力和茶叶市场寒冬，以市场需求为导向，通过“白药寻茶之旅”等系列经销商活动，新增战略合作伙伴及专营店，提升服务水平，完成了主要零售商超家乐福、沃尔玛的入驻；在“红瑞徕”系列红茶的基础上，推出了“醉春秋”系列普洱茶及“一罐清”等相关茶制品，拓展持续发展的空间，为打造云南白药茶产业全产业链服务商的战略地位奠定基础。

（2）资本市场表现

为推进控股公司混合所有制改革，云南白药股票于2016年7月19日起停牌，停牌时股价69.23元/股，市值为720.96亿元，云南白药股票于12月29日复牌，年末市值为793亿元，市值居沪深两市生物医药上市公司及云南省上市公司前列。公司信息披露获得各方高度认同，为云南省和生物医药行业唯一一家连续10年获得交易所信息披露A类评价的企业。

（3）品牌价值

公司持续强化在品牌建设方面的努力和探索，先后荣获“国家科技进步一等奖”“中国工业大奖”“中国商标金奖”。成功入选“2017国家品牌计划—TOP合作伙伴”“2017国家品牌计划—行业领跑者”，在BrandZ（最具价值全球化品牌100强排行榜）最具价值中国品牌100强、中国品牌价值500强、胡润品牌榜等评选中，云南白药品牌价值长期稳居生物医药领域品牌价值第一的位置。

2. 公司创新引领产业升级的主要做法

（1）坚持创新驱动，强化核心竞争力

①注重产品创新研发

公司配置全球资源聚焦应对中国市场，利用现代医药科技提升产品品质，先后与美国、日本、德国、爱尔兰、中国台湾等国家和地区的顶级巨头展开技术交流与合作，成功将一瓶云南白药散剂打造出胶囊剂、气雾剂、酊剂、膏贴剂、牙膏乃至洗发水等个人护理产品，产品品类由单一品种增加到300多个品类。截至2016年12月31日，公司累计申请专利609项，累计授权专利549项，有效专利315项。公司创新研发中心目前拥有建有5个国家级实验室或研发平台，建有11个专业研究室，配备GMP（生产质量管理规范）中试车间、GLP（药品非临床研究质量管理规范）实验室等科研用房，高级专业技术职称、博士、硕士研究生占在职职工总数的60%以上。目前公司正积极推进“云南白药第三方检测技术示范中心”国家项目建设。公司荣获“2015中国中药企业科技创新产出TOP10”。公司创新研发总监朱兆云女士荣获何梁何利基金“2015年度科学与技术创新奖”，《经济日报》“创新先锋”称号及云南省政府授予的“云南省科学技术奖杰出贡献奖”。

②创新管理模式

公司坚持构建平台、考核优化、创新创业为主的经营思维，着力打造“四全管理模式”，即：一是以“全产业链的市场培育”为发展导向，围绕市场配置资源，聚合全球优势资源，构造系统竞争优势和立体竞争格局。二是以“全过程的安全管控”打造4P融合的全过程质量管控体系，构筑第三方检测和安全性评价两大平台支撑。鉴定天然药物1万多种，采集药用植物标本10余万份，以信息系统实现产品全程监控与溯源。

三是以“全方位的品牌重塑”为核心内涵，秉承“传承品牌、锤炼品牌、发展品牌”的理念，通过文化营销，扩大品牌影响力，提升品牌价值。四是以“全员参与的价值创新”为驱动源泉，注重创新发展，陆续推出六大族群390多个健康产品，构建“内部创业、超额分享”机制，激发员工创业激情，将创新基因植入企业文化。

③激发员工潜力

云南白药始终重视“人”的价值，把人的因素摆在突出位置，将人才培养视为企业发展的重要课题，打造“花儿朵朵”人才培养计划。借助微信等移动互联网工具，开设“重楼花微学堂”“重楼花续航计划”等学习项目。创新绩效管理办法，制订契合各业务板块实际的内部考核机制，创新分配方式，实现考核、激励的灵活性和精准性。探索构建“创客联盟”平台，激发员工创新创业活力。公司荣获“2015年度中国人力资源开发与管理优秀企业奖”“2015中国制药企业百强十佳雇主”称号。

④挖掘资金价值

公司通过适度金融杠杆和创新工具，进一步发挥品牌和平台优势，在提升资金使用效率和企业效益的同时，实现了资本结构的优化和资金储备的充实。设立聚容保理、信厚资管公司负责资金运作，通过商业模式创新，在确保资金安全的前提下最大限度获得综合收益。开展供应商上游保理、工程项目保理、省医药无追索权保理等多项全新业务；设立大健康产业股权投资基金，着力打造大健康全产业链专业投资平台。

⑤探索新模式

公司大力度推动对新模式新渠道的探索、多维度的市场拓展，以及内部创新创业项目的落地实施，收到较好成效。2016年全年网络销售、微商销售、对外出口均超过亿元。

（2）优化产业布局，积极拥抱产业变革

公司着力打造新型经济资源生态圈，着力引导、创造市场消费需求，导入“双创”“互联网+”等现代发展思维，聚合全球产业优势资源，优化公司资源配置结构，强化第三产业消费市场拉动引领作用，促进第二产业工业制造体系转型升级，带动第一产业高原特色农业经济全面发展。重构从上游种植、产品研发、订单制造到终端健康服务的全产业链市场价值体系，形成三产融会贯通、多板块支撑发展的全产业链良性循环经济资源生态圈，实现经济发展成果的全员共赢共享。

公司正在筹备牙膏工业4.0智能工厂项目，以医药工业4.0为目标，探索医药健康产业智能化、自动化、信息化融合，打造以个性化定制、柔性化生产为代表的智慧产业系统。

公司云南白药大理健康养生文化创意园项目，探索“众筹+定制”的创新性商业模式，以客户需求为出发点，提供个性化定制方案。

公司天颐茶叶生态文化产业园项目，着力塑造品牌，在茶品中融入文化元素，打造优质的商业服务体系和优质的客户体验体系，推动产业快速发展。

此外，公司考察调研并储备大健康新领域项目数十个，部分项目已经具备实施条件。

3. 云南白药开展“双创”的启示

目前看，医药行业总体形势较为严峻，竞争日益加剧，大的跨国医药巨头近几年都是负增长，与此同时，医疗大数据、人工智能、互联网、3D打印、生物基因技术等正颠覆传统，医药行业快速进入转型升级的窗口期。从国家政策层面看，2017年作为一致性评价、两票制、一系列医改药政等政策落地的关键年，整个行业仍会处于改革的阵痛期。云南白药以创新引领发展，建立了现代化、市场化的公司治理及运行管理机制，深入发掘改革红利，把握住行业转型升级的窗口期，加快新产品的开发和新项目的培育，将产业布局拓展到涵盖医药产品、个人健康护理、中药资源、渠道建设、现代医疗及康复服务和健康食品六大重点业务领域，有效延伸了大健康产业链，培育了新的经济增长点，通过内生式增长和外延性扩张并举，整合全球资源，构建大健康产业发展生态圈，为实现跨越式发展打下了坚实基础。

五、冰山集团：引领创新打造冷热价值链[①]

大连冰山集团有限公司（以下简称冰山集团）是拥有多元化投资主体的混合所有制企业集团，现拥有38家企业，其中上市公司1家，内资公司15家，外资公司22家，总资产110亿元，职工1.2万人。随着“互联网+”时代的到来，冰山集团以“引领创新，创造价值”为理念，以发展制冷工业为使命，致力于打造价值冷链、绿色冷链、安全冷链。冰山集团建立了包括国家级技术中心、冰山设计研究院、4个企业博士后工作站、各企业研发中心以及高校技术分中心的立体研发体系，通过自主创新、集成创

① 本案例由冰山集团提供。

新、引进消化吸收再创新，汇集全球资源，发展核心冷热技术，围绕工业制冷与石化通用事业、食品冷冻冷藏事业、中央及商用空调事业、工程服务与贸易事业、零部件事业，建立起当今世界最完备的冷热产业链，成为我国唯一掌握全部制冷核心技术的绿色装备制造企业，持续引领制冷行业发展。具体到“双创”工作方面，冰山集团围绕“引领创新，创造价值”的经营理念，以“创新·改进·提升”为主题，以创新驱动和产融结合为抓手，加快商业模式创新，加大产品开发力度。

1. 冰山集团开展“双创”的相关实践

（1）加快转型升级，打造冷热价值链

①发挥技术创新引领作用，适应新趋势，发展新优势

冰山集团围绕冷热技术拥有一支创新创业的技术研发队伍：1个国家级企业技术中心、4个博士后工作站、1500人的研发队伍，制冷和空调领域建立起了总面积1.2万平方米的20个先进的性能实验室。冰山集团根据产业的发展趋势、市场客户的需求方向，不断为市场提供新的冷热产品和服务供给，不断解决社会冷热技术的相关问题。

沿着节能减排加快创新。冰山集团为客户创造金山银山，还地球绿水青山。目前我国能源的一次利用率约为40%，冰山集团通过专有的节能减排产品和综合的节能减排方案，实现能源的二次利用，使能源的利用率大幅提升。2016年9月26日，冰山集团研发的我国首套天然气管网双机螺杆压力能发电及冷能回收系统在浙江衢州浮石门站开机调试成功。该系统圆满解决了天然气管线降压过程中的压力能和冷能回收这一世界性技术难题。使用该系统，天然气从4MPa降为0.4MPa过程中原本被浪费的能源被用来发电和制冰，预计年发电126万千瓦时，年制冰1.7万吨，年减少CO_2排放2161吨。这也标志着冰山集团传统的工业制冷事业向热力学第二定律转型，从一次能源的节能向二次能源的综合利用升级。

沿着绿色环保加快创新。冰山集团加强绿色环保冷媒产品的研发和应用，通过多种技术手段减少氨制冷剂充注量，提升制冷系统的安全性，使这种传统的绿色环保冷媒继续发挥应有的作用。同时，针对CO_2环保绿色冷媒，加强了技术创新和产品研发。2016年CO_2为载冷剂的智能冷库、CO_2跨临界制冷机的研发成功，标志着冰山集团从传统绿色冷媒发展到新兴绿色冷媒，引领着我国冷冻冷藏事业领域的创新发展。

沿着最初一千米到最后一千米加快创新。生鲜食品的安全和品质是全社会关注的大事，目前我国生鲜食品因为低温物流的断线而损失30%，是社会资源的巨大损失。作

为我国制冷工业的龙头企业，冰山集团针对全程冷链的痛点，加快打通全程冷链的最初一千米和最后一千米的关键技术和产品的创新，使生鲜食品从田间地头到用户餐桌得到全程品质保证，为客户、为社会创造新价值。2016 年，冰山集团自主创新的果蔬压差预冷、冰温冷库、冻干设备等创新产品投放市场，得到客户的认可。

产品战略是冰山集团的核心战略，推进实施“技术专利化、专利标准化、标准产业化”，截至 2016 年，冰山集团出资企业围绕冷热事业主持及参与制定的现行国家和行业标准达 130 项，获得专利 492 项。

②发挥商业模式创新引领作用，扩展新市场，发现新蓝海

随着经济进入新常态，冰山集团面临着与其他企业一样严峻的市场形势，传统的工业制冷市场新增需求下滑了四五成。但是经过多年的发展，我国已经拥有了庞大的存量市场，蕴含着商机。

从产品向服务转型。冰山集团不断创新冷热服务的商业模式，加快形成依托互联网、云平台、大数据的智能服务网络，完成了服务体系的重组，设立了专业的技术服务公司和工程公司，加速服务产业化发展，从销售产品转变为提供服务，从产品供应商转变为综合解决方案提供商。推出了氨冷库的 4S 节能安全升级改造服务模式。冰山集团技术服务的收入从 5% 提升到 15%，开始成为冰山集团事业新的成长极，在新常态下开辟了事业的新蓝海。

做真正的解决方案。冰山集团不断延伸并升级冷热服务，以前瞻性思维思考制冷行业的发展，把每个细分市场分析透，从客户的角度考虑问题、分析问题、解决问题。比亚迪、金龙等新能源汽车制造企业需要降低车顶空调系统的整体高度以降低能量损耗，冰山集团根据电动客车的特点，把立式的涡旋压缩机改为卧式，从而降低了压缩机的空间占用，降低了汽车顶部空调系统的高度，同时保持了涡旋压缩机的特点，真正解决了客户的难题，也成为一个事业的新增长点。啤酒行业也是节能减排的重要领域，针对啤酒酿造过程中的能量浪费，冰山集团通过创新的多段冷技术以及全面的能源综合利用解决方案，帮助客户实现节能减排 20% 的指标要求。

创建市场服务的新平台。冰山集团把各出资企业碎片化的市场网络整合为集中的全产业链的区域市场服务中心，为客户提供全程的冷热服务、定制服务，首次实现了跨品牌的市场整合，从单打向团队联合转型。集团为出资企业搭建的跨区域跨品牌营销中心，目前已经覆盖北京、上海、广州等区域中心，不仅提升了冰山集团整个冷热产业链的形象和价值，也有效地提升了全产业链的市场携动能力，降低了运行与维护的成本。

坚持市场开拓内外并举。冰山集团沿着“一带一路”的辐射半径，做透菲律宾、印度尼西亚的传统市场，拓展印度、南美等新兴市场，走出去的同时坚持走得远、走得稳，从初始的工程服务向解决方案升级，目前冰山集团的产品和服务覆盖到70个国家和地区，海外销售收入保持平稳发展。

③发挥智能制造的引领示范作用，创造新供给，满足新需求

冰山集团总部及核心企业于2017年3月底搬迁到位于双D港的新厂区。老厂区在传承发展历史血脉的同时，也将掀开新篇章，拓展新事业，发展新业态，加速事业的转型升级。

冰山集团通过核心企业的搬迁，打造冷热装备的智能制造示范基地，用绿色智能的工厂创造绿色智能的产品，完成从大规模制造向大规模定制的转型和升级。新工厂将依靠智能制造技术和信息技术等综合因素，全面规划生产、物流、工艺、库存等业务流程，提升工厂的运行效率，进行产业优化和升级，实现智能化生产，并从大规模生产向大规模定制的转型。

转型升级是一项系统工程，转型升级永远在路上，冰山集团将始终根据客户的需求变化，围绕微笑曲线的上中下游，转出新道路，升级新效益。

（2）集聚发展资源，创造事业新价值

冰山集团为创建产融结合的价值平台提供增值服务，发挥上市公司的融资平台作用提升企业价值，沿着产业链做优存量、做大增量，为事业的发展提供可靠的资本、资源、资金支持和保证。

①打造价值平台，聚集发展资源

冰山集团现有38个出资企业，有16个事业合作伙伴，共同发展5大事业领域，围绕价值、保值、增值实施价值经营的发展战略，结合集团的发展需要和出资企业的发展需求，不断创建共享平台，提高效率和效果，深入互动交流，实现资源共享、合作共赢，不仅要维护好产业链上的传统价值，还要不断创造新价值。目前冰山集团组建的安全环境平台、法务平台、营销平台、财务平台、政策平台、品牌建设平台、公共关系平台、文化公益平台、贸易平台、培训平台10个平台不断地发挥价值作用。

合作伙伴对冰山品牌的信赖，来自于冰山集团通过运营规则明确了集团和出资企业的责任和义务，对出资企业的管理和服务不缺位也不越位。集团通过有效的管理和精准的服务，在共同的产业链上把各出资企业整合在一起，汇集了发展的动能。

②推进产融结合，汇集优质资金

2016 年，面对经济发展新常态，作为老工业基地的东北地区面临着更大的挑战，投资环境受到质疑。冰山集团发挥大冷融资平台作用，提高融资能力和产业整合能力的发展战略能否有效实施，陡然增添了变数。

经过与投资者持续而深层次的交流，冰山集团的发展战略和创新举措得到了资本市场的认可。2016 年，在股市 4200 点时申报的定向增发计划，在股市 3000 点的时候按计划完成了增发，定向融资 5.8 亿元，为创建智能制造新工厂提供了资金保障，为发展融资租赁等产融结合业务提供了支撑。同时也改变了依靠通过卖地获取发展资金的搬迁改造路线，企业通过自筹和融资实现了搬迁改造、产业升级，也为冰山集团保留了历史的根基，并为发展新事业、新业态提供了孵化基地。

③加强资本运营，做优做大资本

在市场旧需求不足、新需求孕育的升级换档时期，冰山集团围绕战略事业方向，实施资本资源战略，做优存量资本，做大增量资本，提升增长的内生动力。2014 年以来，冰山集团加大了内部企业重组力度，对自动售货机等发展势头良好的企业做乘法，持续增资，加快发展的速度；对传统事业做除法，分离产业链中除核心制造业以外的其他业务，设立技术服务、工程贸易等专业公司，实现企业发展的双轮驱动；对事业的短板做加法，收购了常州晶雪等行业领先企业的部分股权，补齐产业链条的短板，出资设立菱重冰山等公司，补齐离心式制冷机的短板，使冰山集团成为我国唯一掌握全部制冷关键技术的绿色装备企业；围绕核心事业做减法，对事业关联度低、产业发展空间小、企业规模弱的部分企业，果断实施剥离和内部的兼并重组，去掉低效无效产能，把资源集中到核心事业领域和新兴业态上。

2016 年，冰山集团沿着产业链梳理内部资本关系，优化了资源配置，对 8 家出资企业进行了股权变更，其中出售了 2 家冷热事业关联度低的企业，内部转让了 2 家企业股权，收购了 4 家外方股权，完成了 1 项吸收合并。围绕节能减排、系统解决方案、冷热技术服务等事业，加大投资发展的力度，新设立了 3 家企业。2016 年，冰山集团还投资 1.09 亿元人民币、10.78 亿日元，对出资企业进行了增资，加快发展企业的优势产业，放大优势产能。

（3）推进体制机制改革，激发发展新动力

人才是发展最为宝贵的资源。实施创新驱动，推进转型升级，需要集聚人才、激励人才，激发企业创新的内生动力。

①推进产权制度改革，激发创新原动力

2015 年，在国资委和市政府的支持下，冰山集团进一步深化了产权制度改革，集团的国有股东、外方股东、民营股东一致同意加大经营团队的持股比例，扩大了经营骨干团队的持股范围，集团各出资企业的经营、管理、技术、营销团队的骨干 100 多人加入团队，持有集团股份，加重了经营团队对集团发展的责任，增添了经营团队的创新、创业的动力。冰山集团同时完善了股权进出机制，为新骨干的进入预留通道，为退休、离职人员退出制订了规范。2008 年，冰山集团股权多元化改革使集团真正实现了现代企业的运营管理，为集团的发展带来了活力；2015 年，冰山集团深化产权制度改革，使企业的经营管理骨干成为冰山事业的合伙人，打造了事业共同体，激发了经营者和经营团队想干事、干成事的内生动力。

在实施集团股权制度改革的同时，2016 年 8 月，冰山集团核心企业的第二批股权激励申请获得了批准，冰山核心企业的第二批技术、营销、管理骨干获得了股权激励的资格。通过股权激励的方式，把企业的经营指标与企业的经营管理骨干紧紧地绑在了一起，把集团的事业与员工的发展绑在一起，使公司的利润、股票的价值真正与自己的工作业绩挂钩，进一步激发了企业创新的活力、创业的动力。

②建立试错容错机制，激发发展新动力

冰山集团按照现代企业运营的要求，建立和完善了运营管理制度，真正用制度管理代替人治管理，用不断丰富和完善的制度，规范和健全经营管理流程。冰山集团为规范管理，简化工作流程，提高工作效率，建立了集团公司的经营例会制度。制度规定每周、季度、年度经营会议的参加范围、会议内容，规范了集团自身运行与对出资企业的管理。通过经营例会制度，集团领导班子对企业经营发展的决策事项进行表决，避免企业一把手的一言堂，同时真正建立起试错和容错机制，保证企业的科学决策、措施执行，为人才的敢闯敢拼、为企业的创新发展提供了制度保障，开创了冰山集团创新发展的崭新局面。

③实施人才战略，打造利益共同体

人才是创新发展之本，冰山集团把人力资源战略作为实现“十三五”规划的有力支撑。坚持以人为本，聚焦事业，围绕“明白、拼命、忠诚、创新、廉洁”的冰山十字精神，建立干部能上能下、职工能进能出、待遇能增能减的动态的现代企业引人、用人、容人机制和公正、公平、公开的分配机制，最终打造事业和利益共同体。建立和完善了干部考评模型，对企业经营者按照统一的业绩考核模型进行考核，用一把尺子考评经营者的盈利能力、发展能力、营运能力，对重大安全事故坚决一票否决，培养真正能够创造事业的经营者。

不断完善薪酬管理制度，让研发成果与研发人员挂钩，让创造更多价值的研发成果更大地回馈科技研发人员，形成正反馈，打造利益共同体。为切实激发工程技术人员自主创新的动力，冰山集团制订了科技奖励大会管理规定，明确了冰山科技创新的奖项设置和入围标准，对获奖的项目团队给予重奖。

通过不断完善薪酬制度，推进合理规划职业生涯，建立健全长效培训，建立和完善管理、技术人才两条线的成长机制，建立科学的人才培养和评价体系，推进统筹规划、校企联合、分类培养，让来自五湖四海的人才队伍百花齐放、百家争鸣，为集团的事业提供不竭的创新原动力。

2. 冰山集团开展“双创”的相关成效

（1）实现由传统制造向服务型制造转型升级

基于双创思路，冰山集团积极探索制造业与互联网融合发展，实现了“互联网+冷链O2O”的转型升级。2015年上半年，冰山集团联营松下冷链，顺应需求变化，积极拓展细分蓝海市场，推出智能化便利店综合解决方案，在上海市静安区开设首家示范店，并推出智能化生鲜配送柜，向社区终端消费领域延伸。冰山集团瞄准社区生鲜超市和便利店等小业态的快速发展，接连签约喜士多、中信国安、山西唐久等新客户。富士冰山自动售货机销售量超过9000台，并将售货机与智能化、移动支付有机结合。公司携手正大集团仓储式会员店，打造高端零售新业态。

同时，基于“双创”思路，冰山集团前瞻性地搭建了以现有的实体服务网络为核心，通过物联网（在客户端安装远程监控装置），形成数据网（客户设备现场运行数据传输、汇总到冰山服务），三网融合后在行业内打造全新的在线服务前置平台。截至2016年12月底，冰山服务已为全国各地百余家企业安装了远程监控控制器，实现了三网融合的雏形。这种行业内首创的制冷服务商业模式，最大限度发掘了空间广阔的存量市场及增值服务市场，为实现“互联网+冷热”的冰山集团核心战略打下了坚实的基础。

（2）助推企业业务利润提速不降档

“双创”工作对冰山集团的业绩利润增长做出了积极贡献。2016年实现营业收入111.2亿元，是2015年营业收入的103%；实现利润总额6.6亿元，是2015年利润总额的108%；经营性现金流预计达到5.3亿元，集团经营质量效益逐步提升。

（3）实现管理优化降本增效

通过构建统一的信息系统和数据处理平台，冰山集团创新了管理模式和生产方式，企业的管理水平明显提升。企业对应市场的反应能力和业务处理能力快速提高，决策依据更加充分，为企业持续发展和价值创造能力提升奠定了基础。生产配套计划编制时间从 5 天缩短为 1 天，配套计划制订的精确度提高了 25%。获取数据的时间缩短 80% 以上，减少业务信息传递消耗 30%；数据一致性达 95% 以上；绝大部分产品建立了规范的制造 BOM（物料清单），覆盖率 95% 以上；减少库存资金占用 25%；成本核算人员由 6 人减少到 1 人，成本核算时间由 4 天降为 2 天；应收台账记账效率提高 40%。

第七章　众创空间案例分享

一、启迪控股：搭建创新创业生态体系的立体三螺旋模式①

启迪控股股份有限公司（以下简称“启迪控股”）前身是成立于1994年8月的清华科技园发展中心，是一家依托清华大学设立的综合性、平台型企业，负责清华科技园的开发、建设、运营与管理，承担着清华大学赋予的“科技成果转化、创业企业孵化和创新人才培养”的使命，是首批国家现代服务业示范单位。23年来，启迪控股始终跟随国家创新发展战略，致力于通过“科技产业培育与创新、科技载体建设与运营、金融创新探索与应用”，发展中国的科技服务业，逐步形成了“产业+载体+金融”“企业+大学+政府”“产业+技术+资本”——立体三螺旋的创新模式。截至2017年6月，启迪控股通过投资孵化、战略合作，参控股上市及非上市企业700多家，总资产超过1500亿元人民币。

1. 启迪控股立体三螺旋创新创业生态体系的形成

空间有形，梦想无限。这句体现清华科技园和启迪控股使命的宣传标语，饱含着启迪创造社会财富和创造经济财富的双重使命。“富起来、强起来”的中国梦需要科技创新和产业创新作为支撑；“绿色、协调、共享”的国家发展理念，需要产业发展与空间

① 本案例由启迪控股股份有限公司副总裁、启迪金服投资有限公司董事长、启迪时尚科技有限公司董事长、浙江机器人产业集团执行董事胡波提供。

包容作为前提。启迪控股创造性地将上述理念转变为“产融结合”与“产城融合”的思路，助力创新型国家建设。

（1）按照“产融结合”的思路，把产业培育和产业创新作为战略突破口，选择战略性新兴产业和战略性传统产业，借助于“孵化+投资”和“投资+协同”，推动区域产业和经济发展方式创新升级

科技产业的发展离不开科技金融和金融创新形影不离的支持。启迪控股从小微企业培育到战略性新兴产业的导入，再到服务区域存量产业的创新升级，形成了一条“产融结合”的新路径。

①建立全球孵化网络，搭建创新创业型小微企业“从无到有”“从小到大”的孵化加速体系

启迪控股通过启迪之星、启迪TGN、启迪K栈、启迪众创工社等企业孵化平台，通过最早独创的“孵化+投资”模式，搭建全球科技型、创新型小微企业孵化体系和加速体系。最早成立的启迪之星，通过“孵化服务+创业培训+天使投资+开放平台”四位一体的孵化方式，成为科技部火炬中心认定的首批国家级孵化器，目前在全国范围内已有100多个启迪之星创新基地，遍布近50个城市；启迪TGN主要面向海外布局，创造出一个通联中国内地—中国香港—亚洲乃至全球的开放式投融资资源共享服务平台；启迪K栈与高校、科研院所合作，在深圳、云南探索与港珠澳湾区、东盟国家形成了创新互动；启迪众创工社定位于孵化器集群生态建设，借此探索出了区域创新创业生态体系建设的“钻石模型”，通过“加速计划”和“智领计划”核心服务内容，提升区域高新技术企业和制造业企业的创新能力，搭建区域多业态、多功能、专业化的创业综合服务业态。

截至2017年6月，启迪控股已经形成了全球突破220个的孵化网络，累计孵化毕业和在孵企业突破10000家，投资孵化上市企业近40家，被上市企业并购退出近100家。小微企业已形成“铺天盖地”之势，龙头企业及上市公司在行业内起着举足轻重的作用。启迪控股旗下知名上市企业有启迪古汉（000590）、启迪桑德（000826）、世纪互联（VNET）、启迪国际（00872. HK）、启迪设计（300500）、中文在线（300364）、北控清洁能源（01250. HK）、浦华环保（835956）、汉邦高科（300449）、兆易创新（603986）等，其他非上市企业还有700余家，管理科技实业资产突破700亿元，科技实业资产占集团总资产的近一半。

②建立全球招商体系，搭建龙头创新资源关键环节“弯道超车”“变道超车”的产

业运营体系

启迪控股已经实现从科技园区运营商向产业运营商的华丽转变。启迪控股与区域经济合作，通过产业创新基金和与政府共建大型产业创新平台，推动区域产融结合，快速形成龙头创新资源的聚集和聚变，实现区域产业的“弯道超车”或“变道超车”。

以启迪金服集团旗下宁波余姚阳明基金为例，作为宁波余姚产业招商基金，成立初期仅1亿元人民币，成立不到一年，就通过投资招商引进海外成熟高科技企业到宁波余姚投资，落户中意生态科技城。这些企业均具有引领型、总部型、税源型企业的特征，具有成熟的技术和团队，处于快速成长期，将海外成熟的商业模式，“带土移植”至中国，填补了中国产业发展的空白，有效地带动了区域产业的快速升级，带动了区域经济的跨越式发展。

③建立全球科技服务体系，推动区域存量产业“+机器人”“+互联网”“+设计”的产业创新体系

科技服务业是一个新兴行业，在中国服务业总体规模中占比仅4.7%，远远低于发达国家，核心原因就是中国的科技服务多半由政府无偿提供，难以形成市场化的行业。启迪控股作为中国科技服务业的龙头企业，探索出了科技服务向投资、股权和空间载体的双向转化，跨入了规模化、专业化、网络化的效益倍增阶段，快速搭建区域产业运营与创新体系，形成区域产业创新的内在动力。

区域产业创新体系必须根植于区域存量产业和优势禀赋资源。启迪控股探索建立全球化的科技服务体系，本着“用科技服务”和“为科技服务”的循环手段，探索中国科技服务业的新模式，服务于区域产业的创新。以启迪金服集团和启迪时尚科技集团为例，前者通过区域母基金的发起设立和管理，搭建区域本土“门当户对式”的金融服务体系；后者针对区域产业存量，尤其是第二产业，通过企业设计师集群、针头基金、智造研究院、产品销售平台、智慧商圈等系统，推动区域存量产业“+机器人”“+互联网”“+设计”等方式，提升存量企业的产品竞争力，进而提升存量企业竞争力，让区域净增长不再单靠“挖墙脚式”招商，同时也避免企业被“挖墙脚”，形成区域供给侧改革的新优势。

(2) 按照“产城结合”的思路，以创新载体建设运营作为关键支点，结合区域资源禀赋和产业定位，借助于孵化器、众创空间、科技园、科技城、科技小镇建设以及城市更新改造，推动区域创新空间和创新服务升级

创新载体是承载科技服务和产业发展的空间，具有公共产品的属性，属于准公共

产品。一方面，可以通过向创业企业和科技企业排他性地收取房租，获得收入，但这些收入除了北上广深一线城市核心区域外，很难覆盖这些创新载体的供给成本；另一方面，在“大众创业、万众创新”的国家战略下，创新载体同时作为经济发展的手段，区域政府有义务为日益增加的创新创业需求提供空间，这也是其公共产品属性的一面。

①重资产投资建设科技园、科技城和科技小镇等科技创新载体

清华科技园是启迪控股开发、建设和运营的首个旗舰园区，昆山启迪科技园的成功运营开启启迪控股走出京城、走向全国、迈向世界的坚定决心；南京麒麟启迪科技城的成功建设运营，为启迪控股增添了更加丰富多样的旗舰型空间产品；无锡启迪科技城虽然对外称为科技城，其实从其 3 平方千米的开发面积和 450 万平方米的建筑面积以及产业容纳量来看，已具备启迪科创小镇的规模。截至 2017 年 6 月，启迪控股已经重资产投资建设科技园、科技城和科技小镇近 500 万平方米的创新载体，现在正在建设的创新载体体量也近 1000 万平方米。

就科技城而言，启迪控股以“园区 + 社区 + 校区”三区联动为发展理念，以“启迪主导、政府支持、市场化运作”为发展思路，整合“政产学研金介贸媒”等创新要素资源，打造以科技研发为主导，集办公、居住、商业、休闲、教育、公共服务于生态文明为一体的旗舰型、区域引领型科技载体。

②并购与轻资产托管运营区域城市存量科技创新载体

启迪控股通过并购实现重资产快速扩张，加大园区布局力度，提升软服务能力，依托线下孵化器、众创空间，形成极高的壁垒，做大做强。除了购地开发，租售并举外，启迪控股加大成熟园区的并购力度，通过合适低估值并购 + 启迪运营能力实现增值，相对于产权更注重管理权和存量产业的运营能力。目前，启迪并购成熟园区有三个来源：第一是当地政府，园区运营闲置，效率低；第二是实业企业，重资产投资占用大量信贷资源，但估值较低；第三是传统地产商，不具备运营管理能力但掌握一些具有提升空间的园区资源。

截至 2017 年 6 月，启迪控股通过并购与轻资产托管运营，实现了近 300 万平方米的科技创新载体的存量，辐射北京、上海、苏州、杭州、洛阳等城市。与杭州恒生科技园和万华科技园的成功合作，启迪控股成为杭州、上海共建 G60 科技创新走廊的主力军和先行者，与北部启迪沪、苏、锡、常、宁等扬子江创新城市带呼应，搭建起启迪长三角科技创新走廊，助力国家长江经济带创新发展战略。

③积极参与城市更新改造，推进深度产城融合

快速城市化过程中，必然伴随着城市的更新改造和深度城市化，腾笼换鸟，插柳成荫，有效提升存量空间的经济效益。按照“低碳、智慧、时尚、活力、传承”对旧城进行改造，符合产城融合的理念，符合供给侧改革的国家战略，有效拓展了城市进一步发展的空间。

启迪控股与中关村管委会、海淀区政府联合发起成立北京中关村大街运营管理股份有限公司，采取市场化运作方式，就“中关村大街”沿线的产业升级调整、街区智能管理、国际化发展、低碳化发展等主题陆续开展实施工作；围绕“资产运营、投资管理、科技服务、国际交流、环境改造”五个重点方向，开展“造环境、出形象、调产业、拓空间”四个方面工作，推进中关村大街的城市更新和可持续发展能力。

(3) 在“产业 +”的理念引领下，通过“科技产业培育与创新、科技载体建设与运营、金融创新探索与应用”，形成了“产业 + 载体 + 金融”“企业 + 大学 + 政府”“产业 + 技术 + 资本”——立体三螺旋的创新模式

基于多年深耕“产融结合”与“产城融合”的探索实践和全球覆盖的创新创业网络，启迪控股提出了“产业 +”理念下的立体三螺旋区域创新创业生态体系建设模式。

①在创新载体层面，形成“园区 + 产业 + 金融”三螺旋，搭建特定产业空间体系

最早从建设清华科技园开始，23 年来启迪控股一直专注于搭建科技服务体系，通过“科技园区 + 科技产业 + 科技金融”三位一体，推动构建当地具有启迪特色的创新创业生态环境。启迪控股依托“科技园区（巢）+ 科技产业（凤）+ 科技金融（食）”三螺旋模式，实现了“带凤带食、筑巢引龙”——在各地建设科技园、科技城即在“筑巢”，“凤”是指启迪控股在大健康、清洁环保、新能源、物联网、数字科技等领域拥有众多的科技实业企业，“食”是指启迪控股旗下的天使、VC、PE、并购、母基金等全产业链布局的多种基金等金融工具。有了“凤”，有了“食”，有了“巢”，未来便会吸引来“龙”，“龙”则是那些有潜力且促进当地经济发展的优质企业。显然，与“筑巢引凤”相比，“带凤带食、筑巢引龙”有了本质的提升。

②在创新主体层面，形成“政府 + 企业 + 大学”三螺旋，驱动创新体制机制优化

当前，科技创新能否快速实现取决于政府改革的推动者、具有企业家精神的创新者和基于兴趣的科研人员三类关键少数人。启迪控股践行“政府 + 企业 + 大学”三螺旋，

起步于清华大学、启迪控股和各地政府的合作，在此基础上启迪控股把每个要素进行延伸，每个要素都形成一个新的螺旋，将这三类“关键少数”聚集成创新推动者的大多数。首先是政府这条螺旋，除了与地方单一的政府合作外，启迪控股还建立了大量国内外支持改革、支持创新的高级别的政府圈；其次是企业这条螺旋，这里所指的企业已不仅是启迪控股，还包括以启迪控股为核心所控参股的一大批企业以及认同启迪控股价值观的创新创业者群体；再次是大学这条螺旋，除了清华大学，启迪控股还与更多的科研院、机构，包括国内外的大学进行合作，如与澳大利亚新南威尔士大学签订了大学科技园规划合作协议，与剑桥大学三一学院就剑桥科技园扩建合作项目进行实际投资建设等，相当于建立了一个国内外大学校长的朋友圈，一起协同、参与。所以政产学三者不再是一个简单的三家关系，而是成为三个体系之间的三螺旋。

③在创新要素层面，形成“技术＋资本＋产业”三螺旋，带动传统产业转型升级和新兴产业发展

启迪控股积极布局战略新兴产业，重点发展环保、新能源、大健康、数字经济、新材料五大板块，通过“技术＋资本＋产业”三螺旋方式快速推进科技成果转化和产业升级。在“技术＋资本＋产业”三螺旋中，技术资本都是产业的因，而产业又促进了技术和资本的发展和使用，同时资本为技术应用奠定了基础，从而形成引领性产业集群，带动当地产业转型升级，培育新兴产业发展。

启迪控股没有行业边界，但所涉及的行业都必须以技术创新为核心竞争力，通过整合掌握核心技术，在资本的助力下，全面升级一个产业。针对特定的区域，按照“技术＋资本＋产业”三螺旋的方法，“二缺一”或“一缺二”甚至新产业的从无到有都不再是难题。

2. 经典案例分析——浙江机器人产业集团

制造业是立国之本、兴国之器、强国之基；机器人及智能制造业是制造业创新发展的重中之重。浙江机器人集团只是启迪战略性新兴产业投资的一个典型案例。

（1）成立背景

改革开放以来，我国制造业持续快速发展，建成了门类齐全、独立完整的产业体系，有力推动工业化和现代化进程，显著增强综合国力，实现了“富起来”的发展目标，支撑世界大国地位。然而，与世界先进水平相比，中国制造业仍然大而不强，在自主创新能力、资源利用效率、产业结构水平、信息化程度、质量效益等方面差距明显，转型升级和跨越发展的任务紧迫而艰巨。为此，国家出台了《中国制造 2025》行动纲

领。在此背景下，启迪控股依托清华大学、浙江大学等学术资源，联合智昌集团、中信集团及浙江省、宁波市国资平台，发起设立浙江机器人产业集团，注册资金10亿元人民币。

（2）发展目标

浙江机器人集团将依托清华大学、浙江大学，宁波智能制造产业研究院以及美国、欧洲等优势基础研究资源，充分发挥各参与方的领军人才优势、创新网络优势和资源整合能力优势，按照“科学家+企业家+创客群”以及“研发—孵化—投资—并购”的研发型经济创新模式，推动机器人及智能制造产业从“0”到“1”从“1”到“N”的快速发展，占领研发经济和智能经济的制高点。未来，浙江机器人产业集团将立足于浙江，依托启迪长三角创新走廊，服务上海、江苏和安徽等长三角区域制造业创新升级；依托启迪全球创新网络，辐射和服务全国主要经济圈。

（3）发展思路

建立“机器人+”平台，重视机器人与各行业的融合。鉴于“非标”和“模块化”等行业兼容问题，浙江机器人产业集团创造性地按照产融结合、产研融合和产教一体的思路，将同时发起设立首期100亿元人民币的产业投资基金和国家级智能制造创新中心。按照产教一体的思路，由宁波智能制造产业研究院牵头，联合清华大学、浙江大学智能机器人中心等高校科研机构，面向全球人才资源，通过“全球机器人TOP30”人才智库，与美国MIT（麻省理工学院）三个研究中心、德国中德科学中心、日本国家机器人研究中心知名专家等成立“国际化技术研发网络平台”及人才库，吸引和凝聚全球一流的智能制造机器人科学家和金融机构以及国际级工匠群。

（4）业务模式

从浙江机器人产业集团的发展思路可以看出，启迪的“机器人+”平台涵盖六大资源板块，形成了一个具有强大磁场吸引力的实业转型升级平台。

一是建立工业4.0大数据引擎。利用物联网、大数据、云计算等技术，将设计、生产、管理、服务等环节有机融合，通过集合企业云智造平台，建立区域智能工业平台，通过大数据驱动智能制造实现实业转型升级。

二是搭建技术改造服务平台。通过合资、合作方式导入核心设备厂商以及各行业领域的优质系统集成商，针对技术改造、产业升级的迫切需求，实现智能制造企业集群的落地，并打造各细分行业工业4.0以及人机协同工程示范线，形成行业标准，并向行业推广应用。通过对政府、金融、产业资源的有效整合，利用市场化的手段，有效地解决了工业制造企业在“机器助人”的进程中想干，但是“没钱干”“不会干”的核心痛点。

三是搭建工业4.0金融平台。通过产业基金集群中不同类型基金的配置，全方位支撑制造企业进行转型升级、培育机器人行业龙头企业。

四是搭建区域产业政策实施平台。通过与国家或区域政策类研究机构联手，以区域龙头企业为抓手，帮助政府收集智能制造行业发展现状，梳理产业定位，制订行业标准，推动政策落实落地，检验机器人助人政策实施效果。

五是建立链式研发创新平台。通过国家智能装备终端创新中心及成套装备创新中心研发的颠覆性黑科技，占领机器人技术世界制高点，成立国家级智能制造创新中心。

六是智能制造人才高地，与政府联手打造《中国制造2025》专业性人才，建立职业技术人才教育机构，培育智能制造领域专业技术人才，优化人才结构，推动制造业行业发展。

总之，浙江机器人集团是推动机器人在行业中运营，提升产业创新能力的产业化平台。仅于此，还不够。为了能实现上述目标，启迪控股旗下启迪金服集团、启迪时尚科技集团还分别从金融创新和产品时尚化设计创新角度予以协同。其实，这之间也是一个三螺旋创新结构。

二、中关村国家自主创新示范区：敢破敢立，提升创新能力，优化创新环境①

中关村国家自主创新示范区（以下简称“示范区”）是我国第一个国家级高新技术产业开发区，第一个国家自主创新示范区，第一个“国家级”人才特区。目前示范区发展处于创新突破阶段，随着区内主导产业的发展质量及持续竞争力的提高，区内骨干企业科技能力增强，大量科技研究中心入驻示范区。世界500强企业中80多家已在示范区设立了研究开发中心，高科技产品和留学人才不断涌入示范区，自主知识产权技术创新开始涌现。示范区逐步形成了以技术创新为源头、以企业市场竞争力为主要驱动力的高新技术开发区。

① 本案例出自公众号“创新创业中关村”，经中关村管委会授权。

近年来，示范区深入推进供给侧结构性改革，以敢为人先的精神推动出台了一批先行先试政策，形成了可复制、可推广的经验。同时，示范区不断进行人才、资本等高端要素的创新改革，加快人才管理改革试验区和国家科技金融创新中心的建设，持续完善示范区创新创业生态系统。

1. 主要经验和做法

（1）全面深化创新改革，创新创业生态进一步完善

深入推进供给侧结构性改革，推动制度创新升级。示范区持续深化供给侧结构性改革，不断探索产业监管服务方式、军民融合等体制机制创新和政策先行先试。产业监管和服务方面，2016 年，在示范区的积极争取下，国家食品药品监督管理总局 12 项试点政策、国家工商行政管理总局 19 条改革措施，均率先在示范区开展试点，进一步促进了生物医药研发企业和“互联网 +”服务业的发展。积极争取市工商局在示范区启动企业登记全程电子化试点工作，进一步降低了企业的退出成本，促进创新创业生态系统良性发展。同时，示范区不断创新产业促进方式，2016 年 5 月开始启动前沿项目挖掘工作，探索采用“专家 + 投资人 + 公众”公开评审的形式选拔项目，发掘重大前沿企业。军民融合创新方面，2016 年 12 月中关村军民融合军地对接平台成立，进一步推动了民营企业的技术和产品与国防需求无缝对接，形成深度融合的工作体制机制，推动军民融合深度发展。

推进外籍人才出入境管理改革，加快中关村人才管理改革试验区建设。2016 年 3 月，示范区正式实施公安部支持北京创新发展的 20 项出入境政策措施，为外籍人才提供签证、出入境、居留等便利化服务。截至目前已受理绿卡申请 600 余人，其中通过新政办理 336 人。同时启动“中关村外籍人才申请在华永久居留积分评估工作”，率先探索建立市场化的外籍人才评价引进机制。截至 2016 年 11 月底，中关村地区入选中央“千人计划”共 1188 人，占北京地区 80%，占全国的 20%。

率先开展“投贷联动”等改革试点，加快建设国家科技金融创新中心。示范区不断加快建设国家科技金融创新中心，推出了多项金融改革。2016 年，在示范区的积极争取下，中国银行业监督管理委员会批复同意在中关村开展“投贷联动”试点、批复同意设立中关村银行，进一步促进科技企业的发展。在中国证券监督管理委员会指导下，开展中关村创新创业债和绿色债发行试点工作，首批拟支持 20 家企业纳入试点。同时，示范区支持中关村科技担保公司推出全国首款“零保费”保投联动产品“创易宝”，解决中小企业融资难、融资贵等问题。

示范区多层次资本市场体系进一步完善，资本供给能力不断增强。2016年，示范区新增上市公司20家，IPO融资额近140亿元。截至2016年11月底，示范区上市公司累计达到301家，包括境内201家，境外100家，IPO融资总额达2665亿元。2016年新增挂牌企业808家，挂牌企业总数达1428家，占全国新三板挂牌企业总数的14.58%；示范区共有170家新三板创新层企业，占比17.8%。

（2）“双创”服务体系不断完善，引领“双创”全面升级

随着“大众创业、万众创新”的不断推进，示范区持续完善“双创”服务体系，各类创新主体蓬勃发展，进一步激发了创新创业活力。同时，示范区高成长企业快速涌现，新创企业科技含量不断提升，新兴业态策源地地位凸显。

“双创”服务体系不断完善，厚植创新创业新优势。近年来，示范区聚集了一大批众创空间、创新型孵化器、知识产权服务机构等创新创业服务资源。创业服务方面，截至2016年12月底，示范区通过科技部备案的众创空间125家。示范区逐步形成了以78家创新型孵化器、29家大学科技园、26家特色产业孵化平台为代表的创业服务体系，形成了天使孵化模式、股权众筹模式、创客孵化模式、创业社区模式、创业媒体模式等十大孵化模式。创新服务方面，示范区获批成为全国首批国家知识产权服务业集聚发展示范区、国家知识产权质押融资示范区，目前已经集聚了合享新创、创意宝、快法务等一批互联网知识产权专业服务平台。大企业“双创”平台方面，示范区一批央企、市属国企、跨国外资企业、民营企业等大企业，依托行业领军优势，通过开放资源、协同创新、变革组织模式等方式，搭建“双创”平台，涌现出了航天云网、中航爱创客等典型代表。目前，活跃在中关村的大企业创新创业服务平台有30余家，其中行业领军企业20余家，跨国公司6家。

高成长性企业快速涌现，新兴业态策源地地位凸显。示范区高成长性企业快速涌现，在2016年全球性、全国性高成长高估值企业榜单中占据重要位置。全球性榜单方面，如百度、滴滴入选《麻省理工科技评论》“2016全球50家最具创新力科技公司”，百度位居榜单第二名；联想、京东等7家中关村企业入选“2016年财富世界500强”；美团、滴滴等15家中关村企业入选2016年CB Insight公布的“全球独角兽企业”；京东金融、趣店、融360、品钛4家中关村企业入选毕马威与H2 Ventures联合发布的“2016全球金融科技创新100强”，占中国入选企业的一半。国内榜单方面，量化健康、吉因加、商汤科技等15家中关村企业入选快公司（Fast Company）“2016中国商业最佳创新公司50强”榜单，占到入选企业总数的1/3；今日头条、宜人贷、云测技术等10

家中关村企业入榜“2016年德勤高科技高成长中国50强”；FACE++、融360、百融金融等47家中关村企业入选“2016年清科中国最具投资价值企业50强”的风云榜和新芽榜，约占入选企业总数的一半。

新创企业科技含量不断提升，技术驱动和领军人才驱动成为新趋势。2016年，示范区新创办科技型企业24607家，同比增长1.5%，占全市新设立科技型企业的30.6%。2016年，新创办企业逐步向纵深发展，技术驱动型和领军人才驱动型企业成为发展新趋势。一是技术驱动型新创企业逐步增多。在虚拟现实方面，2016年成立的灵龙文化和乐客奥义科技，均涉足VR（虚拟现实）领域，成立之初就获得了不同机构的投资；大数据技术方面，2016年7月成立的杉树科技通过决策建模及优化算法，对海量数据进行深度分析，成立仅半年就为京东等企业提供了服务；区块链技术方面，2016年5月成立的阿博茨科技基于区块链的底层技术成立“同心互助”平台，成立仅半年就成功入选快公司的“2016中国商业最佳创新公司50”榜单。二是领军人才驱动型新创企业日渐活跃。如驭势科技，由前英特尔研究院院长吴甘沙与格灵深瞳创始人赵勇等于2016年2月共同创办，该企业专注于自动驾驶技术，并成功发布了第一辆针对城市移动空间完全重新设计的无人驾驶电动车；再如中科视拓，由中国科学院山世光教授于2016年8月创办，该企业以人脸识别作为切入点，为更多企业尤其是中小型企业提供人工智能的研发能力。

创新链条深度融合发展，创新发展呈现新局面。一是企业积极与高等学校、科研院所进行技术合作，促进产研融合和科技成果转化。如北航教授、国家863机器人领域专家组组长魏洪兴教授成立的遨博智能，自主研发了全球首款面向开发者的协作机器人系统平台，目前已在小米等硬件装配生产线示范应用。二是推动国有企业和中关村企业实现融合创新，如制订中央企业与中关村企业共同开展“双创”的工作方案，推动企业在投融资模式、科技成果转化等方面融合发展；同时，企业在联合研发等方面开展积极探索，如福田汽车与百度合作打造智能互联网商用汽车，就车联网、大数据、智能汽车和无人驾驶展开全面合作。三是军民融合创新取得新成效。示范区约八成的技术、产品军民两用，上千家企业参与军民融合，有30多家上市企业主要从事军品研发和生产，如信威通信、华力创通、大唐联诚等。

（3）“高精尖”结构加快构建，汇集经济发展新动能

示范区坚持以加快构建“高精尖”结构为核心，加强前沿技术布局，不断完善产业促进体系，努力构建新兴产业良好生态，加快形成以创新为主要引领和支撑的经济体

系和发展模式，汇集发展新动能，推动产业结构转型升级。

“互联网+”助推产业转型升级，高精尖结构特征凸显。2016 年 1—11 月示范区六大高新技术领域实现总收入 28066.7 亿元，同比增长 12.1%，增速较上年同期提高 1.1 个百分点，占示范区总收入的 75.8%。现代服务业实现总收入 23623.3 亿元，同比增长 14.5%，占示范区总收入的 63.8%；对示范区收入增长贡献率达 70.7%，高于上年同期 12.2 个百分点。制造业服务化特征越来越明显。2016 年 1—11 月二产实现技术收入 1202.9 亿元，同比增长 27.0%。如利亚德、中国普天、北斗星通等一批制造企业成为在 LED（发光二极管）应用、信息通信、导航定位等产业领域的“综合服务提供商”，制造业企业逐步由单纯的制造商向“制造+服务集成”方向转型升级。跨界融合的新模式新业态蓬勃涌现，如京东方布局车载市场，与比亚迪、北汽等多家汽车企业合作，成为我国公共交通显示屏主要供应商。分享经济新的模式广泛渗透，正在从生活资源向生产资料资源方面延伸，如 ofo 以开放平台和共享精神，以互联网创新模式调动城市单车存量市场，提高自行车使用效率，为城市节约更多空间。

创新投入稳步增长，创新成果高质丰硕。2016 年 1—11 月，示范区企业内部科技活动经费支出 1231.2 亿元，同比增长 13.2%；企业科技经费投入强度达 3.3%，与上年同期基本持平，超过三成的企业（2185 家）投入强度超过 10%。创新产出成果丰硕。专利方面，截至 2016 年 11 月底，中关村示范区企业拥有有效发明专利 59426 件，占北京市企业同期有效发明专利量的 61.7%。2016 年度中关村企业荣获 3 项中国专利奖金奖，其中机械科学研究总院先进制造技术研究中心的“无模铸造成形机”发明专利、北京空间飞行器总体设计部的“多约束多航天器飞行间距预示及碰撞规避方法”发明专利荣获中国专利金奖；联想（北京）有限公司的笔记本电脑（U430s）外观设计专利荣获中国外观设计金奖。标准方面，截至 2016 年 11 月，示范区企业和产业联盟已发布标准 6146 项，其中国际标准 229 项，中关村 16 家企业的 14 个标准项目荣获 2016 年中国标准创新贡献奖，占全国总奖项的 24%；同时，中关村标准化协会正式成立，并发布了首批 7 项中关村标准，涵盖了新能源技术、智能交通、智能制造、医疗健康、新一代信息技术等领域，对示范区核心技术领域的标准化工作起到了重要的引领作用。前沿技术创新亮点频现，引领技术发展新潮流。2016 年，中关村在人工智能、大数据、虚拟现实、智能机器人、生物医疗、能源互联网、节能环保等领域技术不断出现新突破，创新产品持续涌现，引领技术发展新潮流，如中科寒武纪开发了全球首个深度学习专用处理器架构指令集；地平线已研发出面向自动驾驶的“雨果”平台和智能家居的

"安徒生"平台，取得了多项世界领先的落地成果；七鑫易维成功研制出全球首款 VR 眼球追踪器，用眼球转动控制虚拟世界；柏惠维康公司成功开发出神经外科机器人，以微创代替过去的开颅大手术，30 分钟完成主刀医生的手术方案；神雾集团生活垃圾热解技术实现城市生活垃圾处理新突破；碧水源公司研发的全球首个超低压选择性纳滤（DF）膜产品，获得北美膜大会金奖；中国航发航材院石墨烯储能材料研发团队成功研制出具有快速充电、长寿命、低发热的新型石墨烯锂电子电池，该产品目前实现批量制备，即将走向市场应用。如今的中关村在部分技术领域实现从"跟跑者"到"领跑者"角色的转变，成为自主创新的重要源头和原始创新的主要策源地。

（4）国际资源配置能力逐步增强，全球创新网络枢纽作用日益凸显

随着全球化进程加快，中关村企业国际化步伐明显加快，更加积极主动配置国际资源。同时，中关村积极对接全球创新创业资源，更好地融入全球科技创新网络，发挥中关村在其中的关键枢纽作用，促进创新资源开放与流动。

国际资源吸附能力进一步彰显，全球创新网络枢纽作用日益凸显。2016 年《财富》世界 500 强企业榜单中有 120 家世界 500 强企业在中关村设立子公司或研发机构，其中一些跨国公司在中关村的研发机构成为其全球研发网络的核心节点。如苹果公司在中国大陆首家直接投资的研发中心落地中关村，将进一步带动该地区研发产业的发展。除研发中心外，国际知名创业服务机构纷纷聚集中关村，将中关村作为其布局全球的重要节点。如美国知名加速器 Plug&Play 落户中关村智造大街，韩国技术风险财团入驻中关村创业大街。这些海外机构在挖掘中关村优秀创业项目的同时，也积极将国外项目对接给中关村。如英国知名创投机构 SILK Ventures 带 6 个英国创业项目来到中关村沟通落地，其中互联网旅游公司 Viva City 和区块链技术公司 Remitsy 已意向落地。同时，中关村创业服务机构通过跨境合作、孵化等方式承接国际优秀技术项目落地中关村。太库、天作、盛景网联、溢思得瑞、中加联合创业营等创业服务机构，纷纷在海外建立分支机构或与国外机构合作，汇集以色列、德国、韩国、美国、加拿大等全球各地的优秀创业项目落户中关村。如盛景网联推出盛景全球创业者轻孵化计划，将以色列、欧洲等全球优秀的创新技术项目带到中关村创业大街进行路演，与中国投资人进行对接。

中关村企业加快海外布局，在更大范围内整合全球创新资源。2016 年 1—11 月，中关村企业实现出口 220.9 亿美元，占北京市出口的 49.9%。近年来，中关村企业加快走出去步伐，积极主动参与国际分工和全球市场竞争。一是通过在海外设立研发中心，与境外科研机构开展研发合作等方式在全球范围配置高端创新资源。如北京新能源汽车

超前布局，继美国硅谷、德国亚琛、美国底特律、西班牙巴塞罗那、德国德累斯顿5大海外研发中心之后，将于明年启动日本东京和意大利都灵的两大海外研发中心建设，这标志着海纳全球资源的顶级研发体系初步成型。中关村发展集团在德国海德堡设立了“中关村科技创新中心”，为中关村企业在德国和欧洲发展打造对外沟通平台，促进双方高科技成果转化落地。二是通过海外并购，加快整合国际资源。初步统计，2016年中关村企业发起境外并购案例45起，较上年增加8起，披露并购金额396.9亿元。其中，并购美国企业12起、英国企业3起、中国香港企业2起。利亚德募资12.2亿元收购拥有全球领先的3D光学动作捕捉技术的NP公司100%股权，助力利亚德迅速拓展北美等国际市场，加快实现海外和国内业绩均衡发展的战略目标。三是偏向技术创新的初创企业纷纷在海外市场布局。比如得到Google（谷歌）投资的出门问问正式将业务扩展到海外，Ticwatch 2代智能手表海外版产品登陆美国众筹网站——Kickstarter众筹。

（5）辐射带动能力不断增强，京津冀协同创新共同体建设初见成效

中关村企业通过技术交易、产品和服务示范应用、创新协作、设立分支机构、跨区域并购等多种模式，推动技术、产品、服务和品牌对外辐射，并积极融入“一带一路”、京津冀协同发展、长江经济带等国家战略，带动其他地区创新发展。

主动融入国家战略，多方位辐射全国带动经济发展取得新成效。一是深入落实“一带一路”国家战略。中关村企业、相关机构发起成立了“中关村一带一路产业促进会”，促进会围绕“一带一路”沿线国家基础设施互联互通、重点经贸产业园区建设及科技产业转移等内容，建立企业走出去合作共同体，打造具有全球影响力的国际合作服务平台。目前，中关村已经有一批企业在“一带一路”沿线国家落地生根。如神雾集团的煤炭高效清洁利用、生物质及生活垃圾处理、冶金有色等先进技术已经成功“走出去”，在“一带一路”沿线20余个国家开展了多个工业节能减排技术改造和资源综合利用项目，正在为当地发展经济、防治污染、推动可持续发展发挥积极作用。二是跨区域协同合作继续深入。中关村已与全国60多个地区（单位）建立战略合作关系，与京外地区合作共建园区（基地）15个。中关村企业在境内京外设置分支机构近1.1万家，遍布国内所有省级行政区；中关村上市公司合并报表收入约3/4在京外地区实现。三是跨区域并购持续火热。初步统计2016年示范区企业境内京外企业并购案例数达247起，并购总金额793.3亿元，总金额同比增长33.8%。中关村企业国内外埠并购地区拓展至27个地区。

创新链园区链产业链齐头并进，京津冀协同创新共同体建设初具规模。一是加强顶

层设计，编制印发《中关村国家自主创新示范区京津冀协同创新共同体建设行动计划（2016—2018）》，加快构建京津冀协同创新新格局。二是推动各类创新主体聚焦“4＋N”重点区域，加快延伸科技创新园区链，搭建协同创新重要载体。天津滨海—中关村科技园于2016年11月在天津滨海新区正式揭牌，45个项目集中签约，总投资规模超过350亿元。石家庄（正定）中关村集成电路产业基地正式落户，已有11个项目进行签约，总投资244亿元。保定·中关村创新中心试点示范作用明显，围绕智能电网、智慧能源、新一代信息技术、高端装备研发四大产业，已签约企业75家。此外，共建分园发展也在逐步推进，如丰台园与保定共建中关村丰台园满城分园通过实施“项目代办”和“四位一体”责任捆绑制，已实现承接合作项目22个，涉及航天航空及新材料、节能环保、生物医药、现代服务等产业。三是加速布局产业链，助力科技成果跨区域转化落地。生物医药领域，乐威泰克医药公司总部位于中关村生命科学园，承担了企业窗口及前期高端研发等功能，中试环节和生产环节则搬迁到天津东丽区的科创慧谷。2016年12月，中关村大数据日聚焦京津冀大数据协同发展，成立了京津冀大数据产业协同创新平台，推动京津冀大数据产业同步有序发展。同时，中关村积极引导大数据企业合理布局京津冀。2016年，示范区大数据企业在河北、天津成立子公司超过40家，其中今日头条、奇虎360、58集团等大数据企业均在津冀地区设立分支机构。2016年，中关村并购津冀地区案例数有25起，并购金额达125亿元，案例数和总金额均较上年大幅增长。

（6）一区多园统筹机制逐步完善，园区特色化专业化发展明显

中关村按照有序疏解非首都功能，着力优化提升首都核心功能的部署要求，支持各分园强化创新功能，加强顶层设计和工作协调，制订印发《关于推动中关村国家自主创新示范区一区多园统筹协同发展的指导意见》，明确分园功能定位和特色产业，加强总体调控引导。

北京城六区园区加快产业升级，高端化、服务化、特色化发展特征明显。2016年1—11月，城六区园区实现总收入26925.2亿元，占示范区整体72.7%，同比增长11.8%，持续有效地为中关村发展提供有力支撑。城六区发力“瘦身健体”，聚焦“高精尖”产业，加快产业升级。海淀园持续腾挪与置换，加快引进高端要素，发展高精尖产业，于2016年7月开街的“中关村智造大街”即由低端商业业态迁出改造而成，打造智能制造“生态圈”特色街道。朝阳园强化科技服务功能，发展优势新兴行业，培育升级“高精尖”产业项目，先后引进阿里巴巴、苹果（中国）研发中心等大型企

业入驻。东城园积极引导楼宇业态调整优化，推进产业升级。信息服务业、金融业、商务服务业、商业服务业和文化创意产业五大产业占到东城园75%。西城园聚焦自身定位积极引进知名企业新业务，中检健康、中铁物资、中畜电商平台、同仁堂国际跨境电商平台等先后入驻，高端、高效、高产特性凸显。丰台园着力聚集高端要素及载体，打造国际石墨烯中心，零工社区、华夏幸福创新中心先后落地，2016年1—11月丰台园同比增长16.0%。石景山园聚焦互联网金融、加快建设保险产业园，发力虚拟现实产业，实施《关于促进中关村虚拟现实产业创新发展的若干措施》，推动建设中关村虚拟现实产业园。

北京郊区十园调整疏解与优化提升并重，经济运行速稳质优。2016年1—11月，郊区十园实现总收入10090.5亿元，同比增长15.8%，占示范区收入的27.3%。郊区园区积极对接城六区创新资源和重大项目，实施疏解与引进并举措施，助推产业结构调整升级，探索形成创新驱动和内生增长的造血机制。怀柔园积极推动怀柔科学城建设，推进高能同步辐射光源、综合极端条件实验装置、地球系统数值模拟三大科学装置落地，2016年怀柔园总收入增速持续引领各分园。顺义园通过优化存量、引入增量、扩充总量，先后引进荷兰代尔夫特理工大学中国研究院、第三代半导体材料及应用联合创新基地等，2016年1—11月，收入实现同比43.1%的快速增长。通州园聚焦首都城市副中心建设，以“退”为“进”主动作为，多措并举加快低端产业退出，先后与河北省唐山市曹妃甸区、玉田县等政府签订产业转移等合作协议，为高端产业入驻腾退出新的空间。房山园积极加强创新资源对接与合作，驭势科技无人驾驶技术、达闼科技云端智能机器人、锐视康PET/CT医学影像中心等先后落户。门头沟园落实“门创三十条”等政策，加大招商引资力度，2017年年初，九鼎图业、益心堂生物等5家企业签约落户。亦庄园持续推动产业转型升级，世界级新能源创新中心等一批高精尖项目纷纷落地，世界机器人大会顺利召开，助推智能制造发展。大兴园积极发展现代服务业，新经济发展较快，新能源科技园成功落户，2016年1—11月收入前两强企业均为新能源企业，且两企业1—11月收入增速均超过100%。昌平园积极构建创新创业生态系统，成功入选国家小微企业创业创新基地示范城市，腾讯众创空间二期、500 Startups 回+创新实验室等创业载体不断落地。密云园引进互联网+房产、互联网+生态农业、互联网+消费服务等产业，促进园区“互联网+”产业的快速发展，截至目前共引进“互联网+”类企业35家。平谷园大力发展通用航空、休闲旅游、现代农业，成立中关村健源食品微生物技术产业创新战略联盟。延庆园借助世园会、冬奥会等重大发展集聚，积极开展能源互联网、环保、园艺、体育、“互联网+”等产业领域对接活动，启动“长城脚下的创新家园”区一级开发手续办理，加大园区闲置资源盘活利用。

2. 未来发展规划

（1）依托产业聚集区，加强各园区的联动发展

充分发挥各区县科技教育资源，各区县发展定位精确，产业基地专业化程度过硬，建立了别具特色的产业集群，实现产业规模化发展，海淀的电子信息产业，丰台的轨道交通产业、石景山的文化创意产业、大兴生物医药产业已经初具规模，下一步要推进园区规划整合，做大做强产业链，进一步推动园区产业集聚和功能提升，以此提高示范区经济效益与资源产出。

（2）继续支持国家重大项目，合理统筹资金

近年来，国家政策重点扶持战略性新兴产业发展规划。示范区拥有北京市科学技术资源的优越性，积极推动大学、科研机构及企业科学技术创新，促进科技成果快速转化，积极完成国家及市级重点项目和一般项目，正确统筹北京市重大科技成果转化和产业项目资金，积极参与国家“863”“973”等项目的执行。努力向区域化产业集群方向发展，力争将示范区打造成具有全球影响力和竞争力的现代科技园区。

（3）深化推进示范区与其他省市区域的创新合作

示范区积极响应国家发展战略方向，努力推进京津冀区域创新合作。搭建创新资源产学研用合作平台，研究探索北京市与其他地区的技术创新合作制度，有计划地引导首都科技成果向其他区域转化。发挥示范区在战略性新兴产业科技创新中的领头作用，探索京津冀区域创新合作新模式，运用互联网思维和互联网技术推动区域产业转型升级，结合节能环保产业技术改造提升传统产业，促进产业结构健康转型，努力建成科技创新示范区，争取早日形成“京津冀科技新干线”和“京津冀大数据走廊”，真正呈现“科技创新在示范区开花，产业升级在全国结果”的新局面。

（4）打造为示范区科技企业服务的金融功能区

示范区需要打造金融功能区。金融区可以为科技企业服务，是促进科技金融融合发展的载体。示范区需要研究制订科技金融功能区发展规划，对金融区的功能、布局进行设计规划。协调及制订外汇、金融政策。引导国内外有影响力的私募股权基金、金融咨询服务等机构在示范区功能区内聚集。积极打造示范区功能区科技金融产业链，辐射带动北京金融区快速发展。

（5）服务国家战略需求和首都经济社会发展重大关切

北京作为首都城市，科技创新引领全国。示范区又是北京产业科技创新的带头兵，因此除了加强成熟产业，如电子信息、现代交通、航空航天等领域的建设外，还应该积极关注北京市亟待解决的热点问题，如节能减排、信息化与信息安全等领域。聚焦近年高度关注的大气污染、交通拥堵、食品安全、垃圾处理等问题，积极探索解决问题的新技术和新产品，围绕北京市热点问题申报项目，制订解决问题的可行方案，以此积极推进北京市经济健康发展。

三、太库：产业孵化器赋能产业升级①

作为全球化创新的探索者，太库科技创业发展有限公司（以下简称太库）紧紧把握国家政策趋势，自 2014 年公司成立以来，就秉承“全球技术—太库加速—中国创造”的理念，从对接全球技术创新源头入手，全力打通从基础研究、应用研究到孵化中试和产业化的关键环节，积极摸索在全球范围内产业价值链整合的新模式，建立起全球创新孵化平台，开拓性打通创新孵化与产业化价值链，为全球创业企业服务，打造“创业者国度”。

太库作为一家专注于孵化器运营管理和科技创业企业动态成长的专业机构，目前已在全球 7 个国家设立 20 个实体孵化器，空间总面积超过 4 万平方米，孵化企业 667 家，企业总融资超过 37 亿元，总估值高达 445 亿元。同时，太库在全球范围内拥有创新合作伙伴 608 个，获得知识产权数量近 1400 个，创造就业岗位近 5000 个，经过太库的孵化和加速，产品上市周期平均缩短 5 个月，企业估值平均提高 2. 5 倍，帮助超过近万名太库会员企业成长。2016 年，太库科技在国内外获得了政府和社会的认可，共获得 27 项国内外资质，其中国家级众创空间 5 项、省部级资质 16 项。同时太库是 2016 年中国创新峰会年度创新企业奖、全球商业关系创新奖的获得者。2017 年 1 月，太库科技人工智能加速器被美国科技媒体 Tech. Co 评为 2017 年最值得关注的加速器之一。

1. 太库的主要做法

（1）首创产业孵化器模式，引领中国孵化器行业迈上新台阶

在中国孵化器成立 30 周年之际，太库科技积极探索孵化器质变之路，以“产业孵

---

① 本案例由太库科技创业发展有限公司提供。

化”模式，引领中国孵化器行业迈上新的台阶。

产业孵化模式是太库携手战略合作伙伴华夏幸福基业股份有限公司（以下简称华夏幸福）共同探索出来的全新理念，通过实体孵化器 + 产业基金 + 创新集群的新组合，以实体孵化器和产业基金为基础，通过整合全球创新资源，为区域定制专属的创新集群，以创新 + 投资双轮驱动区域经济增长。

具体来说，该商业模式专注于帮助区域打造“产业孵化器”，即由一个实体孵化器、一个产业基金帮助服务区域形成若干个创新产业集群。其中实体孵化器是城市的创新名片，太库通过打造实体孵化器，为创业者提供标配模块服务，加速创新项目发展，并为区域营造良好的创新氛围。而产业基金是指太库科技联合区域政府以及战略合作伙伴（目前主要合作伙伴是华夏幸福）设立产业基金，以“投资 + 创新”双轮驱动方式，推动区域产业升级，助力区域经济发展。

太库的产业孵化模式一经提出，便受到广泛关注。2017 年两会期间，科技日报、中华儿女杂志、经济观察报等权威媒体大篇幅报道该模式，盛赞太库科技将成为推动孵化器和创新行业发展的新范本，吸引了创新领域及政府高层的高度关注。在中国孵化器 30 周年系列活动中，产业孵化模式更是得到海内外创新人士的热议，备受好评。

（2）全周期孵化，助力企业从创业第一步到未来每一步都走上可持续成功之路

将一个创新项目产业化和区域落地，更是太库科技的独特优势。华夏幸福作为中国领先的产业新城运营商，与太库科技一道致力于帮助初创企业快速实现跨区域的产业化落地。双方联手，目前已经开创打通创新技术“孵化—加速—产业化—商业化”链条，通过创新运营与华夏幸福产业新城模式结合，在华夏幸福布局全球的近百座产业新城和特色小镇提供服务和项目落地。

作为一家专门从事国际科技创新要素整合和新兴产业培育的专业机构，太库一直秉承“全球技术—太库加速—中国创造”的理念，聚集产、学、政、金、研等全球资源。助力企业从创业第一步到未来每一步都走上可持续成功之路。

（3）全球创新零时差，太库的国际化之路

创新是一个全球性的主题。太库科技从成立之初就立志在全球范围打造自身的影响力，是第一家站在全球化的角度建立生态圈的中国孵化器。自成立之初，太库就坚定实施国际化战略，太库的第一家孵化器开在全球最著名的创新高地——美国硅谷。目前，太库已经在美国硅谷、韩国首尔、德国柏林、芬兰赫尔辛基、以色列特拉维夫等全球创新高地设立实体孵化器。未来 3 年，太库科技将大力度布局全球创新资源高地，计划在

2020 年前在全球 15 个国家布局。太库突破时空的限制，构建出全球创新生态网络体系，以稳健、高效的创新孵化能力在世界顶尖舞台上，为全球创业者打造了一个全球创新零时差的国度。仅 2017 年上半年，成果就非常显著。

2017 年 2 月 8 日，在太库的积极推进下，“国际创业先导大学中国（大厂）创新基地”揭牌仪式及项目对接会在河北大厂产业新城创新中心举行。首批韩国创业企业正式入驻太库（大厂）孵化器。双方将深化区域产业国际合作，为增进中韩两国创业者交流搭建新平台，全方位推动中韩产业交流发展。2017 年 3 月，以色列总理内塔尼亚胡访华之际，太库“中以大健康示范基地”在嘉善成立。2017 年 4 月，在习近平主席访问芬兰期间，太库芬兰和联想芬兰达成战略合作伙伴关系，双方签署大健康全球加速器方面的合作协议。2017 年 4 月 24 日，太库携手战略合作伙伴华夏幸福，参加了第七十一届德国汉诺威工业博览会，并在核心区域拥有独立展示区。2017 年 4 月 28 日，太库国际创新商务中心（大厂）正式揭牌，为中韩国际创新合作提供了优质高效的一站式服务，这是太库推动国际创新资源落地华夏产业新城和推动创新产业化集群建立的重要一步。2017 年 5 月 4 日，太库与战略合作伙伴华夏幸福带领来自德国、法国、中国等全球 9 个国家的 32 家初创企业亮相中国深圳电子消费品及家电品牌展，成为 CE China 2017 初创专区的独家合作伙伴。2017 年 5 月太库与 IFA（德国柏林国际消费类电子展览会）主办方 Messe Berlin 签约，达成战略合作伙伴关系，为全球初创企业打造顶级展示平台。2017 年 6 月 14 日，太库俄罗斯代表处在莫斯科成立，顺利开启了合作的第一步。2017 年 6 月 21 日，韩国首尔政府创业 HUB 园区开园，首尔市市长朴元淳亲临现场。太库成为 15 家首批入驻政府牵头建设的创新园区的企业之一，也是入驻的四家加速器中唯一一家国外加速器。

2. 太库的经验启示

（1）全球资源协调能力

太库科技从成立之初就立志在全球范围打造自身的影响力，是第一家站在全球化的角度走进其他国家，帮助当地企业建立生态圈的中国孵化器，其创新理念，即“全球化、专业化、商业化、产业化”。

打造“产业孵化器”并不局限于国内资源，拥有全球资源协调能力是太库科技的核心竞争优势，也是其能够为区域打造定制化创新集群的关键。目前，太库已经在全球创新活动最为活跃的硅谷、柏林、首尔、特拉维夫、赫尔辛基这些国际城市或高新技术区以及中国的北京、上海、深圳、南京、武汉、成都、固安、香河、大厂、嘉善等设立孵化器 20 家。在全球 6 个国家建立了 15 个创新中心，并且同美国、德国、以色列、韩国等国签订了多项重大战略合作协议。

（2）全阶段孵化加速

太库不同于大多数孵化器的地方，是做全阶段的孵化加速。太库更看重的是商业价值的挖掘，所以关注的不仅仅是企业初创阶段，还对成长阶段以及后期的兼并收购阶段也非常重视。太库伴随整个企业发展的生命周期，全程推动企业往前发展。

（3）全球布局与项目落地

太库科技成立三年来，在重点创新领域抢先布局，已经在全球范围内启动了"AI + 垂直加速器""大健康垂直加速器"，并将启动"新材料垂直加速器"列入近期计划。通过这些垂直加速器，太库科技将聚集全球范围内相关领域的优秀创新资源，将它们引进中国，落地到相关区域。

2016 年 9 月初，太库公司启动了全球"AI + 垂直加速器"，这是首个将全球性创新资源，汇集于一个整合平台的人工智能加速器。2016 年是人工智能爆发元年，太库希望在人工智能产业爆发的关键节点扮演重要的全球化、产业化、专业化的助推者角色。"AI + 垂直加速器"项目由太库硅谷团队统领指导。美国硅谷是全球人工智能创新的引领者，在全球化网络资源协调方面，太库在北京、上海、深圳、南京、美国硅谷、特拉维夫、柏林、首尔 8 个城市、高新技术区的孵化器公司都深度参与，共同助力这一全球项目的快速发展。

在"AI + 垂直加速器"启动之后，太库科技又在 2016 年 9 月 29 日启动了第二个专项加速项目——"大健康垂直加速器"项目，这也是汇集全球资源于一体的"大健康加速器"项目。大健康产业是太库非常看好、并着力布局的三大核心产业之一，并打算用工业 4.0 的思路进行产业创业。

（4）太库模式攻克县域创新难题

县域处在承上启下的关键环节，是中国创新体系的"末梢"，更是发展经济、保障民生的重要基础。在创新驱动发展战略推进过程中，县域也是不可或缺的重要一环。2017 年 5 月 24 日，国务院办公厅印发了《关于县域创新驱动发展的若干意见》（以下简称《意见》），《意见》明确了县域发展"创新驱动、人才为先、需求导向、差异发展"四项原则。并要求到 2020 年，县域"创新驱动发展能力明显增强"，"大众创业、万众创新的氛围更加浓厚"，"为我国建成创新型国家奠定基础"，到 2030 年，"县域创新驱动发展能力大幅提升"，"产业竞争力明显增强"，"生态环境更加友好，为跻身创新型国家前列提供有力支撑”。可以看出，《意见》不仅是创新战略大方向的指引，更展示了政府深入创新战略的决心，以及将中国打造成创新型国家的信心。

与大中城市相比，我国县域经济发展水平不均衡，科技成果转化率低，导致县域创新资源要素集聚难，难以吸引高层次创新人才；有的县科技部门得不到重视，有的甚至被边缘化。创新资金投入总量不大，来源渠道比较单一。一些县域的科技创新研发投入占 GDP 比例低于全国平均水平。县域是创新的“最后一千米”，能否打通县域创新“毛细血管”，将决定中国创新战略能否真正落地，甚至影响我国能否真正跻身创新型国家。县域创新的密码该如何破解？作为中国领先的创新孵化平台，太库以“全球技术—太库加速—中国创造”为理念，通过产业孵化模式，破解县域创新难题。

太库通过建设实体孵化器，营造创新氛围，为县域打造城市创新名片，太库的实体孵化器可为创业者提供标配模块服务，加速创新项目发展，并为县域营造良好的创新创业氛围。目前，太库已经在国内的香河、固安、大厂、嘉善等县域建设实体孵化，成为这些地区的“创新发动机”。

一是设立产业基金，为创新项目护航。缺钱是县域创新面临的第二个难题，没有资本的保驾护航，意味着创新项目难以快速发展，甚至有可能夭折。太库联合县域政府以及战略合作伙伴华夏幸福设立产业基金，并通过产业基金撬动其他资本，可为创新项目提供资金方面的全方位支持。

二是引进全球创新资源，打造创新产业集群。自身创新能力较弱，创新人才少，是县域创新面临的根本性难题，而且这并非建一座科技园就能解决。太库引入全球创新资源，打造创新集群，为县域注入国际创新能量。通过海外孵化器聚集海量的产、学、政、经、研五维创新资源。经过太库加速后，引进资源到中国区域形成创新集群，从而实现“中国创造”。以香河为例，截至 2016 年年底，太库香河实现 16 个人工智能项目入孵，完成单个企业到 AI（人工智能）产业链在香河的布局，实现 6 个项目产业落地、8 个人才、16 项专利落地香河区域，帮助香河初步形成了 AI 产业创新集群。

三是促进科技成果转化，助力县域产业升级。将科研技术转化为商品，并实现真正的产业化和商业化，不仅是县域创新遇到的难题，也是中国创新驱动发展战略走通落地的主要障碍。唯有打通从科研技术到成果转化再到产业化落地中间的所有环节，创新才能驱动经济发展，才能真正提升国家的科技实力。太库依托华夏幸福在全球布局的 40 多座产业新城，打通了从“种子—苗圃—孵化—加速—规模化制造”的科研成果转化链条，可全面加速科研成果转化进程，推动县域产业升级。目前已联手华夏幸福推动加利福尼亚州大学伯克利分校、北京航空航天大学机器人研究所、东北大学人工智能研究所、沈阳工业大学、北京科学技术开发交流中心、中国国际经济技术合作促进会海外联合工作委员与香河区域战略签约，共同打造智能技术与机器人协同创新平台，使得实体研发、市场化运营促进科技成果转化落地香河区域，助推香河打造机器人创新型产业集群，促进其区域产业升级。香河经济开发区也因此成为“中国产学研合作创新示范基地”。同时，6 家创新黑马企业正式签约落户香河机器人产业港，这是香河科技成果转化的重要成果，将进一步推动香河地区产业升级。2017 年 4 月 24 日，太库与战略合作伙伴华夏幸福，联手吉林大学、长春孔辉智能科技有限公司，就智能网联汽车合作项目签约，立足固安，推进无人驾驶汽车的研发、测试和产业化进程。太库利用自身创新孵化模式与华夏幸福的产业新城模式联合，为协助固安打造智能网联汽车研究院、测试基地以及智能汽车小镇做出有力的示范，是太库和华夏幸福在智能网联汽车领域的一大布局。

据悉，按照未来 3 年规划，太库科技将加大力度布局全球创新资源高地，计划在 2020 年前布局全球 15 个国家，在国内全力推进产业孵化器，聚焦人工智能、生物医药、新能源、无人机、文化创意等前沿领域，通过整合全球创新资源，推动全球创新要素在中国县域产业新城落地，实现 3 年 50 城产业孵化器的布局。

3. 太库的经验总结

将一个创新项目产业化和区域落地，是太库科技的独特优势。作为一家专门从事国际科技创新要素整合和新兴产业培育的专业机构，太库一直秉承“全球技术—太库加速—中国创造”的理念，聚集产、学、政、金、研等全球资源，助力企业从创业第一步到每一步走上可持续成功之路。

四、腾讯众创空间：打造全要素孵化加速众创平台[①]

国内互联网创业经历了个创时代、开放时代，正在迎来众创时代。腾讯众创空间是在开放平台的基础上升级，不仅延续在开放平台中为创业者提供的服务，还将联合社会资源从软硬件和创业条件打造更好的创业环境。与其他国内创业孵化器不同，腾讯众创空间具备包括线上、线下 5 种核心能力——流量加速、开放支持、创业承载、培训教育和辐射带动等，满足创业者对资金、成长、场地、营销和流量的需求。

① 本案例由中国工业经济联合会工业经济研究中心整理完成，部分参考资料来自腾讯公司副总裁林松涛题为《互联网＋时代的“双创”力量》的主题演讲。

目前，腾讯已在全国布局了30个实体众创空间，总面积达100万平方米，三年时间孵化上千家企业。北京、天津、上海、广州、杭州、厦门、海口、南京、武汉等城市的腾讯众创空间已陆续向创业团队开放，入驻项目超200个，标杆项目30个。

1. 主要经验和做法

（1）腾讯众创空间介绍

腾讯认为，众创空间是一个连接线上线下、连接创投资源、连接内外服务的立体加速平台，线上线下产品应包含接入平台能力平台以及众包平台三大核心功能。针对创业者对人才、融资、辅导、营销和资源的需求，众创空间应推出有针对性的服务计划，为创业者提供全方位支撑。

①接入平台

有了项目接入平台，众创空间可以为创业者提供更快捷的项目对接通道。创业者可以直接向本地众创空间（线下）申请，也可以通过众创空间服务号和官网（线上）提交项目入驻申请，经过相应的评审后即可进入孵化流程。

腾讯众创空间2015年陆续在北上广杭等10个城市投入运营，入驻团队超过200个，覆盖全国主要中心城市。线上众创空间，则是依托于腾讯众创空间服务号和腾讯众创空间官网两大线上平台，同时覆盖PC（个人计算机）和移动端，创业者可在线提交项目及申请服务。截至2015年9月，已经有超过2000个创业项目入驻到线上。

②能力平台

腾讯众创空间在线能力平台以投资融资为核心能力，并辐射和连接辅导、人才、营销等腾讯自建专项能力。针对创业者最为头疼的融资问题，投融资能力以提高项目展现力为基础，建立项目与投资人匹配能力为核心，连接促成投融资为目标，并借助创投联盟机制，实现创业者与投资联盟的有效对接。投融资能力主要建设以下模块：创业者工具包，包含BP标准化工具、合约工具、路演工具、评估工具等，充分挖掘项目亮点和特色，提升项目的整体展现力和曝光率。众创指数/榜单，依靠腾讯海量大数据及行业洞察力，采用多维度打分模式，评估创始团队、产品以及市场口碑等得分，形成众创指数榜。通过众创指数榜，为优质创业项目提供绝佳曝光机会。精准匹配能力，通过人脉圈、项目亮点以及投资人偏好等形成的精准匹配模型，让优秀项目找到最合适的投资人，减少因为投资人投资领域、融资阶段、关注内容与项目不匹配而浪费融资时间。高效连接能力，依托腾讯创投联盟，众创空间搭建了“精准投送＋快速反馈＋持续跟踪”

的高效连接能力，充分保障项目投递与投资人精准匹配，且针对每个投递项目，约定投资人极速反馈，节省创业者等待回复时间。同时，持续跟踪的负责制，也让每个项目在每一次融资都能得到及时有效的反馈。

③众包平台

众创空间第三方服务平台（即众包平台）是腾讯依托线下孵化器及平台资源，聚合各领域第三方优质服务商，为创业团队提供全方位、一站式众包服务的开放平台。众包平台初期涵盖基础服务、技术服务、财务、法务、税务等企业服务、营销推广服务和人才招聘等五大类服务，服务类型包含云服务、设计、开发、测试、数据库、应用发布、第三方支付、公司注册、法律服务、财会税务、社保、数据分析、用户分析、市场推广、招聘、人力资源管理、餐饮、送花、交通、保险等，希望能满足创业团队日常需求。此外，第三方服务平台可以通过 API（应用程序编程接口）快捷引入服务商，并通过星级及评价机制筛选优质服务商，同时借助线上服务模式提供异地服务，从多纬度为初创团队提供优质低价的服务。

（2）腾讯众创空间服务模式——“五创”服务

为更好地为创业者提供服务，腾讯众创空间提出创服、创孵、创投、创培、创星的“五创”服务模式，直击创业者“痛点”，从创业服务到区域孵化，再到资本加速和开发者培训成长，以及品牌营销五个维度全方位的帮助创业者把创业的门槛降到最低，充分鼓励创业者进行创新和创造。

在创服方面，腾讯在 2016 年 6 月上线了创业服务平台。腾讯创业服务平台致力于整合研发、人才、企业管理等基础领域在内的 9 大类 300 多项服务，覆盖创业者从创意到项目成熟各个不同创业阶段，并联动第三方服务商资源一起为广大创业者们提供立体化、全周期的一站式创业服务。

在创孵方面，腾讯加大线下孵化力量，并不断探索尝试新的孵化模式。如 2016 年 7 月，中国第一个双创社区在北京回龙观正式揭幕。这是中关村目前体量最大的创业综合体。一期入住项目超过 70 家，总估值超过 20 亿元。回龙观众创空间不光有办公区域，更联动了硬件、培训、投资路演、招聘等多种资源，并且和高校实验室取得了合作，帮助年轻人实现科研成果的转化，让科技成果可以更快进入人们的生活中。

在创投方面，腾讯针对创业者在资金方面匮乏现状，特别推出“双百计划”，用 100 亿元资源扶持 100 家市值过亿元的“独角兽”公司。这个项目实施以来，孵化的公司总估值超过 500 亿元，成长非常快。一年的时间孵化超过 40 家市值过亿元的公司，半年内有5家公司成功上市，在这个过程中，已经帮助这些创业者实现用户规模的百分百增长。随着移动互联网的深入发展，未来金融、教育、运动健康、本地生活等领域的创业投资也大有可为。

在创培方面，腾讯推出青腾创业营，这也是"互联网+"教育方面的新探索。课程围绕创业资本战略、产品思维、人才与公司治理、市场营销以及政企互动等新创企业最迫切需要学习的知识展开，具有很强的实战价值。腾讯众创空间，不仅对创业者进行培训，还在学员之间建立合作和互动。目前，青腾创业营已培育80名创业公司的CEO（首席执行官），学员平均年龄为34岁，"90后"学员有5位。

在品牌营销方面，腾讯推出众创空间"互联网+"创业大赛，致力于打造明星创业者。作为新的尝试，腾讯众创空间会帮助创业者打造个人品牌，给他们提供一个可以充分展示自己的舞台，助力创业者圆梦。据悉，大赛将持续半年时间，并会在中国的北上广深等城市，以及美国硅谷、新加坡、以色列、（美国）西雅图等国内外十多个国家和地区进行路演面试，辐射全球的创业者，也让世界看到中国的创新创业力量。

2. 未来发展规划

未来，腾讯众创空间将突破物理空间，融合线上线下，实施"一横两纵"战略。一横，是指腾讯的创业开放平台。腾讯将该平台打造成吸引创业者的线上入口，然后把创业者相关的项目、投资、内容、研发等优势资源输送到各地线下的空间。两纵，是指深耕人工智能和泛娱乐两个垂直赛道。围绕这两个赛道，腾讯今年将打造AI加速器和文创加速器。通过腾讯核心能力输出，带动众创空间在这两个赛道上的发展，紧跟互联网发展的最前沿。

随着腾讯与政府在创新创业领域合作的进一步深化，腾讯从2014年"腾讯创业基地"的一层楼，到2016年"腾讯众创空间"的一栋楼，而在2017年腾讯希望与合作伙伴共建以产业为核心，项目为载体，科技为动力，生产、生活、生态相融合的腾讯小镇。以腾讯公司为龙头，引入一系列创新创业企业，大力推动"互联网+"产业升级。同时，腾讯还将联合各界合作伙伴，共同打造"互联网+"生活主题社区及高端品质的新型商业街区。腾讯小镇的合作是没有边界的，腾讯将大力促进当地的优势资源合作。

腾讯众创空间将在2017年首次拓展海外市场，树立WeStart全球品牌，建立横贯"中—欧"，"中—美"，"中—亚"的国际化合作桥梁。一是Go Global计划，国内有一批优秀的创业者需要到海外寻求新的技术、模式、人才，甚至是新的投资，腾讯将为创业者提供一个与联合出海的机会。二是 To China 计划，华人群体和海外的一些行业巨头要开拓中国市场，腾讯都会积极引导和参与。例如，腾讯在 2017 年 6 月举办全球创业大赛，同时与高校联合实现人才引进计划，把国外核心资源、顶尖人才带到中国，输送到各地的众创空间。另外，海外的众创空间将与国内的众创空间建立联动关系，比如美国硅谷的众创空间与深圳众创空间，上海众创空间与日本众创空间，重庆众创空间与新加坡众创空间，可以在项目引进、渠道合作、资源拓展等方面形成多领域的合作。

腾讯自 2011 年正式宣布开放以来已超过 5 年，在这几年里，腾讯与创业伙伴共同成长，开放平台顺利完成从 PC 端开放、移动端开放、多终端开放至众创开放生态的里程碑升级，应用款数达到 400 万款、注册开发者达到 600 万、第三方收益分成超过 160 亿元，创业公司的总估值更是高达 3000 亿元，实现了再造一个腾讯的愿景。未来，腾讯开放平台将持续与各界合作伙伴密切合作，共同创建腾讯双创生态。

五、中芬设计园：设计驱动加速“双创”服务[①]

中芬设计园是 2013 年 6 月中国深圳市与芬兰赫尔辛基市因设计结缘正式结为国际友好城市之后，由两地政府在深圳合作设立的设计产业园项目，是友好城市网络的交流平台和合作载体，也是中央台办和国务院台办认定的全国首个海峡两岸青年创业基地，科技部认定的众创空间。园区于 2014 年 11 月开园，聚焦全球设计创新领域的新模式和新业态，采用“中外合作 + 政府支持 + 企业投资 + 专业运营”的商业模式，以“新技术 · 新设计 · 新市场”为宗旨，倡导“创新 + 设计”新理念，以设计驱动，构建国际化的创新创业生态链，提供从 0 到 1 的创新加速服务，全国首创“以大带小”的创业加速模式，打造面向未来的设计和双创全产业链的国际创新生态平台。

园区搭建了众创、众包、众扶、众筹“四众”综合创新平台，形成了从创新个体到创业团队再到创新企业递进式创新服务体系，在全国率先实现了从“集聚”到“裂变”，现已成为深圳国际化城市建设的新载体和新名片。

1. 中芬设计园开展“双创”转型发展的做法

中芬设计园顺应时代潮流，构建以资源共享为核心的设计园区发展新生态。通过集聚国内外优秀设计资源，打造“双创”模式，走出共享经济时代产业园区发展的新模

① 本案例由中芬设计园提供。

式、新生态，做法可以归结如下：

（1）从集聚到裂变

中芬设计园敢于创新，突破传统园区发展模式壁垒，通过从“集聚”到“裂变”的发展模式，告别传统产业园区“二房东”的单一角色。所谓“集聚”，是指园区一期建筑面积达1.5万平方米，吸引了国际顶尖设计机构和业内领先的设计创新企业及品牌41家，涵盖海峡两岸青年创业基地、中芬设计中心、深圳市工业设计行业协会、深圳开放创新实验室、库卡波罗艺术馆、瑞典设计屋、智能可穿戴产业链、智能产品众筹首发平台、国际众创空间、硬件加速器、国际顶尖设计大师工作室、国际品牌总部等众多平台；引进了美国工业设计巨星凯瑞姆·瑞席、意大利天才设计师斯蒂凡诺·乔凡诺尼、芬兰国宝级设计大师约里奥·库卡波罗，以及具有设计界奥斯卡的德国iF设计大奖海外总部及iF首个海外展厅落户，实现资源“集聚”。而“裂变”的方式有二：一是在园区内通过“以大带小”园区服务模式将设计资源“裂变”给园区小微企业及初创团队，激发“双创”模式，减轻小微企业创业阻力；二是通过“立足深圳，辐射全国”的方式将中芬设计园品牌推向全国，借助中芬设计园资源和品牌效应推动我国工业设计行业的发展。近年来，中芬设计园通过不断地实践与创新，摸索出一套属于中芬品牌的产业园发展之路，已成为工业设计园区建设的示范性标本。

（2）以大带小模式创新

中芬设计园立足深圳，一直将聚集创新资源、培育新兴产业、推动深圳设计走向世界作为企业发展的重要使命。全国首创“B2S以大带小”（Business Backed Startup，B2S）的创业服务模式，由大企业开放自身平台能力和海量资源，带动小微企业创业，双方在开放创新合作中实现双赢。大企业资源能力与小微企业的创业热情和灵活性有效结合，大大缩短了创业的有效路径。B2S模式通过大企业在商业、社会、产业链的深厚积累，构建大企业与创业企业之间的链接，使初创企业也能匹配到全球顶级资源。中芬设计园通过“以大带小”的资源共享发展模式，为小微创客、小微企业寻求成长发展之路，克服创业瓶颈，推动“双创”蓬勃发展。

（3）共享设计生态

中芬设计园开创了“设计共同体”这一独特的增值服务，成效显著。中芬设计园创建了“苗圃—孵化—加速”三部曲创新模式，构建了从“集聚”到“裂变”的物联网创新生态链，依托深圳开放创新实验室的“从0到1”的苗圃环节，海峡两岸青年创业基地的“1到N”的孵化环节，以深圳市工业设计行业协会的“从N到品牌”的加速环节。打造立足深圳、服务全国、面向全球的创新平台。

（4）双创激发新动能

中芬设计园创新服务模式，共享设计资源的同时，还通过打造一系列重要的“双创”活动，加快产业对接，推动产业转型升级，以便更好地激发“双创”活力，营造良好的“双创”氛围。自2015年5月起，中芬设计园开始开设并承办第十一届中国（深圳）国际文化产业博览会（文博会）中芬分会场活动。2015年10月，参加首届全国大众创业万众创新活动周北京主会场活动，与深圳“双创”力量共同闪耀北京。2016年10月，承办全国大众创业万众创新活动周海峡两岸青年创业基地主题活动。2016年6月，举办中美青年创客大赛深圳分赛区活动，致力于推动青年创客教育的发展。2016年8月，承办第12届全球微观装配实验室国际年会，探讨FAB2.0智造未来。2015年、2016年分别承办深圳国际创客周中芬设计园分会场活动。这些“双创”活动的成功开展，是中芬设计园响应国家“双创”发展战略的具体实践，同时也发展壮大了深圳“双创”力量。

2. 中芬设计园开展“双创”转型发展效果显著

（1）园区步入以效益为中心的发展轨道

2016年，中芬设计园园区产值达20亿元，同比增长25%。园区企业——深圳丝路视觉股份有限公司已成为园区孵化的第一家上市公司，于2016年11月挂牌创业板，还有两家正在筹备股改。中芬设计园2015年经国台办和中央台办亲自挂牌，认定为全国首个海峡两岸青年创业基地；2016年荣获国家科技部认定的国家级众创空间。

（2）模式效益十分突出

中芬设计园的“设计共同体”独特运营增值模式已实现从“集聚”到“裂变”，成为立足深圳，辐射全国，面向全球的创新服务平台。园区实施“1+N”战略，以福年广场中芬设计园为依托，布局N个不同特色的设计园区。模式已先后由深圳辐射至武汉、绍兴、长沙、合肥等地区。目前完成正式签约的品牌输出项目有5个，分别为武汉的华中智谷·中芬智谷；绍兴的袍江中芬设计园；长沙的金鹰·中芬设计园；深圳福田的中天元·中芬设计园、龙岗的丰收·中芬智谷。园区新增管理运营面积超过10万平方米，是深圳一期项目的6倍多。中芬设计园将瞄准从“双创”到“中国制造2025”的产业发展方向，借助园区的国际设计和创客资源推动个人创客和产业创新双向发展，以设计创新构建国际化的创新创业生态链，打造面向未来的设计和双创国际生态平台。

（3）国际品牌效应进一步凸显

园区在短短两年间开创了五项中国第一，全国首个政府主导、中外合作的设计园区；全国首个海峡两岸青年创业基地；全国首个由 MIT 授权的国际微观装配实验室 FA-BLAB；德国 iF 设计大奖首个海外展厅；国际顶级设计大师入驻最多的园区。园区独特的运营模式获得各界赞誉，吸引了全国各地的学习参访团纷至沓来。

3. 中芬设计园开展“双创”的主要经验

中芬设计园能够取得成功，有四点经验值得重视。

（1）“设计共同体”——坚持从集聚到裂变的发展理念

中芬设计园项目由深圳市工业设计行业协会主导建设，中芬设计园品牌的发展根植于深圳市工业设计行业近十年来对工业设计行业深耕不辍，搭建设计桥梁、汇集设计资源带动行业发展，打造国际化的设计产业园区品牌。

（2）“创新引领”——坚持创新变革、与时俱进的创业精神

中芬设计园密切关注时代发展趋势，顺势而为，坚持创业变革、与时俱进的创业精神，纵观全局寻求发展之路。在知识经济与共享经济的时代浪潮中，中芬设计园用国际化的视野打造设计园区双创模式，连接芬兰赫尔辛基开创国际化设计园区品牌；引进美国麻省理工大学比特原子中心授权的全球微观装配实验室，为小型创客提供创业前期孵化指导；通过“以大带小”的方式带动小微企业创业发展；举办各类创新活动（论坛、研讨会、工作坊、创业路演及创客大赛等）搭建各类创新设计要素集聚平台。这些都离不开中芬设计园以创新为核心的创业精神。通过整合国际优秀创新创业资源，为设计发展而用，这些都是“创新引领设计未来”的具体实践。

（3）“设计驱动”——推动传统产业转型升级的品牌使命

著名物理学家杨振宁曾说，21 世纪是工业设计的世纪。设计驱动创新，是推动传统产业转型升级的有效方式。目前中国传统制造业的发展面临许多困境，效益回报低带来的资本投入不足问题，技术含量不足带来的被市场淘汰问题，都在迫切要求传统产业转型升级。中芬设计园通过连接国际高端设计资源，打造一系列高质量的重大活动，产业对接会，为园区企业加强对外学习、交流与合作营造良好的条件，始终把设计驱动产业转型升级作为品牌发展使命，为设计企业寻求合作资源、为小微初创设计机构提供创业辅导和支持，从而在一定程度上推动了中国原创设计的崛起。

（4）“开放共赢”——坚持开放共享、共创共赢的资源共享战略

中芬设计园搭建面向全球的开放式“双创”平台，加强对外合作与交流，整合创

新设计资源，通过“B2S 以大带小”的创业服务模式，推动设计企业的发展壮大，形成与园区企业开放共享、共创共赢的发展局面。与此同时，中芬设计园将开放共赢的资源共享扩展至全国，落实品牌输出的具体实践，从“集聚”到“裂变”，立足深圳，辐射全国，现已相继在湖北武汉、浙江绍兴、深圳福田、深圳龙岗等地区建立中芬设计园品牌项目，输出中芬设计园运营模式。坚持“开放共赢”的发展战略，是新时期中芬设计园不断取得成功和突破的保证。

4. 中芬设计园开展“双创”的启示及建议

（1）中芬设计园模式是“双创”的成功范例

中芬设计园开展“双创”、转型发展的做法归结起来就是顺应时代发展，借助物联网时代的信息技术将资源、技术等积极要素相结合，实现开放共赢的局面。在国家深入贯彻落实发展双创事业的新时期，中芬设计园提出了国际化的“新技术·新设计·新市场”理念，探索了以工业设计撬动新需求、催生新市场、发展新经济的供给侧路径，开创了“实验室（MIT FabLab）+孵化器+加速器”的“点线面”立体式创新模式，以“苗圃—孵化—加速”创新创业三部曲，构建了从创新个体（Makers）到创业团队（Startups）再到创新企业（Enterprises）递进式创新服务体系，开创了“创新共同体”的独特增值运营模式。因此，中芬设计园模式是“双创”的成功范例。

（2）中芬设计园“双创”是企业推动供给侧结构性改革的一个样板

供给侧结构性改革旨在调整经济结构，使要素实现最优配置，提升经济增长的质量和数量。“双创”是供给侧结构性改革的重要组成部分和重要方式。中芬设计园的双创发展模式，为设计企业寻求合适的发展机会，不断提升企业发展的质量，大力推进“中国制造”向“中国创造”转变，中芬设计园以设计驱动为出发点，通过“苗圃—孵化—加速”创新创业三部曲，借助从“集聚”到“裂变”的物联网生态链发展模式，形成产业园区带动双创发展的新生态。因此，中芬设计园模式实际上是供给侧结构性改革的成功企业模式，值得推广。

（3）“以大带小”推进“双创”可以做到事半功倍

近年来，服务“双创”、扶持“双创”的政策体系不断完善，“双创”持续升温、渐入佳境。“双创”目前已经在全国各地普遍展开，然而小微企业和个人创业依旧存在许多瓶颈，面临着成功率低、风险高等难题，这无疑是“双创”发展的一大障碍。中芬设计园经验说明，“B2S 以大带小”模式可以将大企业开放的资源能力与小微企业的创业热情和灵活性有效结合起来，通过大企业在商业、社会、产业链的深厚积累，构建大企业与创业企业之间的链接，使初创企业也能匹配到全球顶级资源，感受从0到1的创新加速服务。创新加速器将运用设计思维，促进跨界链接和资源整合，帮助企业建立独特的核心价值和竞争战略，从而实现颠覆式创新。可见，推动“B2S以大带小”创业服务模式带动企业/团队创业，是值得在全社会推行的“双创”模式。

（4）搭建开放式创新平台是推进“双创”的有效途径

中芬设计园的发展经验表明，开放创新是实现转型升级的关键，中芬设计园改变传统产业园区经营劣势打造开放共享的“设计共同体”，与园区设计企业同进退，大大提高了创新创业的成功率，这对于当前在全国推行“双创”具有重要的借鉴意义。中芬设计园的园区发展经验是值得借鉴和学习的，建议可以集聚国内外优秀的行业资源，从国家层面整合企业、高校、科研院所的创新设计资源，广泛推广以园区为主体、产学研结合的“双创”模式，打造多层次、全球化、专业化的开放式创新平台，推动全国“双创”事业的深入发展。

（5）支持和鼓励中芬设计园等品牌企业进一步做大做强

中芬设计园通过推广其“双创”模式，让中芬设计园内的品牌做大做强，将这些品牌推广至全国。传统产业园区的发展模式已经不足以满足市场结构及“双创”模式的进一步发展，借助品牌资源优势，形成资源互补带动“大众创业、万众创新”，为国家经济发展寻求新的增长点。

附录一　“双创”政策汇总

国务院		
关于建设大众创业万众创新示范基地的实施意见	国办发〔2016〕35 号	2016 –05 –12
实施《中华人民共和国促进科技成果转化法》若干规定	国发〔2016〕16 号	2016 –03 –02
关于同意开展服务贸易创新发展试点的批复	国函〔2016〕40 号	2016 –02 –25
关于取消 13 项国务院部门行政许可事项的决定	国发〔2016〕10 号	2016 –02 –23
关于第二批取消 152 项中央指定地方实施行政审批事项的决定	国发〔2016〕9 号	2016 –02 –19
关于加快众创空间发展服务实体经济转型升级的指导意见	国办发〔2016〕7 号	2016 –02 –18
关于同意建立服务业发展部际联席会议制度的函	国办函〔2016〕8 号	2016 –01 –25
关于取消一批职业资格许可和认定事项的决定	国发〔2016〕5 号	2016 –01 –22
关于印发推进普惠金融发展规划（2016—2020 年）的通知	国发〔2015〕74 号	2016 –01 –15
关于同意在天津等 12 个城市设立跨境电子商务综合试验区的批复	国函〔2016〕17 号	2016 –01 –15
关于新形势下加快知识产权强国建设的若干意见	国发〔2015〕71 号	2015 –12 –22
关于促进农村电子商务加快发展的指导意见	国办发〔2015〕78 号	2015 –11 –09
关于“先照后证”改革后加强事中事后监管的意见	国发〔2015〕62 号	2015 –11 –03
关于推进线上线下互动加快商贸流通创新发展转型升级的意见	国办发〔2015〕72 号	2015 –09 –29
关于加快构建大众创业万众创新支撑平台的指导意见	国发〔2015〕53 号	2015 –09 –26
关于同意建立推进大众创业万众创新部际联席会议制度的函	国办函〔2015〕90 号	2015 –08 –20
关于促进融资担保行业加快发展的意见	国发〔2015〕43 号	2015 –08 –13
关于积极推进“互联网 +”行动的指导意见	国发〔2015〕40 号	2015 –07 –04

（续　表）

国务院		
关于加快推进“三证合一”登记制度改革的意见	国办发〔2015〕50号	2015－06－29
关于支持农民工等人员返乡创业的意见	国办发〔2015〕47号	2015－06－21
关于促进跨境电子商务健康快速发展的指导意见	国办发〔2015〕46号	2015－06－20
关于大力推进大众创业万众创新若干政策措施的意见	国发〔2015〕32号	2015－06－16
关于加快高速宽带网络建设推进网络提速降费的指导意见	国办发〔2015〕41号	2015－05－20
关于深化高等学校创新创业教育改革的实施意见	国办发〔2015〕36号	2015－05－13
关于进一步做好新形势下就业创业工作的意见	国发〔2015〕23号	2015－05－01
关于大力发展电子商务加快培育经济新动力的意见	国发〔2015〕24号	2015－05－07
关于创新投资管理方式建立协同监管机制的若干意见	国办发〔2015〕12号	2015－03－19
关于取消和调整一批行政审批项目等事项的决定	国发〔2015〕11号	2015－03－13
关于发展众创空间推进大众创新创业的指导意见	国办发〔2015〕9号	2015－03－11
关于促进云计算创新发展培育信息产业新业态的意见	国发〔2015〕5号	2015－01－30
关于国家重大科研基础设施和大型科研仪器向社会开放的意见	国发〔2014〕70号	2015－01－26
关于创新重点领域投融资机制鼓励社会投资的指导意见	国发〔2014〕60号	2014－11－26
关于促进国家级经济技术开发区转型升级创新发展的若干意见	国办发〔2014〕54号	2014－11－21
关于扶持小型微型企业健康发展的意见	国发〔2014〕52号	2014－11－20
关于加快科技服务业发展的若干意见	国发〔2014〕49号	2014－10－28
关于加快发展生产性服务业促进产业结构调整升级的指导意见	国发〔2014〕26号	2014－08－06
关于做好2014年全国普通高等学校毕业生就业创业工作的通知	国办发〔2014〕22号	2014－05－13
关于印发注册资本登记制度改革方案的通知	国发〔2014〕7号	2014－02－18

（续 表）

国务院		
关于全国中小企业股份转让系统有关问题的决定	国发〔2013〕49 号	2013－12－14
关于开展优先股试点的指导意见	国发〔2013〕46 号	2014－01－02
关于强化企业技术创新主体地位全面提升企业创新能力的意见	国办发〔2013〕8 号	2013－02－04
关于批转促进就业规划（2011—2015 年）的通知	国发〔2012〕6 号	2012－02－08
保监会		
关于设立保险私募基金有关事项的通知	保监发〔2015〕89 号	2015－09－10
关于印发《资产支持计划业务管理暂行办法》的通知	保监发〔2015〕85 号	2015－08－25
关于印发《相互保险组织监管试行办法》的通知	保监发〔2015〕11 号	2015－01－23
关于大力发展信用保证保险 服务和支持小微企业的指导意见	保监发〔2015〕6 号	2015－01－08
关于保险资金投资创业投资基金有关事项的通知	保监发〔2014〕101 号	2014－12－12
关于保险资金投资优先股有关事项的通知	保监发〔2014〕80 号	2014－10－17
关于在浙江省宁波市建设保险创新综合示范区的通知	保监发〔2014〕65 号	2014－07－28
关于保险资金投资创业板上市公司股票等有关问题的通知	保监发〔2014〕1 号	2014－01－07
关于保险业支持经济结构调整和转型升级的指导意见	保监发〔2013〕69 号	2013－08－27
关于规范有限合伙式股权投资企业投资入股保险公司有关问题的通知	保监发〔2013〕36 号	2013－04－17
财政部		
关于完善研究开发费用税前加计扣除政策的通知	财税〔2015〕119 号	2015－11－02
关于将国家自主创新示范区有关税收试点政策推广到全国范围实施的通知	财税〔2015〕116 号	2015－10－23
关于进一步完善固定资产加速折旧企业所得税政策的通知	财税〔2015〕106 号	2015－09－17
关于进一步扩大小型微利企业所得税优惠政策范围的通知	财税〔2015〕99 号	2015－09－02

（续　表）

财政部		
关于继续执行小微企业增值税和营业税政策的通知	财税〔2015〕96号	2015-08-27
关于印发《中小企业发展专项资金管理暂行办法》的通知	财建〔2015〕458号	2015-07-17
关于扩大企业吸纳就业税收优惠适用人员范围的通知	财税〔2015〕77号	2015-07-10
关于中央财政科技计划管理改革过渡期资金管理有关问题的通知	财教〔2015〕154号	2015-06-17
关于推广中关村国家自主创新示范区税收试点政策有关问题的通知	财税〔2015〕62号	2015-06-09
关于高新技术企业职工教育经费税前扣除政策的通知	财税〔2015〕63号	2015-06-09
关于组织申报小微企业创业创新基地城市示范的通知	财办建〔2015〕34号	2015-05-04
关于支持开展小微企业创业创新基地城市示范工作的通知	财建〔2015〕114号	2015-04-16
关于印发《国家自然科学基金资助项目资金管理办法》的通知	财教〔2015〕15号	2015-04-15
关于小型微利企业所得税优惠政策的通知	财税〔2015〕34号	2015-03-13
关于开展首台（套）重大技术装备保险补偿机制试点工作的通知	财建〔2015〕19号	2015-02-02
关于支持和促进重点群体创业就业税收政策有关问题的补充通知	财税〔2015〕18号	2015-01-27
关于创新药后续免费使用有关增值税政策的通知	财税〔2015〕4号	2015-01-26
关于金融企业贷款损失准备金企业所得税税前扣除有关政策的通知	财税〔2015〕9号	2015-01-15
关于延续并完善支持农村金融发展有关税收政策的通知	财税〔2014〕102号	2014-12-26
关于对小微企业免征有关政府性基金的通知	财税〔2014〕122号	2014-12-23
关于取消、停征和免征一批行政事业性收费的通知	财税〔2014〕101号	2014-12-23

（续 表）

财政部		
关于沪港股票市场交易互联互通机制试点有关税收政策的通知	财税〔2014〕81号	2014－10－31
关于金融机构与小型微型企业签订借款合同免征印花税的通知	财税〔2014〕78号	2014－10－24
关于开展深化中央级事业单位科技成果使用、处置和收益管理改革试点的通知	财教〔2014〕233号	2014－09－26
关于实施全国中小企业股份转让系统挂牌公司股息红利差别化个人所得税政策有关问题的通知	财税〔2014〕48号	2014－06－27
关于印发《国家物联网发展及稀土产业补助资金管理办法》的通知	财企〔2014〕87号	2014－05－30
关于在全国中小企业股份转让系统转让股票有关证券（股票）交易印花税政策的通知	财税〔2014〕47号	2014－05－27
关于继续实施支持和促进重点群体创业就业有关税收政策的通知	财税〔2014〕39号	2014－04－29
关于小型微利企业所得税优惠政策有关问题的通知	财税〔2014〕34号	2014－04－08
关于国家大学科技园税收政策的通知	财税〔2013〕118号	2013－12－31
关于科技企业孵化器税收政策的通知	财税〔2013〕117号	2013－12－31
关于印发《国家科技计划及专项资金后补助管理规定》的通知	财教〔2013〕433号	2013－11－18
关于动漫产业增值税和营业税政策的通知	财税〔2013〕98号	2013－11－28
关于加强小额担保贷款财政贴息资金管理的通知	财金〔2013〕84号	2013－09－18
关于暂免征收部分小微企业增值税和营业税的通知	财税〔2013〕52号	2013－07－29
国家发展改革委		
关于印发双创孵化专项债券发行指引的通知	发改办财金〔2015〕2894号	2015－11－09
关于支持海峡两岸（温州）民营经济创新发展示范区建设的复函	发改地区〔2015〕328号	2015－02－16
关于印发2014—2016年新型显示产业创新发展行动计划的通知	发改高技〔2014〕2299号	2014－10－13

（续 表）

国家发展改革委		
关于请组织申报2014年西部地区创新能力建设专项的通知	发改办高技〔2014〕1357号	2014－06－16
关于组织开展移动电子商务金融科技服务创新试点工作的通知	发改办高技〔2014〕1100号	2014－05－19
关于创新企业债券融资方式扎实推进棚户区改造建设有关问题的通知	发改办财金〔2014〕1047号	2014－05－13
关于进一步做好支持创业投资企业发展相关工作的通知	发改办财金〔2014〕1044号	2014－05－13
关于加强小微企业融资服务支持小微企业发展的指导意见	发改财金〔2013〕1410号	2013－07－23
关于组织实施2013年国家认定企业技术中心创新能力建设专项的通知	发改办高技〔2013〕430号	2013－02－18
工商总局		
关于进一步做好“三证合一”有关工作衔接的补充通知	工商企注字〔2015〕228号	2015－12－29
关于落实《国务院关于“先照后证”改革后加强事中事后监管的意见》做好“双告知”工作的通知	工商企注字〔2015〕211号	2015－12－08
关于加强网络市场监管的意见	工商办字〔2015〕183号	2015－11－06
关于制定推行合同示范文本工作的指导意见	工商市字〔2015〕178号	2015－10－30
关于进一步做好小微企业名录建设有关工作的意见	工商个字〔2015〕172号	2015－10－20
关于做好“三证合一”有关工作衔接的通知	工商企注字〔2015〕147号	2015－09－09
关于进一步推进电子营业执照试点工作的意见	工商企注字〔2015〕146号	2015－09－08
关于进一步推动企业简易注销改革试点有关工作的通知	工商企注字〔2015〕142号	2015－09－02
企业经营范围登记管理规定	工商总局令第76号	2015－08－27
关于贯彻落实《国务院办公厅关于加快推进“三证合一”登记制度改革的意见》的通知	工商企注字〔2015〕121号	2015－08－07
关于抓紧建设小微企业名录的通知	工商个字〔2015〕118号	2015－08－03
关于开展2015红盾网剑专项行动的通知	工商办字〔2015〕83号	2015－06－01

（续 表）

工商总局		
关于支持中国（广东）自由贸易试验区建设的若干意见	工商办字〔2015〕76号	2015-05-25
关于严格落实先照后证改革严格执行工商登记前置审批事项的通知	工商企注字〔2015〕65号	2015-05-11
关于认真学习贯彻李克强总理重要讲话精神 进一步做好深化商事制度改革各项工作的通知	工商办字〔2015〕53号	2015-04-10
关于加强境内网络交易网站监管工作协作 积极促进电子商务发展的意见	工商市字〔2014〕180号	2014-09-29
关于贯彻落实《企业信息公示暂行条例》有关问题的通知	工商外企字〔2014〕166号	2014-09-02
关于做好工商登记前置审批事项改为后置审批后的登记注册工作的通知	工商企字〔2014〕154号	2014-08-19
关于开展2014红盾网剑专项行动的通知	工商市字〔2014〕116号	2014-06-12
公司注册资本登记管理规定	工商总局令第64号	2014-02-20
关于做好注册资本登记制度改革实施前后登记管理衔接工作的通知	工商企字〔2014〕32号	2014-02-18
关于启用新版营业执照有关问题的通知	工商企字〔2014〕30号	2014-02-17
关于停止企业年度检验工作的通知	工商企字〔2014〕28号	2014-02-14
关于进一步发挥工商行政管理职能作用做好退役士兵安置工作的通知	工商个字〔2013〕163号	2013-10-08
关于认真做好2013年高校毕业生就业工作的意见	工商个字〔2013〕89号	2013-06-13
工业和信息化部		
关于印发贯彻落实《国务院关于积极推进“互联网+”行动的指导意见》行动计划（2015—2018年）的通知	工信部信软〔2015〕440号	2015-11-25
关于做好小微企业创业创新基地城市示范有关工作的通知	工信厅企业函〔2015〕739号	2015-10-20
贯彻落实《深入实施国家知识产权战略行动计划（2014—2020年）》实施方案	工信厅科〔2015〕85号	2015-07-31
关于推进化肥行业转型发展的指导意见	工信部原〔2015〕251号	2015-07-20

（续　表）

工业和信息化部		
关于进一步促进产业集群发展的指导意见	工信部企业〔2015〕236 号	2015－07－10
关于做好推动大众创业万众创新工作的通知	工信部企业〔2015〕167 号	2015－05－19
关于印发《国家小型微型企业创业示范基地建设管理办法》的通知	工信部企业〔2015〕110 号	2015－04－13
关于进一步促进中小企业信用担保机构健康发展的意见	工信部企业〔2015〕83 号	2015－03－18
关于开展 2015 年扶助小微企业专项行动的通知	工信部企业〔2015〕50 号	2015－02－10
关于印发《工业和信息化部 2014 年物联网工作要点》的通知	工信厅科〔2014〕87 号	2014－05－21
关于做好 2014 年物联网发展专项资金项目申报工作的通知	工信厅联科〔2014〕74 号	2014－05－04
关于做好 2014 年中小企业发展专项资金服务体系和融资环境项目申报工作的通知	工信厅联企业〔2014〕65 号	2014－04－22
发布《关于加快推进工业强基的指导意见》	工信部规〔2014〕67 号	2014－02－14
关于促进中小企业中小企业“专精特新”发展的指导意见	工信部企业〔2013〕264 号	2013－07－16
关于做好 2013 年物联网发展专项资金项目申报工作的通知	工信厅联科〔2013〕79 号	2013－04－27
国土资源部		
关于支持新产业新业态发展促进大众创业万众创新用地的意见	国土资规〔2015〕5 号	2015－09－18
教育部		
关于做好 2015 年全国普通高等学校毕业生就业创业工作的通知	教学〔2014〕15 号	2014－11－28
关于开展高等学校科技评价改革试点的通知	教技厅〔2014〕3 号	2014－09－05
关于认定华东理工大学国家大学科技园等 12 家单位为高校学生科技创业实习基地的通知	教技函〔2014〕28 号	2014－05－30
关于印发《2011 协同创新中心建设发展规划》等三个文件的通知	教技〔2014〕2 号	2014－04－05
关于深化高等学校科技评价改革的意见	教技〔2013〕3 号	2013－11－29

（续 表）

科技部		
关于印发《发展众创空间工作指引》的通知	国科发火〔2015〕297 号	2015－09－08
关于举办第四届中国创新创业大赛的通知	国科发火〔2015〕102 号	2015－04－14
关于进一步推动科技型中小企业创新发展的若干意见	国科发高〔2015〕3 号	2015－01－10
关于认定北京厚德科创科技孵化器有限公司等104 家单位为国家级科技企业孵化器的通知	国科发火〔2014〕364 号	2014－12－05
关于成立国家创新调查制度咨询专家组的通知	国科函计〔2014〕184 号	2014－10－17
关于印发《国家科技成果转化引导基金设立创业投资子基金管理暂行办法》的通知	国科发财〔2014〕229 号	2014－08－08
关于 2014 年度中小企业发展专项资金科技创新、科技服务和引导基金项目立项的通知	国科发计〔2014〕166 号	2014－06－18
关于印发国家临床医学研究中心管理办法（试行）的通知	国科发社〔2014〕159 号	2014－06－16
关于 2014 年度中小企业发展专项资金科技创新、科技服务和中欧国际合作项目申报工作的通知	国科办计〔2014〕25 号	2014－04－22
关于 2014 年度科技型中小企业创业投资引导基金项目申报工作的通知	国科办计〔2014〕24 号	2014－04－22
关于开展 2014 年创新人才推进计划组织推荐工作的通知	国科发政〔2014〕72 号	2014－03－20
民政部		
关于调整完善扶持自主就业退役士兵创业就业有关税收政策的通知	财税〔2014〕42 号	2014－04－29
农业部		
关于开展农村青年创业富民行动的通知	农办加〔2015〕17 号	2015－10－28
关于组织开展农业电子商务“平台对接”专项行动的通知	农办市〔2015〕20 号	2015－10－10
关于印发《推进农业电子商务发展行动计划》的通知	农市发〔2015〕3 号	2015－09－06
关于推荐 116 项节本增效农业物联网应用模式的通知	农办市〔2015〕19 号	2015－09－01

（续　表）

农业部		
关于实施推进农民创业创新行动计划（2015—2017年）的通知	农加发〔2015〕3号	2015-07-27
关于印发《2015年信息进村入户试点工作安排》的通知	农办市〔2015〕10号	2015-06-15
关于加强农民创新创业服务工作促进农民就业增收的意见	农办加〔2015〕9号	2015-03-30
关于大力推进农产品加工科技创新与推广工作的通知	农加发〔2015〕2号	2015-02-14
关于国家农业科技创新与集成示范基地建设的意见	农办科〔2014〕34号	2014-08-20
关于开展信息进村入户试点工作的通知	农市发〔2014〕2号	2014-04-10
关于促进家庭农场发展的指导意见	农经发〔2014〕1号	2014-02-24
关于印发《全国农业科技创新能力条件建设规划（2012—2016年）》的通知	农计发〔2013〕15号	2013-05-24
关于促进企业开展农业科技创新的意见	农科教发〔2013〕2号	2013-02-14
中国人民银行		
非银行支付机构网络支付业务管理办法	中国人民银行公告〔2015〕第43号	2015-12-28
关于改进个人银行账户服务　加强账户管理的通知	银发〔2015〕392号	2015-12-25
发布《关于促进互联网金融健康发展的指导意见》	银发〔2015〕221号	2015-12-14
关于全面推进深化农村支付服务环境建设的指导意见	银发〔2014〕235号	2015-12-14
关于金融支持中国（广东）自由贸易试验区建设的指导意见	银发〔2015〕374号	2015-12-09
关于印发《进一步推进中国（上海）自由贸易试验区金融开放创新试点　加快上海国际金融中心建设方案》的通知	银发〔2015〕339号	2015-10-29
关于促进互联网金融健康发展的指导意见	银发〔2015〕221号	2015-07-18
关于沪港股票市场交易互联互通机制试点有关问题的通知	银发〔2014〕336号	2014-11-04

（续 表）

中国人民银行		
关于做好家庭农场等新型农业经营主体金融服务的指导意见	银发〔2014〕42号	2014－02－13
关于大力推进体制机制创新 扎实做好科技金融服务的意见	银发〔2014〕9号	2014－01－07
人力资源社会保障部		
关于进一步推进创业培训工作的指导意见	人社厅发〔2015〕197号	2015－12－23
关于同意共建中国威海留学人员创业园、中国重庆两江新区留学人员创业园和中国贵阳留学人员创业园的函发布	人社部函〔2015〕95号	2015－05－26
关于做好2015年高校毕业生“三支一扶”计划实施工作的通知	人社部发〔2015〕34号	2015－04－03
关于做好留学回国人员自主创业工作有关问题的通知	人社厅函〔2015〕19号	2015－01－16
关于失业保险支持企业稳定岗位有关问题的通知	人社部发〔2014〕76号	2014－11－06
关于确定第二批全国创业孵化示范基地的通知	人社部发〔2014〕70号	2014－10－15
关于下达大学生创业引领计划任务指标的通知	人社厅函〔2014〕269号	2014－08－18
关于实施大学生创业引领计划的通知	人社部发〔2014〕38号	2014－05－22
关于贯彻加强小额担保贷款财政贴息资金管理通知的意见	社厅发〔2013〕105号	2013－10－17
关于实施离校未就业高校毕业生就业促进计划的通知	人社部发〔2013〕41号	2013－05－29
关于做好未就业普通高校毕业生信息衔接工作的通知	人社厅发〔2013〕30号	2013－03－28
商务部		
关于修改部分规章和规范性文件的决定	商务部令2015年第2号	2015－10－28
关于加快发展农村电子商务的意见	商建发〔2015〕306号	2015－08－21
关于进一步引导和支持典当行做好中小微企业融资服务的通知	商办流通函〔2015〕6号	2015－01－07

（续　表）

商务部		
关于完善融资环境加强小微商贸流通企业融资服务的指导意见	商流通函〔2014〕938 号	2014－12－09
关于促进中小商贸流通企业健康发展的指导意见	商流通函〔2014〕919 号	2014－11－28
关于完善外商投资创业投资企业备案管理的通知	商资函〔2012〕第 269 号	2012－05－07
关于加强中小商贸流通企业服务体系建设的指导意见	商流通发〔2011〕399 号	2011－10－27
关于外商投资创业投资企业、创业投资管理企业审批事项的通知	商资函〔2009〕9 号	2009－03－05
外商投资创业投资企业管理规定	外经贸部、科技部、工商总局、税务总局、外汇局令 2003 年第 2 号	2003－01－30
审计署		
关于印发进一步加大审计力度促进稳增长等政策措施落实意见的通知	审政研发〔2015〕58 号	2015－09－18
关于加强审计监督进一步推动财政资金统筹使用的意见	审办财发〔2015〕122 号	2015－09－07
国家税务总局		
关于员工制家政服务营业税政策的通知	财税〔2016〕9 号	2016－03－31
关于全面推开营业税改征增值税试点的通知	财税〔2016〕36 号	2016－03－23
关于兽用药品经营企业销售兽用生物制品有关增值税问题的公告	公告 2016 年第 8 号	2016－03－04
关于贯彻落实《高新技术企业认定管理办法》的通知	税总函〔2016〕74 号	2016－02－18
关于许可使用权技术转让所得企业所得税有关问题的公告	公告 2015 年第 82 号	2015－11－16
关于进一步完善固定资产加速折旧企业所得税政策有关问题的公告	公告 2015 年第 68 号	2015－09－25
关于认真做好小型微利企业所得税优惠政策贯彻落实工作的通知	税总发〔2015〕108 号	2015－09－09
关于继续执行小微企业增值税和营业税政策的通知	财税〔2015〕96 号	2015－08－27

（续 表）

国家税务总局		
关于资产（股权）划转企业所得税征管问题的公告	公告 2015 年第 40 号	2015－05－27
关于修改《非居民企业所得税核定征收管理办法》等文件的公告	公告 2015 年第 22 号	2015－04－17
关于贯彻落实扩大小型微利企业减半征收企业所得税范围有关问题的公告	公告 2015 年第 17 号	2015－03－18
关于小型微利企业所得税优惠政策的通知	财税〔2015〕34 号	2015－03－13
关于支持和促进重点群体创业就业有关税收政策具体实施问题的补充公告	公告 2015 年第 12 号	2015－02－13
关于金融企业涉农贷款和中小企业贷款损失准备金税前扣除有关问题的通知	财税〔2015〕3 号	2015－01－15
关于支持文化服务出口等营业税政策的通知	财税〔2014〕118 号	2014－12－30
个体工商户个人所得税计税办法	令 2014 年第 35 号	2014－12－27
关于固定资产加速折旧税收政策有关问题的公告	公告 2014 年第 64 号	2014－11－14
关于完善固定资产加速折旧企业所得税政策的通知	财税〔2014〕75 号	2014－10－20
关于进一步加强小微企业税收优惠政策落实工作的通知	税总发〔2014〕122 号	2014－10－16
关于小微企业免征增值税和营业税有关问题的公告	公告 2014 年第 57 号	2014－10－11
关于继续实施支持和促进重点群体创业就业有关税收政策的通知	财税〔2014〕39 号	2014－05－29
关于贯彻落实小型微利企业所得税优惠政策的通知	税总发〔2014〕58 号	2014－04－22
关于扩大小型微利企业减半征收企业所得税范围有关问题的公告	公告 2014 年第 23 号	2014－04－18
关于落实节能服务企业合同能源管理项目企业所得税优惠政策有关征收管理问题的公告	公告 2013 年第 77 号	2013－12－17
关于技术转让所得减免企业所得税有关问题的公告	公告 2013 年第 62 号	2013－10－21
关于执行软件企业所得税优惠政策有关问题的公告	公告 2013 年第 43 号	2013－07－25
关于技术转让所得减免企业所得税有关问题的通知	国税函〔2009〕212 号	2009－04－24

（续　表）

文化部		
关于印发2015年扶持成长型小微文化企业工作方案的通知	办产函〔2015〕174号	2015-05-07
关于大力支持小微文化企业发展的实施意见	文产发〔2014〕27号	2014-07-11
银监会		
关于开展“银税互动”助力小微企业发展活动的通知	税总发〔2015〕96号	2016-02-18
关于银行业进一步做好服务实体经济发展工作的指导意见	银监发〔2015〕25号	2016-02-18
关于进一步落实小微企业金融服务监管政策的通知	银监发〔2014〕36号	2016-02-18
关于组织申报第二批促进科技和金融结合试点的通知	国科办资〔2015〕67号	2015-12-02
关于鼓励和引导民间资本参与农村信用社产权改革工作的通知	银监发〔2014〕45号	2015-11-24
关于开展“农村青年创业金融服务站”创建工作的通知		2015-09-08
关于促进民营银行发展的指导意见	国办发〔2015〕49号	2015-06-22
关于2015年小微企业金融服务工作的指导意见	银监发〔2015〕8号	2015-03-03
关于做好2015年农村金融服务工作的通知	银监办发〔2015〕30号	2015-02-16
关于进一步促进村镇银行健康发展的指导意见	银监发〔2014〕46号	2014-12-12
关于鼓励和引导民间资本参与农村信用社产权改革工作的通知	银监发〔2014〕45号	2014-11-24
关于完善和创新小微企业贷款服务　提高小微企业金融服务水平的通知	银监发〔2014〕36号	2014-07-23
关于做好2014年农村金融服务工作的通知	银监办发〔2014〕42号	2014-02-28
关于进一步做好小微企业金融服务工作的指导意见	银监发〔2013〕37号	2013-08-29
关于做好2013年农村金融服务工作的通知	银监办发〔2013〕51号	2013-02-16
关于商业银行知识产权质押贷款业务的指导意见	银监发〔2013〕6号	2013-01-21
关于印发促进科技和金融结合试点实施方案的通知	国科发财〔2010〕720号	2010-12-16
关于选聘科技专家参与科技型中小企业项目评审工作的指导意见	银监发〔2009〕64号	2009-06-28

（续 表）

银监会		
关于进一步加大对科技型中小企业信贷支持的指导意见	银监发〔2009〕37号	2009－05－05
关于商业银行改善和加强对高新技术企业金融服务的指导意见	银监发〔2006〕94号	2006－12－28
证监会		
非上市公众公司收购管理办法	证监会令第102号	2014－06－23
优先股试点管理办法	证监会令第97号	2014－03－21
关于修改《非上市公众公司监督管理办法》的决定	证监会令第96号	2013－12－26
全国中小企业股份转让系统有限责任公司管理暂行办法	证监会令第89号	2013－01－31
上市公司股权激励管理办法（试行）	证监公司字〔2005〕151号	2005－12－31
中国科学技术协会		
关于印发《中国科协关于实施创新驱动助力工程的意见》的通知	科协发学字〔2014〕68号	2014－10－10
关于组织实施2014年中国科协“企会协作创新计划”试点工作的通知	科协办函计字〔2014〕94号	2014－06－12

附录二　科技类奖项介绍

1. 国家最高科学技术奖

奖项基本介绍

国家最高科学技术奖正式设立于2000年，由国家科学技术奖励委员会主办。国家最高科学技术奖是中国五个国家科学技术奖中最高等级奖项，每年评审一次，每次授予不超过两名科技成就卓著、社会贡献巨大的个人，由国家主席亲自签署、颁发荣誉证书和500万元高额奖金。

奖项设立背景

国家科技奖励制度在1999年实行了重大改革。朱镕基总理在1999年5月23日签署了国务院第265号令，发布实施了《国家科学技术奖励条例》。改革后，国家科学技术奖励制度更加完善，形成了国家最高科学技术奖、国家自然科学奖、国家技术发明奖、国家科学技术进步奖和国际科学技术合作奖五大奖项，力求在推动技术创新、发展高科技、实现产业化等方面更好地发挥科技奖励的杠杆作用。

评奖委员会设置

国家科学技术奖励委员会负责该奖项的宏观管理和指导。委员会由16人组成。其中包括中国科学院、中国工程院院士11名，全国人大、全国政协、国务院部门和解放军总部的相关负责人，体现了领导和专家结合、以专家为主的原则，具有较好的代表性和较高的权威性。

奖励设置

国家最高科学技术奖报请国家主席签署并颁发证书和奖金。奖金数额由国务院规定。获奖者的奖金额为500万元人民币，450万元由获奖者自主选题，用作科研经费，50万元属获奖者个人所属。

获奖资格

与国家自然科学奖、国家技术发明奖、国家科学技术进步奖的申报制不同，国家最高科技奖采取的是推荐制，有推荐资格的单位和个人包括：省、自治区、直辖市人民政府；国务院有关组成部门、直属机构；中央军委有关部委；经国务院科学技术行政部门认定的、符合国务院科学技术行政部门规定的资格条件的其他单位和科学技术专家。

2. 国家自然科学奖

奖项基本介绍

国家自然科学奖于1956年举办第一届，1957—1981年停办，1982年复办，每两年举办一届。自1999年开始，国家自然科学奖每一年举办一届。

评奖委员会设置

国家科学技术奖励委员会负责该奖项的宏观管理和指导。委员会由16人组成。其中包括中国科学院、中国工程院院士11名，全国人大、全国政协、国务院部门和解放军总部的相关负责人，体现了领导和专家结合、以专家为主的原则，具有较好的代表性和较高的权威性。

获奖资格

国家自然科学奖授予在数学、物理学、化学、天文学、地球科学、生命科学等基础研究和信息、材料、工程技术等领域的应用基础研究中，阐明自然现象、特征和规律、做出重大科学发现的中国公民。国家自然科学奖不授予组织。

3. 国家科学技术进步奖

奖项基本介绍

国家科学技术进步奖授予在技术研究、技术开发、技术创新、推广应用先进科学技术成果、促进高新技术产业化，以及完成重大科学技术工程、计划等过程中做出创造性贡献的中国公民和组织。

评奖委员会设置

国家科学技术奖励委员会负责该奖项的宏观管理和指导。委员会由16人组成。其中包括中国科学院、中国工程院院士11名，全国人大、全国政协、国务院部门和解放军总部的相关负责人，体现了领导和专家结合、以专家为主的原则，具有较好的代表性和较高的权威性。

奖励设置

每年奖励项目总数不超过400项，分为特等奖、一等奖、二等奖3个等级。

获奖资格

国家科学技术进步奖授予在应用推广先进科学技术成果，完成重大科学技术工作计划、项目等方面，做出突出贡献的下列公民、组织：在实施技术开发项目中，完成重大科学技术创新，科学技术成果转化，创造显著经济效益的；在实施社会公益项目中，长期从事科学技术基础性工作和社会公益性科学技术事业，经过实践检验，创造显著社会效益的；在实施国家安全项目中，为推进国防现代化建设、保障国家安全做出重大科学技术贡献的；在实施重大工程项目中，保障工程达到国际先进水平的。

4. 国家技术发明奖

奖项基本介绍

国家技术发明奖设一、二两个奖励等级。国家技术发明奖的授奖等级根据候选人、候选单位所完成项目的创新程度、难易复杂程度、主要技术经济指标的先进程度、总体技术水平、已获经济效益或者社会效益、潜在应用前景、转化推广程度、对行业的发展和技术进步的作用等进行综合评定。评定时，对不同项目类型，各有侧重。重大工程类项目应突出团结协作、联合攻关，强调在技术和系统管理方面的创新、技术难度和工程复杂程度、总体技术水平，以及对提高行业整体水平的作用意义。

评奖委员会设置

国家科学技术奖励委员会负责该奖项的宏观管理和指导。委员会由16人组成。其中包括中国科学院、中国工程院院士11名，全国人大、全国政协、国务院部门和解放军总部的相关负责人，体现了领导和专家结合、以专家为主的原则，具有较好的代表性和较高的权威性。

获奖资格

国家技术发明奖的奖励范围涉及国民经济的各个行业，是一项覆盖面广泛的科学技术奖。从候选人、候选单位所完成项目的性质来讲，包括了新产品和新技术开发、新技术推广应用、高新技术产业化、企业技术改造及技术进步、技术基础和重大工程建设、重大设备研制中引进消化、吸收国外新技术，或自主开发创新的技术等。

5. 国际科学技术合作奖

奖项基本介绍

国际科学技术合作奖，是国务院设立的一项国家级科技奖励。该奖设立于1994年，1995年开始评奖，授予在双边或者多边国际科技合作中对中国科学技术事业做出重要贡献的外国科学家、工程技术人员、科技管理人员和科学技术研究、开发、管理等组织。国际科学技术合作奖是目前我国设立的五大科技奖项中唯一一项授予外国人或者外国组织的奖项，每年授奖数额不超过10个。

评奖委员会设置

国家科学技术奖励委员会负责该奖项的宏观管理和指导。委员会由16人组成。其中包括中国科学院、中国工程院院士11名，全国人大、全国政协、国务院部门和解放军总部的相关负责人，体现了领导和专家结合、以专家为主的原则，具有较好的代表性和较高的权威性。

获奖资格

凡在某些科学技术领域具有一定知名度的外籍科学家、工程技术人员及科学技术管理人员等，只要具备上述条件之一者，就可以被推荐、授予国际科学技术合作奖。国际科学技术合作奖奖励的对象及范围，主要是指对中国科技事业做出重要贡献的外国公民或组织。

6. 陈嘉庚科学奖

奖项基本介绍

陈嘉庚科学奖的前身为陈嘉庚奖，是以对中国科教事业发展做出重要贡献的著名华侨领袖陈嘉庚名字命名的一项科学奖励，用于奖励近年来获得原创性重大科学技术成就的在世中国公民。

陈嘉庚科学奖基金会

陈嘉庚科学奖基金会是由中国科学院和中国银行出资设立的非营利性的全国性基金会，于2003年2月正式注册登记，是独立的社会团体法人。其宗旨是：奖励取得杰出科技成果的中国优秀科学家，以促进中国科学技术事业的发展，实现中华民族的伟大复兴。由基金会设立的陈嘉庚科学奖是中国科技界的一项重要科技奖励，其定位是重点奖励中国本土在世的科学家在设奖的相关学科领域内近几年取得或被认定的重大原始创新性成果、重大的科学发现或重大的技术发明。

评奖委员会设置

各评奖委员会委员由设奖相关学科领域的7～9名专家担任，设主任、副主任各1人。主任、副主任及委员人选由中国科学院各学部主任酝酿提名，经本学部常委会讨论通过，由基金会理事长聘任。委员会每届任期四年，不连任。

奖励设置

陈嘉庚科学奖共设数理科学奖、化学科学奖、生命科学奖、地球科学奖、信息技术科学奖和技术科学奖6个奖项，每两年评选一次，每个奖项获奖人数一般为1人，最多不超过3人，奖金为30万元人民币，同时授予奖章和证书。如无符合标准的项目，可以空缺。

获奖资格

重点奖励中国本土在世的科学家在设奖的相关学科领域内，近几年取得或被认定的重大原始创新性成果、重大的科学发现或重大的技术发明。

7. 何梁何利奖

奖项基本介绍

何梁何利奖是由何梁何利基金所设立的奖项。其宗旨是通过奖励取得杰出成就的中国科技工作者，倡导尊重知识、尊重人才、崇尚科学的良好社会风尚，激励科技工作者不断攀登科学技术高峰，加速国家现代化建设进程。

何梁何利基金

何梁何利基金是由何善衡慈善基金会有限公司和伟伦基金有限公司的何善衡先生、梁銶琚先生、何添先生、利国伟先生这4位香港企业家共同捐资，是目前国内规模最大的民间科技奖励基金。

奖励设置

何梁何利基金设有“科学与技术成就奖”“科学与技术进步奖”“科学与技术创新奖”三个奖项。何梁何利基金每年颁发奖金总额，由基金信托委员会根据基金资本运作情况确定，但最多不超过1500万港元。其中，“科学与技术成就奖”，不超过5人，每人奖金100万港元；“科学与技术进步奖”和“科学与技术创新奖”至多不超过65人，每人奖金20万港元。

获奖资格

基金奖励范围涵盖当代科学技术进步与创新的广阔领域。基金奖励和资助致力于推进中国科学技术取得成就及进步与创新的个人。基金奖励和资助的对象为符合下列条件的中华人民共和国公民：①对推动科学技术事业发展有杰出贡献。②热爱祖国，积极为国家现代化建设服务，有高尚的社会公德和职业道德。③在中国科学技术研究院（所）、大专院校、企业以及信托委员会认为适当的其他机构从事科学研究、教学或技术工作已满5年。获奖候选人须由评选委员会选定的提名人以书面形式推荐。提名人由科学技术领域具有一定资格的专家包括海外学者组成。

8. 未来科学大奖

奖项基本介绍

未来科学大奖设立于2016年，是中国大陆第一个由科学家、企业家群体共同发起的民间科学奖项。

奖金来源

该奖项是由未来论坛理事自愿出资、定向邀约其他个人和机构共同出资的非官方、非营利、民间发起的科学奖项。首届未来科学大奖设有由丁健、李彦宏、沈南鹏及张磊捐赠的“生命科学奖”及由邓锋、吴亚军、吴鹰及徐小平捐赠的“物质科学奖”，单项奖金100万美元。

奖励设置

未来科学大奖设立“生命科学奖”“物质科学奖”“数学与计算机科学奖”，奖金各为100万美元，以捐赠款项授予前一年在这些领域对人类做出重大贡献的科学家。

获奖资格

未来科学大奖关注原创性的基础科学研究，奖励为大中华区科学发展做出杰出科技成果的科学家（不限国籍）。奖项以定向邀约方式提名，并由优秀科学家组成科学委员会专业评审，秉持公正、公平、公信的原则，保持评奖的独立性。

9. 中国创新创业大赛

奖项基本介绍

中国创新创业大赛是由科技部、财政部、教育部和中华全国工商业联合会（以下简称全国工商联）共同指导举办的一项以“科技创新，成就大业”为主题的全国性创业比赛。大赛已成功举办四届，是由科技部、财政部、教育部和全国工商联共同指导举办的国内规格最高的创新创业赛事。大赛秉承“政府主导、公益支持、市场机制”的模式，既有效发挥了政府的统筹引导能力，又最大化聚合激发了市场活力。

奖金来源

大赛由科技部火炬高技术产业开发中心、科技部科技型中小企业技术创新基金管理中心、科技日报社、陕西省现代科技创业基金会、北京国科中小企业科技创新发展基金会具体承办。

奖励设置

参赛的优秀企业和团队，有望获得合作银行的授信、创投基金的投资、股改和上市方面培训、创业导师的辅导以及大赛创新创业扶持资金的支持。

10. 中国青年科技奖

奖项基本介绍

中国青年科技奖是中共中央组织部、人事部（今并入人力资源社会保障部）、中国科学技术协会共同设立并组织实施，面向全国广大青年科技工作者的奖项，旨在造就一批进入世界科技前沿的青年学术人员和技术带头人；表彰奖励在国家经济发展、社会进步和科技创新中做出突出成就的青年科技人才；激励广大青年科技工作者为实现全面建设小康社会的奋斗目标，加快推进社会主义现代化建设做出新的贡献。奖励对象覆盖面非常广泛。既有政府也有协会参与，属于半官方性质。

奖励设置

中国青年科技奖属于荣誉性质的奖项，不涉及奖金。

获奖资格

候选人员应符合以下条件之一：在自然科学研究领域做出重要的、创新性的成就和突出贡献；在工程技术方面做出重大的、创造性的成果和贡献，并有显著应用成效；在科学技术普及、科技成果推广转化、科技管理工作中做出突出成绩，取得显著的社会效益或经济效益。

11. 中国机械工业科学技术奖

奖项基本介绍

中国机械工业科学技术奖是根据《国家科学技术奖励条例》和《社会力量设立科学技术奖管理办法》的有关规定，由中国机械工业联合会和中国机械工程学会共同设立并经国家科学技术部批准，在国家科技奖励主管部门登记的面向全国机械行业的综合性科技奖项。中国机械工业科学技术奖是全国性的机械工业综合性科技奖项，也是机械工业申报国家科技进步奖的主要渠道。中国机械工业科学技术奖的宗旨是：表彰在机械工业科技工作中做出突出贡献的单位和个人，鼓励机械工业广大科技工作者的积极性和创造性，促进机械工业科学技术的发展，提高我国机械工业的综合实力和水平。

奖励设置

中国机械工业科学技术奖每年评审一次。奖励分一、二、三等奖，获奖项目颁发奖状、证书，并在评审基础上择优推荐申报国家奖。

获奖资格

奖励对象是在机械工业科技领域做出创造性贡献，为推动机械工业科技进步、提高经济效益和社会效益做出突出贡献的组织或个人。

12. “双创”示范基地

2016 年 5 月 12 日，国务院办公厅发布《国务院办公厅关于建设大众创业万众创新示范基地的实施意见》，公示出首批 28 个双创示范基地名单，包括 17 个区域示范基地、4 个高校和科研院所及 7 个企业示范基地。

双创示范基地所在地人民政府、各相关部门要高度重视，完善组织体系，出台有针对性的政策措施，保证政策真正落地生根，进一步释放全社会创新活力。建立地方政府、部门政策协调联动机制，为高校、科研院所、各类企业提供政策支持、科技支撑、人才引进、公共服务等保障条件，形成强大政策合力。

13. 全国创新创业典型经验高校

为全面贯彻党的十八届三中、四中、五中全会精神，切实落实党中央、国务院关于深化创新创业教育改革、有效做好大学生创新创业工作的重要部署及《国务院办公厅关于深化高等学校创新创业教育改革的实施意见》（国办发〔2015〕36 号）的要求，积极发挥典型引领作用，推动全国高校进一步深化创新创业教育改革，不断提升创业指导服务工作质量和水平，有效促进以创新引领创业、创业带动就业，2016 年 2 月，我部（即教育部）启动开展了 2016 年度全国高校创新创业总结宣传工作。经过学校总结、推荐申报、专家初选、社会调查和实地调研等环节，推选产生了 2016 年度 50 所全国创新创业典型经验高校。[①]

14. 高等学校科学研究优秀成果奖（科学技术）

奖项基本介绍

高等学校科学研究优秀成果奖是从 2008 年开始，由原高等学校科学技术奖和原中国高校人文社会科学研究优秀成果奖合并而成的。其中，高等学校科学研究优秀成果奖（科学技术），主要授予在科学发现、技术发明、促进科学技术进步和专利技术实施等方面做出突出贡献的个人和单位。

奖励设置

高等学校科学研究优秀成果奖（科学技术）包括高等学校科学研究优秀成果奖自然科学奖，高等学校科学研究优秀成果奖技术发明奖，高等学校科学研究优秀成果奖科学技术进步奖，高等学校科学研究优秀成果奖专利奖 4 个奖项。

获奖资格

高等学校科学研究优秀成果奖（科学技术）由下列单位和个人推荐：省、自治区、直辖市教育厅（教委）；教育部直属高等学校；中国科学院院士、中国工程院院士。

① 内容来自《教育部办公厅关于公布 2016 年度全国创新创业典型经验高校名单的通知》。

图表索引

图 1－1　“双创”政策类型分布统计 …… 2
图 1－2　“双创”政策文件数量年度变化 …… 2
图 1－3　本章分析架构 …… 3
图 1－4　创业就业机制下的政策文件数量占比 …… 3
图 1－5　财政金融环境下的政策文件数量占比 …… 9
图 1－6　“双创”政策中小企业管理文件数量年度比较 …… 13
图 1－7　科教创新机制下的政策文件数量占比 …… 19
图 1－8　政策统筹协调文件数量结构 …… 25
图 1－9　“双创”政策统筹协调文件数量年度比较 …… 26
图 2－1　2016 年各季度创业投资金额及数量 …… 29
图 2－2　2016 年各季度创业投资平均规模 …… 30
图 2－3　2016 年中国创业投资市场行业投资案例分布 …… 31
图 2－4　2016 年中国创业投资市场行业投资金额分布 …… 31
图 2－5　2016 年中国创业投资市场行业投资平均金额分布 …… 33
图 2－6　2016 年创业投资市场地区投资案例分布 …… 34
图 2－7　2016 年中国创业投资市场地区投资金额分布 …… 35
图 2－8　2016 年中国创业投资市场地区投资平均金额分布 …… 37

图 2 -9　2016 年中国创业投资机构投资轮次数量分布 …… 37
图 2 -10　2016 年中国创业投资机构投资轮次金额分布 …… 38
图 2 -11　2016 年中国创业投资机构投资轮次平均金额分布 …… 39
图 2 -12　2016 年中国创业投资市场投资币种案例分布 …… 39
图 2 -13　2016 年中国创业投资市场投资币种规模分布 …… 39
图 2 -14　2016 年中国创业投资市场投资币种平均规模分布 …… 40
图 2 -15　2016 年中国创业投资市场投资案例分布 …… 40
图 2 -16　2016 年中国创业投资市场投资规模分布 …… 41
图 2 -17　2016 年中国创业投资市场投资阶段分布 …… 42
图 2 -18　2016 年中国创业投资市场投资阶段平均投资规模分布 …… 43
图 3 -1　高校获奖者占比情况 …… 49
图 3 -2　获奖高校类型占比情况 …… 49
图 3 -3　高等学校科学研究优秀成果奖中校企合作所占比例 …… 50
图 3 -4　高等学校科学研究优秀成果奖中参与校企合作的不同类型高校比例分布 …… 50
图 3 -5　团体及个人获奖比例情况 …… 51
图 3 -6　获奖项目团队人数比例情况 …… 52
图 3 -7　获奖项目团队人数比例分布折线图 …… 52
图 3 -8　获奖项目研究专业方向前十位比例分布 …… 53
图 3 -9　2016 年度国家科学技术奖高校获奖情况 …… 54
图 4 -1　ThemeScape 专利地图 …… 57
图 4 -2　技术生命周期分析图 …… 58
图 4 -3　省市年度申请量堆积面积图 …… 59
图 4 -4　IPC 光环谱图 …… 59
图 4 -5　中国专利权人混合动力汽车领域专利数量趋势 …… 61
图 4 -6　混合动力汽车领域中国专利权人前 20 名 …… 61
图 4 -7　混合动力汽车专利地图 …… 62
图 4 -8　混合动力汽车专利地图（年份图） …… 62
图 4 -9　混合动力汽车专利地图（专利权人） …… 63

图 4－10　混合动力汽车专利申请人法律状态分析 ……………………………… 63
图 4－11　混合动力汽车专利申请人类别法律状态分析 ………………………… 64
图 4－12　混合动力汽车技术生命周期分析 ……………………………………… 65
图 4－13　混合动力汽车专利省市年度申请量堆积面积图 ……………………… 65
图 4－14　混合动力汽车 IPC 光环谱图 …………………………………………… 66
图 4－15　中国专利权人纯电动汽车领域专利数量趋势 ………………………… 67
图 4－16　纯电动汽车领域中国专利权人前 20 名……………………………… 67
图 4－17　纯电动汽车专利地图 …………………………………………………… 68
图 4－18　纯电动汽车专利地图（年份图） ……………………………………… 68
图 4－19　纯电动汽车专利地图（专利权人） …………………………………… 69
图 4－20　纯电动汽车专利申请人法律状态分析 ………………………………… 69
图 4－21　纯电动汽车专利申请人类别法律状态分析 …………………………… 70
图 4－22　纯电动汽车技术生命周期分析 ………………………………………… 70
图 4－23　纯电动汽车专利省市年度申请量堆积面积图 ………………………… 71
图 4－24　纯电动汽车 IPC 光环谱图 ……………………………………………… 71
图 4－25　中国专利权人燃料电池汽车领域专利数量趋势 ……………………… 73
图 4－26　燃料电池汽车领域中国专利权人前 20 名…………………………… 73
图 4－27　燃料电池汽车专利地图 ………………………………………………… 74
图 4－28　燃料电池汽车专利地图（年份图） …………………………………… 74
图 4－29　燃料电池汽车专利地图（专利权人） ………………………………… 75
图 4－30　燃料电池汽车专利申请人法律状态分析 ……………………………… 75
图 4－31　燃料电池汽车专利申请人类别法律状态分析 ………………………… 76
图 4－32　燃料电池汽车技术生命周期分析 ……………………………………… 76
图 4－33　燃料电池汽车专利省市年度申请量堆积面积图 ……………………… 77
图 4－34　燃料电池汽车 IPC 光环谱图 …………………………………………… 77
图 4－35　中国专利权人飞行器领域专利数量趋势 ……………………………… 79
图 4－36　飞行器领域中国专利权人前 20 名…………………………………… 79
图 4－37　飞行器专利地图 ………………………………………………………… 80
图 4－38　飞行器专利地图（年份图） …………………………………………… 80

图 4 –39　飞行器专利地图（专利权人）…………………………………………… 81
图 4 –40　飞行器专利申请人法律状态分析 ………………………………………… 82
图 4 –41　飞行器专利申请人类别法律状态分析 …………………………………… 82
图 4 –42　飞行器技术生命周期分析 ………………………………………………… 83
图 4 –43　飞行器专利省市年度申请量堆积面积图 ………………………………… 83
图 4 –44　飞行器 IPC 光环谱图 ……………………………………………………… 84
图 4 –45　中国专利权人推进装置领域专利数量趋势 ……………………………… 85
图 4 –46　推进装置领域中国专利权人前 20 名 …………………………………… 86
图 4 –47　推进装置专利地图 ………………………………………………………… 86
图 4 –48　推进装置专利地图（年份图）……………………………………………… 87
图 4 –49　推进装置专利地图（专利权人）…………………………………………… 87
图 4 –50　推进装置专利申请人法律状态分析 ……………………………………… 88
图 4 –51　推进装置专利申请人类别法律状态分析 ………………………………… 88
图 4 –52　推进装置技术生命周期分析 ……………………………………………… 89
图 4 –53　推进装置专利省市年度申请量堆积面积图 ……………………………… 89
图 4 –54　推进装置 IPC 光环谱图 …………………………………………………… 90
图 4 –55　中国专利权人卫星通信领域专利数量趋势 ……………………………… 91
图 4 –56　卫星通信领域中国专利权人前 20 名 …………………………………… 92
图 4 –57　卫星通信专利地图 ………………………………………………………… 92
图 4 –58　卫星通信专利地图（年份图）……………………………………………… 93
图 4 –59　卫星通信专利地图（专利权人）…………………………………………… 93
图 4 –60　卫星通信专利申请人法律状态分析 ……………………………………… 94
图 4 –61　卫星通信专利申请人类别法律状态分析 ………………………………… 94
图 4 –62　卫星通信技术生命周期分析 ……………………………………………… 95
图 4 –63　卫星通信专利省市年度申请量堆积面积图 ……………………………… 95
图 4 –64　卫星通信 IPC 光环谱图 …………………………………………………… 96
图 4 –65　中国专利权人无人机领域专利数量趋势 ………………………………… 97
图 4 –66　无人机领域中国专利权人前 20 名 ……………………………………… 98
图 4 –67　无人机专利地图 …………………………………………………………… 98

图 4 -68　无人机专利地图（年份图） …… 99
图 4 -69　无人机专利地图（专利权人） …… 99
图 4 -70　无人机专利申请人法律状态分析 …… 99
图 4 -71　无人机专利申请人类别法律状态分析 …… 100
图 4 -72　无人机技术生命周期分析 …… 100
图 4 -73　无人机专利省市年度申请量堆积面积图 …… 101
图 4 -74　无人机 IPC 光环谱图 …… 101
图 4 -75　中国专利权人家务机器人领域专利数量趋势 …… 103
图 4 -76　家务机器人领域中国专利权人前 20 名 …… 103
图 4 -77　家务机器人专利地图 …… 104
图 4 -78　家务机器人专利地图（年份图） …… 104
图 4 -79　家务机器人专利地图（专利权人） …… 105
图 4 -80　家务机器人专利申请人法律状态分析 …… 105
图 4 -81　家务机器人专利申请人类别法律状态分析 …… 106
图 4 -82　家务机器人技术生命周期分析 …… 106
图 4 -83　家务机器人专利省市年度申请量堆积面积图 …… 107
图 4 -84　家务机器人 IPC 光环谱图 …… 107
图 4 -85　中国专利权人医用机器人领域专利数量趋势 …… 109
图 4 -86　医用机器人领域中国专利权人前 20 名 …… 109
图 4 -87　医用机器人专利地图 …… 110
图 4 -88　医用机器人专利地图（年份图） …… 110
图 4 -89　医用机器人专利地图（专利权人） …… 111
图 4 -90　医用机器人专利申请人法律状态分析 …… 111
图 4 -91　医用机器人专利申请人类别法律状态分析 …… 112
图 4 -92　医用机器人技术生命周期分析 …… 112
图 4 -93　医用机器人专利省市年度申请量堆积面积图 …… 113
图 4 -94　医用机器人 IPC 光环谱图 …… 113
图 4 -95　中国专利权人风力发电领域专利数量趋势 …… 115
图 4 -96　风力发电领域中国专利权人前 20 名 …… 115

图 4－97　风力发电专利地图 …… 116
图 4－98　风力发电专利地图（年份图） …… 116
图 4－99　风力发电专利地图（专利权人） …… 117
图 4－100　风力发电专利申请人法律状态分析 …… 118
图 4－101　风力发电专利申请人类别法律状态分析 …… 118
图 4－102　风力发电技术生命周期分析 …… 119
图 4－103　风力发电专利省市年度申请量堆积面积图 …… 119
图 4－104　风力发电 IPC 光环谱图 …… 120
图 4－105　中国专利权人核电领域专利数量趋势 …… 121
图 4－106　核电领域中国专利权人前 20 名 …… 122
图 4－107　核电专利地图 …… 122
图 4－108　核电专利地图（年份图） …… 123
图 4－109　核电专利地图（专利权人） …… 123
图 4－110　核电专利申请人法律状态分析 …… 124
图 4－111　核电专利申请人类别法律状态分析 …… 124
图 4－112　核电技术生命周期分析 …… 125
图 4－113　核电专利省市年度申请量堆积面积图 …… 126
图 4－114　核电 IPC 光环谱图 …… 126
图 4－115　中国专利权人太阳能领域专利数量趋势 …… 127
图 4－116　太阳能领域中国专利权人前 20 名 …… 128
图 4－117　太阳能专利地图 …… 128
图 4－118　太阳能专利地图（年份图） …… 129
图 4－119　太阳能专利地图（专利权人） …… 129
图 4－120　太阳能专利申请人法律状态 …… 130
图 4－121　太阳能专利申请人类别法律状态 …… 130
图 4－122　太阳能技术生命周期分析 …… 131
图 4－123　太阳能专利省市年度申请量堆积面积图 …… 132
图 4－124　太阳能 IPC 光环谱图 …… 132
图 4－125　中国专利权人智能电网领域专利数量趋势 …… 133